Felix Hüning
**Sensoren und Sensorschnittstellen**
De Gruyter Studium

# Weitere empfehlenswerte Titel

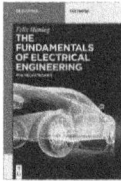

*The Fundamentals of Electrical Engineering*
Felix Hüning, 2014
ISBN 978-3-11-034991-7, e-ISBN 978-3-11-034990-0,
e-ISBN (EPUB) 978-3-11-030840-2

*Computational Intelligence, 2. Auflage*
Andreas Kroll, 2016
ISBN 978-3-11-040066-3, e-ISBN 978-3-11-040177-6,
e-ISBN (EPUB) 978-3-11-040215-5

*Eingebettete Systeme, 2. Auflage*
Walter Lange, Martin Bogdan, Thomas Schwarz, 2015
ISBN 978-3-11-029018-9, e-ISBN 978-3-11-037486-5,
e-ISBN (EPUB) 978-3-11-039682-9

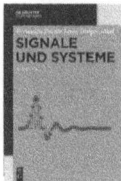

*Signale und Systeme, 6. Auflage*
Fernando Puente León, Holger Jäkel, 2015
ISBN 978-3-11-040385-5, e-ISBN 978-3-11-040386-2,
e-ISBN (EPUB) 978-3-11-042383-9

*Regelungstechnik 1, 5. Auflage*
Gerd Schulz, Klemens Graf, 2015
ISBN 978-3-11-041445-5, e-ISBN 978-3-11-041446-2,
e-ISBN (EPUB) 978-3-11-042392-1

Felix Hüning

# Sensoren und Sensorschnittstellen

—

**DE GRUYTER**
OLDENBOURG

**Autor**
Prof. Dr. rer. nat. Felix Hüning
FH Aachen
Fachbereich Elektrotechnik und Informationstechnik
Eupener Strasse 70
52066 Aachen
huening@fh-aachen.de

ISBN 978-3-11-043854-3
e-ISBN (PDF) 978-3-11-043855-0
e-ISBN (EPUB) 978-3-11-042973-2

**Library of Congress Cataloging-in-Publication Data**
A CIP catalog record for this book has been applied for at the Library of Congress.

**Bibliographic information published by the Deutsche Nationalbibliothek**
Die Deutsche Nationalbibliothek verzeichnet diese Publikation in der Deutschen
Nationalbibliografie; detaillierte bibliografische Daten sind im Internet über http://dnb.dnb.de
abrufbar.

© 2016 Walter de Gruyter GmbH, Berlin/Boston
Einbandabbildung: arcoss/ iStock/thinkstock
Druck und Bindung: CPI books GmbH, Leck
♾Printed on acid-free paper
Printed in Germany

www.degruyter.com

# Inhalt

# 1 Einleitung

Moderne mechatronische Systeme kombinieren zahlreiche ingenieurwissenschaftliche Disziplinen wie Elektrotechnik, Mechanik und Software-Engineering, um komplexe Funktionalitäten zu realisieren. Dabei sind diese Systeme häufig nicht isoliert und einzeln zu betrachten sondern interagieren mit der Umwelt und anderen Systemen. Die Auswirkungen der Interaktion, also die Beeinflussung des Systems selbst, anderer Systeme und der Umwelt durch das System müssen gemessen werden, um Rückschlüsse auf das Verhalten des mechatronischen Systems ziehen zu können. Daher spielt die Sensorik, die Wissenschaft des Messens von Zustand und Veränderung von technischen Systemen, eine zentrale Rolle für mechatronische Systeme.

Nach dem Messen der relevanten Parameter eines Systems mittels geeigneter Sensoren und, je nach Bedarf bzw. Notwendigkeit, der Aufbereitung der Messdaten bereits im Sensor müssen die Daten an informationsverarbeitende Systeme, z.B. Mikrocontroller oder Prozessoren, übertragen werden. Diese Datenübertragung kann, je nach Anwendungsfall und Anforderung des Systems, mittels einfacher Sensorschnittstellen oder über komplexere Bussysteme geschehen. Daher stellen Sensorschnittstellen, digital oder analog, wesentliche Eigenschaften von Sensoren dar, um sie in einer Anwendung einsetzen zu können.

Das Buch gliedert sich daher in drei große Abschnitte: die beiden großen Teile Sensoren und Sensorschnittstellen sowie, als kürzere Ergänzung, informationsverarbeitende Systeme.

Der Abschnitt über Sensoren beginnt mit den Grundlagen der Sensorik und einer kurzen Einführung in generelle Themen wie messtechnische Begriffe, Signalaufbereitung und Mikrosystemtechnik. Anschließend werden physikalische Messprinzipien als Grundlagen für die technische Realisierung von Sensoren eingeführt. Aufbauend auf diesen Prinzipien werden Sensoren für zahlreiche Messgrößen und ihre Funktionsweise dargestellt. Dabei wird durch die Vorstellung realer Sensoren und die Verwendung der entsprechenden Datenblätter der realen Sensoren der direkte Bezug zur Praxis hergestellt. Die Verweise auf die verwendeten Datenblätter sind in der Literatur aufgeführt.

Anschließend werden informationsverarbeitende Systeme als zentrale Logikeinheiten kurz und einführend vorgestellt. Neben ihrer Aufgabe als Recheneinheit zur Abarbeitung eines applikationsspezifischen Programms kommunizieren sie über entsprechende Schnittstellen und Bussysteme mit den Sensoren und mit anderen Logikeinheiten. Anhand der Beispiele Mikrocontroller und speicherprogrammierbare Steuerung werden die sensor- und busspezifischen Eigenschaften dieser Komponenten dargestellt.

Das Kapitel über Sensorschnittstellen beginnt mit der Darstellung von analogen Schnittstellen zur Messdatenübertragung. Das Thema digitale Schnittstellen wird anschließend behandelt. Dabei wird zunächst allgemein auf die digitale Kommunikation in Form von Bussystemen wie CAN oder Ethernet eingegangen, da bei den digitalen Sensorschnittstellen viele Grundkonzepte von Bussystemen Anwendung finden. Zudem werden Bussysteme vermehrt als digitale Sensorschnittstellen für intelligente Sensoren eingesetzt, auch um die Sensoren einfacher in komplexe vernetzte Systeme einbinden zu können.

Begleitend zu den theoretischen Ausführungen sind Übungen zu den jeweiligen Themen sowie deren Lösungen am Ende des Buchs integriert.

# 2 Grundlagen der Sensorik

## 2.1 Einführung

Sowohl Lebewesen als auch technische Systeme müssen generell relevante Größen von Systemen, sei es von sich selbst oder ihrer Umgebung, erfassen und verarbeiten können. Dazu werden diese Größen, z.B. physikalische, chemische oder elektrische, mit Hilfe von geeigneten Sensoren quantitativ und qualitativ gemessen.

So bilden die 5 Sinne des Menschen die grundlegende Sensorik, die er zur Wahrnehmung zur Verfügung hat:
- Sehen (optischer Sensor)
- Riechen (chemischer Sensor)
- Hören (akustischer Sensor)
- Schmecken (chemischer Sensor)
- Fühlen (taktiler Sensor)

Der Mensch kann also in gewissem Rahmen optische, chemische und mechanische Größen erfassen. Dabei ist der wahrnehmbare Wertebereich der jeweiligen Größe eingeschränkt. So können Hunde wesentlich höhere Frequenzen hören als Menschen. Für andere Größen wie magnetische Felder oder Radioaktivität fehlen die entsprechenden Sensoren dem Menschen komplett, die aber eventuell von anderen Lebewesen erfasst werden können. Zugvögel können zum Beispiel das Magnetfeld der Erde detektieren und Fledermäuse mittels Ultraschall navigieren.

Am Beispiel der menschlichen Sinne können schon einige grundlegende Eigenschaften der Sensorik dargestellt werden:
- Jeder Sensor misst eine dedizierte Größe (chemische, physikalische, …)
- Die Sensoren werden durch Auflösung und Messbereich charakterisiert (welche Tonhöhen bzw. Frequenzen kann das Gehör unterscheiden)
- Der Messbereich ist in der Regel beschränkt (der für den Menschen sichtbare Bereich ist nur ein sehr kleiner Aus-schnitt des elektromagnetischen Spektrums)
- Die maximalen Belastungen sind begrenzt (zu große Lichtintensität zerstört die Sehnerven)
- Die zu messende primäre Größe wird in ein elektrisches Signal umgewandelt (beim Menschen die elektrischen Impulse der Nervenbahnen)
- Das elektrische Signal wird zu einer Verarbeitungseinheit übertragen (über die Nervenbahnen zum Gehirn)
- Die Ergebnisse mehrerer Sensoren werden gemeinsam ausgewertet (Sensorfusion, z.B. Kombination von Geruchs- und Geschmackssinn zur Erfassung des Geschmacks)

Die technische Sensorik bezeichnet im Allgemeinen die Verwendung von Sensoren zum Messen von dedizierten Größen. D.h. bei Sensoren handelt es sich technisch gesehen um Messfühler oder Messwertaufnehmer. Gemäß Abbildung 2.1 stellt der Sensor das Bindeglied zwischen dem zu beobachtenden System und der Informationsverarbeitung dar. Im dargestellten Beispiel in Abbildung 2.1 ist der Sensor Teil eines Regelungssystems, bei dem durch die Auswertung der Sensorinformationen Aktoren angesteuert werden, die auf das System zurückwirken.

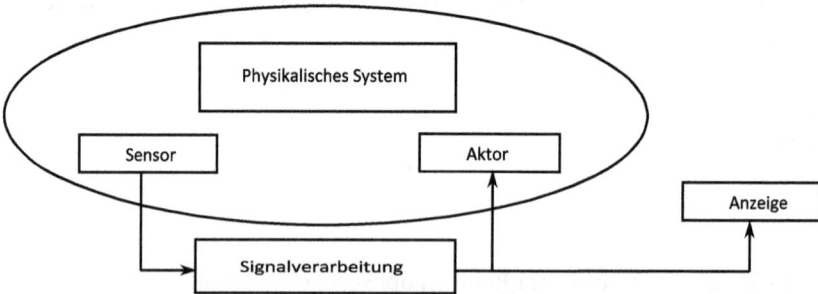

**Abb. 2.1.** Sensoren als Teil eines regelungstechnischen Systems

Grundaufgabe eines Sensors ist die Umwandlung einer technischen Größe, der Messgröße, in eine elektrische Ausgangsgröße. Dazu nutzt der Sensor bestimmte physikalische Effekte für die Wandlung in eine elektrische Größe. Gegebenenfalls verarbeitet der Sensor die elektrische Größe auch direkt. Beispiele für typische technische Größen, die gewandelt werden sollen, sind in Abbildung 2.2 und Tabelle 2.1 dargestellt.

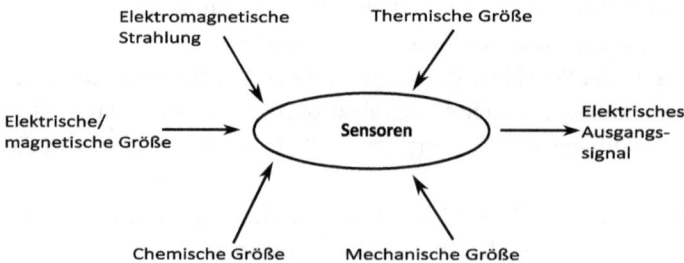

**Abb. 2.2.** Technische Messgrößen

**Tab. 2.1.** Beispiele für technische Messgrößen

| Kategorie | | Messgröße |
|---|---|---|
| Mechanisch | Geometrisch | Abstand, Winkel, Weg, Neigung |
| | Kinematisch | Geschwindigkeit, Beschleunigung, Drehzahl |
| | Beanspruchung | Kraft, Druck, Drehmoment |
| | Material | Masse, Dichte |
| Thermisch | | Temperatur |
| Elektrisch/Magnetisch | Feld | Magnetisches Feld, elektrisches Feld |
| | Zustandsgröße | Spannung, Strom, elektrische Leistung |
| | Parameter | Widerstand, Kapazität, Induktivität |
| Chemisch/Physikalisch | Konzentration | pH-Wert, Feuchtigkeit |
| | Optisch | Intensität, Farbe |

## 2.2 Messtechnische Begriffe

Wie bereits weiter oben aufgeführt handelt es sich bei Sensoren um Messgeräte, die in der Regel nicht-elektrische Messgrößen in elektrische Größen umwandeln. Da das Messen die zentrale Aufgabe von Sensoren ist sollen im Folgenden kurz einige messtechnische Begriffe wiederholt werden

- Wahrer Wert $x_w$:
  Eindeutig existierender Wert der Messgröße, i.d.R. nicht erfassbar
- Messen:
  Experimenteller Vorgang zur Bestimmung des Werts einer Größe als Vielfaches einer Einheit oder eines Bezugswertes.
- Messgröße:
  Größe oder Eigenschaft, die durch Messen bestimmt werden soll
- Messwert $x_i$:
  Spezieller, gemessener Wert einer Messgröße, bestehend aus Zahlenwert und Einheit (bzw. Bezugswert)
- Messabweichung:
  Differenz zwischen wahrem Wert und Messwert (positiv oder negativ)
  - Absolut: $e = x_i - x_w$
  - Relativ: $e_{rel} = \frac{e}{x_w} = \frac{(x_i - x_w)}{x_w} = \frac{x_i}{x_w - 1}$
- Messunsicherheit:
  Intervall um den Messwert, in dem der wahre Wert $x_w$ liegt (immer mit ± Angabe, relativ oder absolut)
- Messergebnis:
  Ein um eine Qualitätsangabe ergänzter Messwert (z.B. Messunsicherheit)

Jede Messung unterliegt einer Messabweichung, so dass das Messergebnis immer eine Qualitätsangabe umfasst. Dabei ist zwischen zufälligen und systematischen Messabweichungen zu unterscheiden, wobei sich die gesamte Messabweichung aus der Summe von zufälligen und systematischen Messabweichungen zusammensetzt.

Zufällige Messabweichungen streuen sowohl vom Betrag als auch vom Vorzeichen um den Mittelwert. Der Einfluss dieser Zufallsfehler kann durch mehrmaliges Messen (n-mal) und anschließende Mittelung reduziert werden:

$$\bar{x} = \frac{1}{n} \cdot \sum_{i=1}^{n} x_i \tag{2.1}$$

Gründe für Zufallsfehler sind z.B.:
- Rückwirkung durch das Messgerät auf das Messobjekt bzw. die Messgröße
- Umwelteinflüsse auf Messgröße/-objekt und Messgerät
- Nicht-ideales Messgerät

Systematische Messabweichungen dagegen heben sich auch bei wiederholten Messungen im Mittel nicht auf, sie haben einen kontanten Betrag und unterliegen keiner zeitlichen Veränderung. Damit sind systematische Messabweichungen nicht durch wiederholtes Messen und Mittelung erkennbar. Stattdessen kann die systematische Messabweichung durch Kalibrierung ermittelt werden.

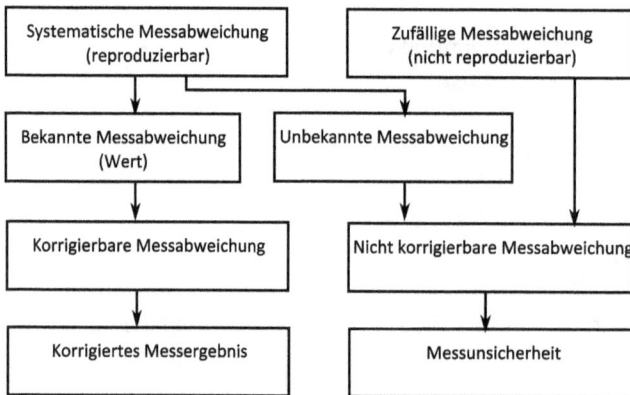

**Abb. 2.3.** Zusammensetzung des Messergebnisses aus Messwert und Messunsicherheit

Für die Kalibrierung wird für die Messung ein Objekt mit einem sehr genau bekannten Wert, das sogenannte Normal, verwendet und so die Abweichung des Messwerts des zu kalibrierenden Messgeräts vom Normal bestimmt. Beim Kalibrieren findet kein Eingriff ins Messgerät statt.

Auch beim Eichen eines Messgeräts wird die Genauigkeit eines Messgeräts überprüft. Im Gegensatz zum Kalibrieren ist aber das Eichen Teil des gesetzlichen Messwe-

sens und für bestimmte Messgeräte vorgeschrieben (z.B. Durchflussmesser bei Tank-
säulen). Die zuständige Eichbehörde nimmt dazu die nach den Eichvorschriften vor-
zunehmenden Prüfungen vor und kennzeichnet das Messgerät entsprechend (Stem-
pelung).

Im Gegensatz zum Kalibrieren und Eichen findet beim Justieren ein bleibender
Eingriff ins Messgerät statt. Dabei wird das Messgerät so eingestellt oder abgeglichen, dass die systematischen Messabweichungen möglichst klein werden, so dass
die Fehlergrenzen nicht überschritten werden.

Weitere generelle Eigenschaften von Messgeräten sind die Auflösung, Reproduzierbarkeit sowie das statische und dynamische Verhalten.

Als Auflösung einer Messung bezeichnet man die kleinstmögliche Veränderung
am zu messenden Objekt, die noch eine messbare Änderung am Ausgangssignal bewirkt. Reproduzierbarkeit bedeutet, dass Messergebnisse unter gleichen Bedingungen wiederholbar sind. Aufgrund von Zufallsfehlern, die nie ausgeschlossen werden
können, werden aufeinanderfolgende Messungen nie das exakt gleiche Ergebnis liefern. Daher muss die Differenz von Messwerten aufeinanderfolgender Messungen unter gleichen Bedingungen ausreichend klein sein.

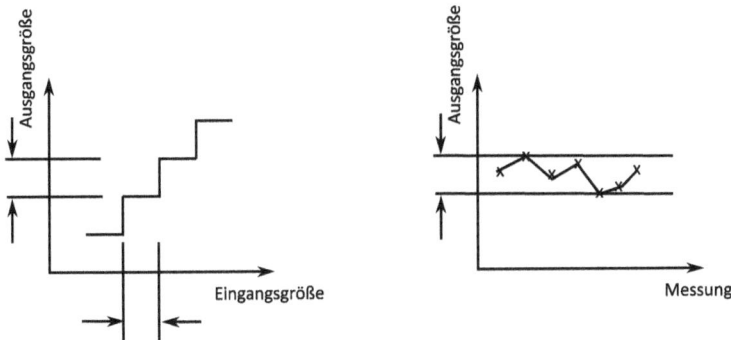

**Abb. 2.4.** Schematische Darstellung der Auflösung eines Messgeräts (links); Reproduzierbarkeit
einer Messgröße (rechts)

Die Kennlinie eines Messgeräts beschreibt den Zusammenhang zwischen Eingangsgröße und Ausgangsgröße: die zu messende Größe $x_e$ am Eingang des Messgeräts ruft
einen Messwert $x_a$ am Ausgang hervor. Abbildung 2.5 zeigt drei Kennlinien: eine nicht-
lineare Kennlinie sowie zwei lineare Kennlinien mit unterschiedlichen Empfindlich-
keiten. Unter Empfindlichkeit versteht man das Verhältnis der Änderung des Messwerts zur verursachenden Änderung der Messgröße. Dabei ist die Empfindlichkeit $E$
eines linearen Systems gegeben durch die Steigung der Kennlinie:

$$E = \frac{x_a}{x_e} \tag{2.2}$$

Je steiler die Gerade desto höher die Empfindlichkeit. Für eine nicht-lineare Kennlinie ist die Empfindlichkeit definiert als:

$$E = \frac{dx_a}{dx_e} \tag{2.3}$$

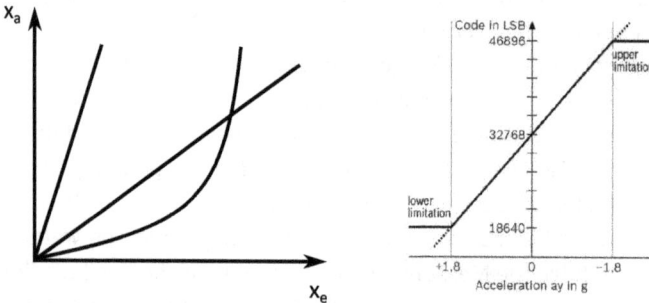

**Abb. 2.5.** Kennlinien: zwei lineare und eine stetig nicht-lineare (links); Kennlinie eines Beschleunigungssensors von Bosch [6] mit digitaler Ausgabe der Messwerte

Wenn die Kennlinie keine Abhängigkeit von der Änderungsgeschwindigkeit der Eingangsgröße ($dx_e/dt$) aufweist, charakterisiert sie das statische Verhalten eines Messgeräts. Dies gilt insbesondere für langsame Änderungen der Eingangsgröße, wobei langsam relativ und abhängig vom Messgerät ist.

Neben der linearen und der stetig nicht-linearen Kennlinien gibt es weitere Typen von Kennlinien, z.B. unstetige Kennlinien, wie in Abbildung 2.6 dargestellt.

Generell kann die Ausgangsgröße nicht beliebig schnell der Eingangsgröße folgen, so dass sich eine Änderung der Eingangsgröße zeitlich verzögert auf die Ausgangsgröße auswirkt. Dies dynamische Verhalten ist in Abbildung 2.7 dargestellt. Gründe hierfür können (parasitäre) Kapazitäten oder Induktivitäten bei elektrischen Messgeräten oder die Massenträgheit bei mechanischen Systemen sein. Das dynamische Verhalten kann sowohl im Zeitbereich, z.B. über eine Sprungfunktion, als auch im Frequenzbereich durch die Übertragungsfunktion inklusive Phasengang beschrieben werden.

Der Messbereich gibt an, in welchem Bereich der Eingangsgröße das Messgerät die angegebene Funktionalität und Spezifikation einhält. So ist der Messbereich der Wertebereich der Eingangswerte, der auf den zulässigen Bereich der Ausgangswerte abgebildet werden kann. Dementsprechend muss der Messbereich des Sensors größer sein als der zu erfassende Eingangswertebereich (s. Abbildung 2.8).

Als Einheiten für technische Größen werden die reproduzierbaren und objektiven SI Einheiten verwendet. In Tabelle 2.2 sind die SI Einheiten aufgeführt.

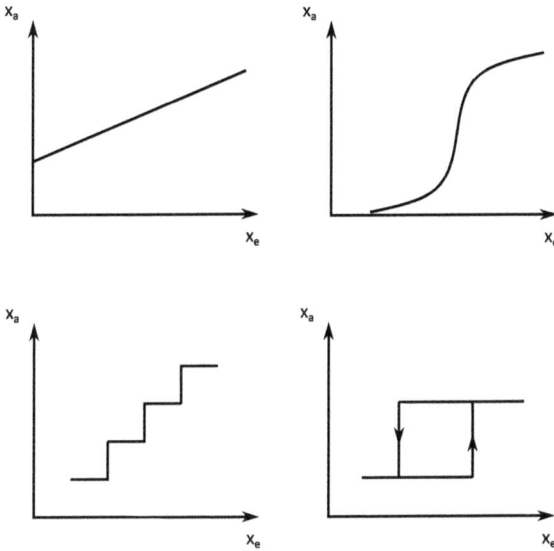

**Abb. 2.6.** Kennlinienarten: stetig linear (oben links), stetig nicht-linear (oben rechts), unstetig mehr-fach gestuft (unten links), unstetig zweistufig mit Hysterese (unten rechts)

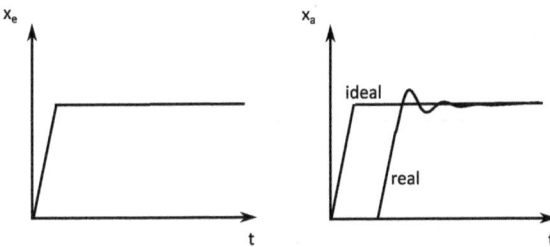

**Abb. 2.7.** Dynamisches Verhalten eines Messgeräts

## 2.3 Messsignalaufbereitung

Die primäre elektrische Größe, die ein Messgerät oder Wandler ausgibt, ist ein zeit-abhängiges, analoges Signal und sowohl zeit- als auch wertekontinuierlich. Dabei setzt sich ein zeitabhängiges Signal aus Signalen unterschiedlicher Frequenz zu-sammen und kann als Überlagerung dieser Signale mit unterschiedlichen Frequen-zen beschrieben werden, dem Spektrum. Ist das zeitabhängige Signal $2\pi$-periodisch $(u(t)=u(t+2\pi))$, so kann das Signal durch die Summe von unendlich vielen sinus- und cosinus Schwingungen mit unterschiedlicher Amplitude dargestellt werden. Dieses Spektrum wird durch die Fourier-Reihe mit Koeffizienten (Amplituden) $a_0$, $a_n$, $b_n$ beschrieben:

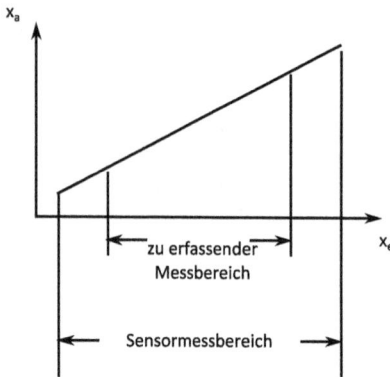

**Abb. 2.8.** Messbereich eines Messgeräts und zu erfassender Messbereich

**Tab. 2.2.** Tabelle

| Basisgröße | Symbol | Basiseinheit | Einheitenzeichen |
|---|---|---|---|
| Länge | l | Meter | m |
| Masse | m | Kilogramm | kg |
| Zeit | t | Sekunde | s |
| Elektrische Stromstärke | I | Ampere | A |
| Temperatur | T | Kelvin | K |
| Stoffmenge | n | Mol | mol |
| Lichtstärke | $I_V$ | Candela | Cd |

$$u(t) = a_0 + \sum_{n=1}^{\infty} a_n \cos(n\omega t) + b_n \sin(n\omega t) \tag{2.4}$$

So lässt sich ein periodisches Rechtecksignal als unendliche Reihe von Sinus-Funktionen darstellen:

$$u(t) = \frac{4\hat{u}}{\pi} \left( \sin(\omega t) + \frac{1}{3} \sin(3\omega t) + \frac{1}{5} \sin(5\omega t) + \dots \right) \tag{2.5}$$

Es ergibt sich ein Linienspektrum im Frequenzbereich mit Anteilen bei ungeraden Vielfachen n der Grundfrequenz. Das Spektrum fällt proportional mit 1/n ab (Abbildung 2.9).

Nicht-periodische Funktionen können mittels der Fouriertransformation im Frequenzbereich beschrieben werden. Für das Beispiel eines Rechteckimpulses u(t) ergibt sich ein kontinuierliches Spektrum u(f) , wie in Abbildung 2.10 dargestellt:

$$u(t) = \begin{cases} \hat{u} & \text{für } |t| \leq \frac{T}{2} \\ 0 & \text{für } |t| > 0 \end{cases} \tag{2.6}$$

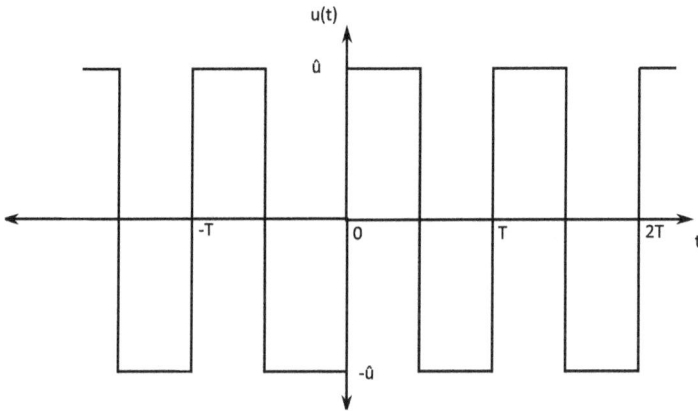

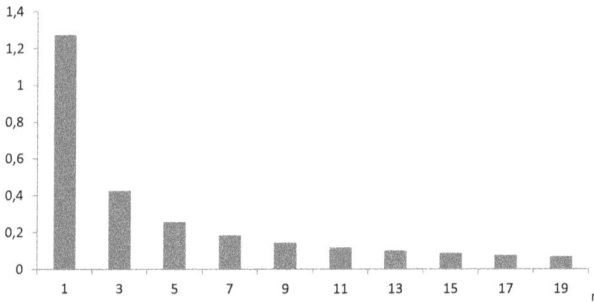

**Abb. 2.9.** Periodische Rechteckfunktion (oben) und zugehöriges Linienspektrum (unten)

$$u(f) = \hat{u}\frac{\sin(\pi f T)}{\pi f} = \hat{u}\,T\mathrm{si}(\pi f T) \tag{2.7}$$

Allgemein gilt: Periodische Signale im Zeitbereich liefern Linienspektren im Frequenzbereich, nicht-periodische Signale im Zeitbereich liefern Amplitudendichtespektren.

Im Gegensatz zur analogen primären elektrischen Größe ist die angeschlossene Auswerteinheit dagegen in der Regel ein digitales System, z.B. ein Mikrocontroller oder Mikroprozessor, das mit zeit- und wertediskreten Größen arbeitet. Daher muss die zeit- und wertekontinuierliche Primärgröße aufbereitet werden, um durch digitale Komponenten verarbeitet werden zu können. Dies geschieht durch Abtasten und Quantisieren des Signals (Abbildung 2.11).

Abbildung 2.12 zeigt den generellen Aufbau der Messsignalaufbereitung vom Wandler bis zur digitalen Auswerteinheit.

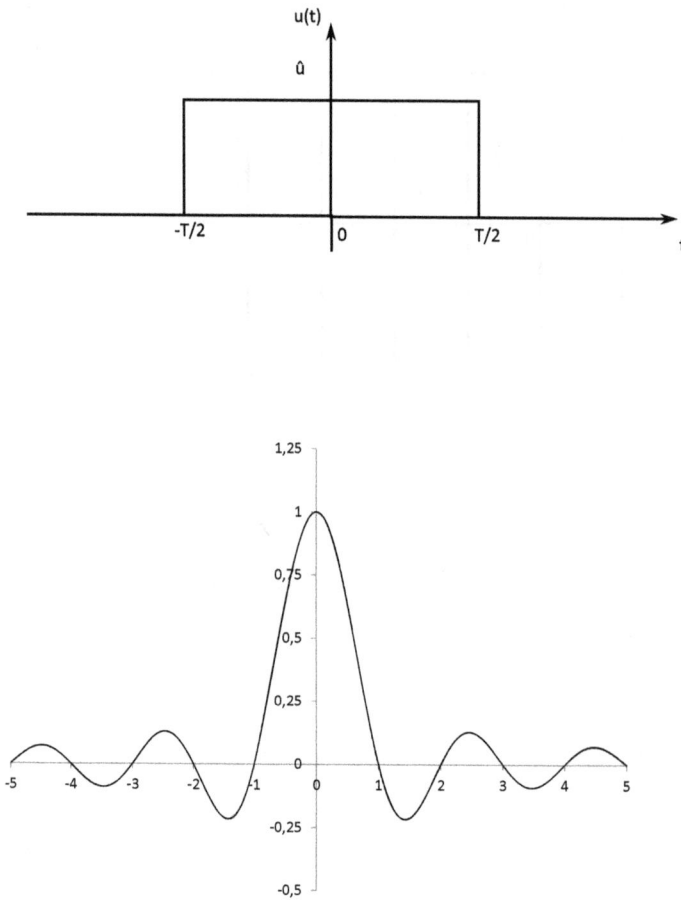

Abb. 2.10. Impulsförmige Rechteckfunktion (oben) und zugehöriges Amplitudendichtespektrum (unten)

Je nach Messfühler kann das primäre elektrische Ausgangssignal sehr klein sein. So liegen die Ausgangsspannungen von Sensoren wie Hall-Sensoren im mV Bereich. Dementsprechend wird dieses Signal zunächst geeignet verstärkt, wobei sich der Verstärkungsfaktor nach dem Maximalwert des primären Signals und dem maximalen Eingangswert für die Auswerteeinheit (z.B. 5 V für den ADC eines Mikrocontrollers) richtet. Dabei ist darauf zu achten, dass die Amplitude des Signals verstärkt wird ohne den Verlauf und damit den Informationsgehalt zu verändern.

Die Abtastung des analogen Signals und damit die zeitliche Diskretisierung erfolgt zu äquidistanten Zeitpunkten, z.B. alle $t_{ab}$ = 100 $\mu$s. Die Abtastfrequenz beträgt dann:

**Analoges Signal:**
wertkontinuierlich
zeitkontinuierlich

Abtasten

**Abgetastetes Signal:**
wertkontinuierlich
zeitdiskret

Quantisieren

Quantisieren

**Quantisiertes Signal:**
wertdiskret
zeitkontinuierlich

Abtasten

**Digitales Signal:**
wertdiskret
zeitdiskret

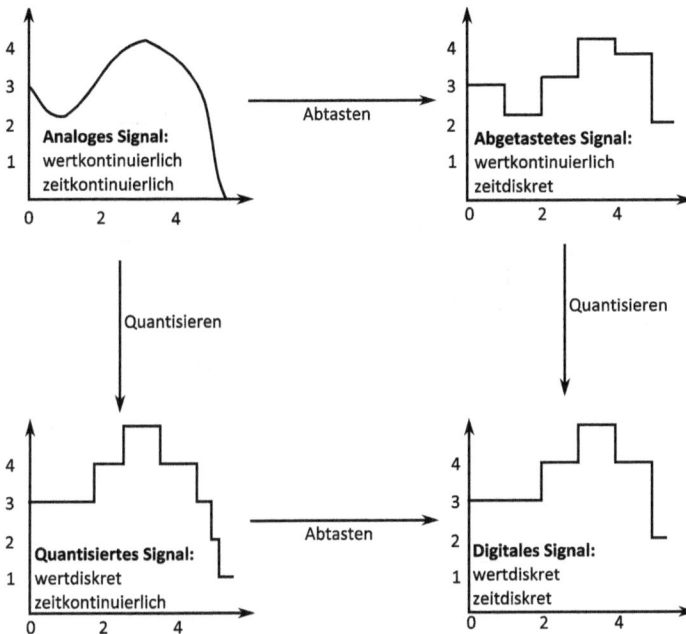

**Abb. 2.11.** Übergang vom analogen Signal zum digitalen Signal durch Abtasten und Quantisieren

$$f_{ab} = \frac{1}{t_{ab}} \tag{2.8}$$

Vor der Abtastung muss das analoge Signal allerdings noch mit einem sogenannten Anti-Aliasing Filter gefiltert werden, um das Nyquist-Shannon Abtasttheorem einzuhalten. Das Shannon-Nyquist Abtasttheorem besagt, dass die Abtastfrequenz mindestens doppelt so groß sein muss wie die höchste Signalfrequenz $f_{max}$, damit das zeitdiskrete Signal wieder exakt rekonstruiert werden kann:

$$f_{ab} > 2f_{max} \tag{2.9}$$

Wird das Abtasttheorem nicht eingehalten, kann das ursprüngliche Signal nicht mehr exakt rekonstruiert werden und es treten Fehler auf, die als Aliasing bezeichnet werden.

Ein anschauliches Beispiel für Aliasing bieten Filme, bei denen standardmäßig 24 Bilder pro Sekunde aufgenommen werden. Die Abtastfrequenz beträgt also 24 Hz. Wird ein rotierendes Element, z.B. ein Kutschrad mit großen Speichen, wie in einem Western, gefilmt und dann mit 24 Hz abgetastet, so hängt es von der Drehfrequenz des Rades ab, ob es sich für den Betrachter des Films vorwärts oder rückwärts bewegt. Das ursprünglich vorwärts drehende Rad kann im Film, je nach Drehgeschwindigkeit, nicht mehr korrekt reproduziert werden.

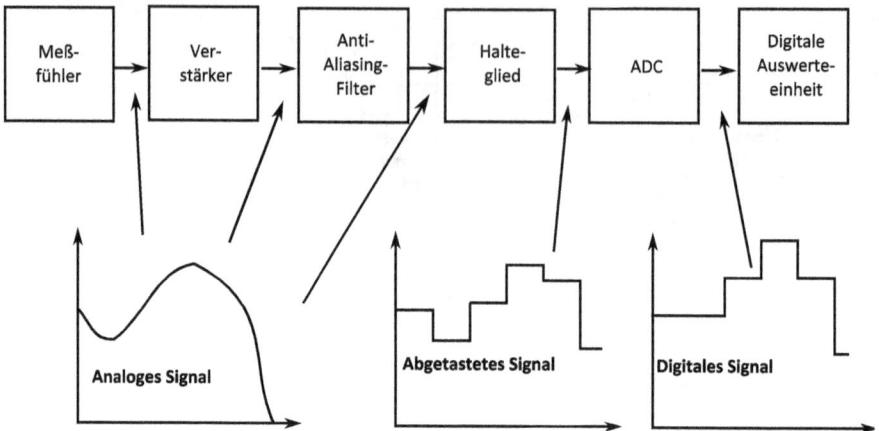

**Abb. 2.12.** Messsignalaufbereitung eines zeit- und wertkontinuierlichen Messsignals

Um das Abtasttheorem zu erfüllen, muss das verstärkte Signal also gefiltert werden, bevor es abgetastet wird. Im einfachsten Fall ist dieser Anti-Aliasing Filter ein RC-Tiefpass. Wenn die Grenzfrequenz des RC-Tiefpasses entsprechend gewählt wird, können hochfrequente Signalanteile ausgefiltert werden. Die Grenzfrequenz wird dabei durch die Abtastfrequenz und damit durch die nachfolgenden digitalen Komponenten bestimmt.

Das zeitliche Abtasten des gefilterten Signals erfolgt mittels eines Halteglieds (sample-and-hold). Dieses ist im einfachsten Fall ein Kondensator. Der Kondensator wird auf den Momentanwert des gefilterten Signals geladen. Dann wird das Haltglied vom Signal getrennt. Der Kondensator hält diese Spannung und der nachfolgende analog-digital Wandler (ADC, Analog-to-Digital Converter) kann den Spannungswert quantisieren, d.h. in eine digitale Darstellung umwandeln. Nachdem die digitale Repräsentation des analogen Signals zur Verfügung steht, kann das Halteglied wieder mit dem Signal verbunden werden, um den nächsten Wert zu quantisieren.

Die Zeit, die für die Quantisierung benötigt wird, ist die bestimmende Zeitgröße in der gesamten Messsignalaufbereitung. Je schneller die Wandlung, desto höher kann die Abtastfrequenz sein und desto höhere Frequenzanteile des Signals können digitalisiert werden.

Halteglied und ADC sind in der Regel in einem Modul zusammengefasst. Diese Kombination gibt es entweder als eigenständige Bauteile (stand-alone ADC, z.B. AD7621 von Analog Devices) oder integriert in einen Logikbauteil wie einen Mikrocontroller (s. Kapitel 5.1). Im ersten Fall müssen die digitalisierten Daten noch über eine Schnittstelle, in der Regel eine Busschnittstelle, an die weiterverarbeitende Logikkomponente übertragen werden. Im zweiten Fall können die digitalisierten Messdaten direkt im Mikrocontroller verarbeitet oder weitergeleitet werden.

## 2.4 Grundlagen von Sensoren

Vor den physikalischen Messprinzipien und den konkreten Sensoren werden allgemeine Grundlagen von Sensoren behandelt.

### 2.4.1 Klassifizierung

Sensoren können nach verschiedenen Kriterien klassifiziert und eingeordnet werden, z. B. nach:
- Messgröße bzw. Funktion (mechanisch, thermisch, che-misch, elektrisch, ...)
- Sensorprinzip (z.B. berührungsfrei, kontaktbasiert)
- Kennlinienart
- Extern oder intern
    - Extern: Ermittlung von Umgebungsgrößen, z.B. Licht, Wärme, Entfernung
    - Intern: Ermittlung von inneren Größen, z.B. Geschwindigkeit, Orientierung, Kräfte, Momente
- Aktiv oder passiv
    - Aktiv: der Sensor wandelt die zu messende Größe direkt in ein elektrisches Signal um und benötigt keine externe Hilfsenergie (z.B. Fotodiode, piezoelektrischer Sensor)
    - Passiv: der Sensor muss mit einer Hilfsenergie versorgt werden, um die zu messende Größe in ein elektrisches Signal zu wandeln (z.B. Widerstand, Kapazität)
- Integrationsgrad
- Sensortechnologie, z.B. konventionell, mikromechanisch
- Sensorschnittstellen (analog, digital, Bus, ...)
- Anwendungsbereich (Automobil, Industrie, Consumer)
- Zuverlässigkeit

Neben dieser Einordnung von Sensoren gemäß ihrer Eigenschaften sollen noch kurz zwei Konzepte vorgestellt werden, die auf Sensoren aufbauen und die deren Funktionalität erweitern können.

### 2.4.2 Virtuelle Sensoren

Virtuelle Sensoren sind keine physikalischen Sensoren im eigentlichen Sinne, sondern es handelt sich dabei um die modellbasierte indirekte Ermittlung von zu messenden Größen mittels Software. Dies kann beispielsweise notwendig sein, wenn die benötigten Größen schwer oder gar nicht messbar sind oder die Verwendung eines realen Sensors zu teuer ist.

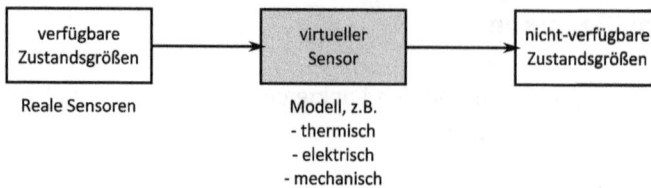

**Abb. 2.13.** Ermittlung nicht verfügbarer Zustandsgrößen durch virtuelle Sensoren

Statt die Größe also direkt mit einem Sensor zu messen, werden, eventuell mit schon im System vorhandenen Sensoren, einfach zu messende Größen ermittelt. Mit Hilfe eines geeigneten Modells des Systems wird dann die gewünschte Größe aus den gemessenen Werten ermittelt. Dabei hängt das verwendete Modell speziell vom Anwendungsfall und dem Einsatzgebiet ab.

Dies setzt zum einen voraus, dass das System in geeigneter Form modelliert werden kann (z.B. elektrisch, mechanisch, thermisch), um die Berechnung der gewünschten Größe korrekt durchführen zu können. Zum anderen muss die Berechnung durch die Software in Echtzeit erfolgen, so dass eine leistungsfähige Hardware benötigt wird.

Die Vorteile von virtuellen Sensoren liegen insbesondere in der Möglichkeit, nicht-messbare Größen zu erfassen, die Anzahl von Bauteilen (reale Sensoren) und damit die Kosten zu reduzieren sowie in der einfachen Integration in vorhandene Systeme. Demgegenüber besteht die Schwierigkeit beim Einsatz von virtuellen Sensoren in der Modellbildung, die sehr detailliertes Spezialwissen über das beobachtete System voraussetzt sowie in der daraus resultierenden zeitaufwändigen Entwicklung.

### 2.4.3 Sensorfusion

Bei der Sensorfusion werden die Informationen und Daten zweier oder mehrerer Sensoren zusammengeführt. Dazu werden Sensoren zu Sensorclustern zusammengefasst. Alle Daten dieses Sensorclusters werden, dezentral oder zentral, an eine digitale Auswerteeinheit übertragen (s. Abbildung 2.14). Dort werden die Daten in geeigneter Weise miteinander verknüpft, in der Regel nach einer aufwändigen Filterung der Daten, z.B. durch einen Kalman-Filter. Diese Vorgehensweise setzt zudem voraus, dass die Messungen der einzelnen Sensoren synchron erfolgt und die Messdaten in Echtzeit übertragen werden.

Durch Kombination unterschiedlicher Sensoren können so neue und weiterführende Informationen aus den Sensordaten abgeleitet und eine höhere Güte der Daten erreicht werden. Ein ganz einfaches Beispiel für Sensorfusion ist der Geschmackssinn des Menschen, der die Sensorik des reinen Riechens und Schmeckens kombiniert, um den Geschmack zu ermitteln.

Nutzen alle Sensoren das gleiche Messprinzip, so kann der Messbereich erweitert werden, allerdings bleiben die physikalischen Einschränkungen des Messprinzips be-

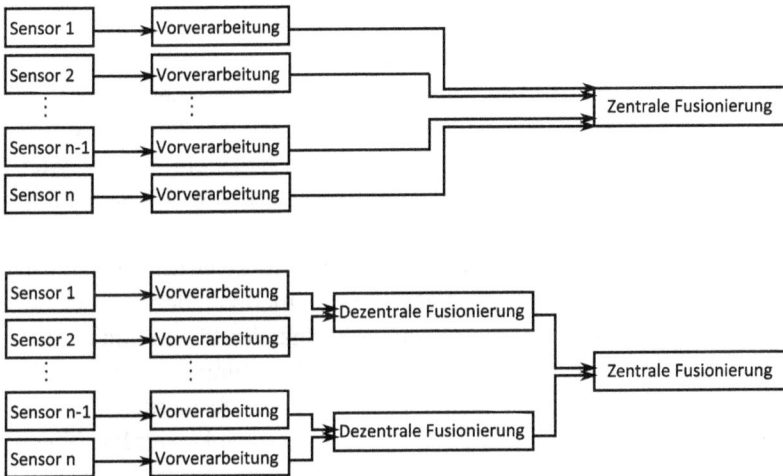

**Abb. 2.14.** Grundprinzip der zentralen (oben) und dezentralen (unten) Sensorfusion

stehen. Fällt ein Sensor aus, so gibt es einen Informationsverlust durch die Verkleinerung des Messbereichs. Beispiel ist ein Sensorcluster aus mehreren geeignet angeordneten Kameras, deren Bilder zu einer 360deg Rundumsicht zusammengeführt werden.

Werden dagegen unterschiedliche und eventuell komplementäre Messtechniken für den gleichen Messbereich bzw. für das gleiche Messobjekt verwendet, so können sich die Schwächen der Sensoren gegenseitig ausgleichen und kompensieren. So können zum Einen neue Informationen erzeugt werden, die mit einem einzelnen Sensor nicht zur Verfügung stehen würden, zum Anderen kann die Ausfallsicherheit erhöht werden. Wird z.B. eine optische Kamera mit einer Infrarot-Kamera fusioniert, so können Objekte auch in Dunkelheit erkannt werden.

**Abb. 2.15.** Abstraktionsebenen der Datenfusion

Die Datenfusion kann auf verschiedenen Abstraktionsebenen stattfinden (Abbildung 2.15). Auf unterster Ebene (Datenebene) werden nur einfache Sensoren vernetzt und rein die Messdaten verarbeitet, wie z.B. bei einer Vernetzung von Temperatursensoren. Auf einer höheren Ebene (Eigenschaftenebene) werden die Daten der Sensoren zusätzlich derart verknüpft, dass neue Informationen durch Muster und das Erkennen von Zusammenhängen extrahiert werden, z.B. beim Aufbau einer Wetterstation, die aus den Sensordaten Temperatur, Luftdruck und Luftfeuchtigkeit eine Wetterprognose erstellt. Auf der höchsten Abstraktionsebene (Entscheidungsebene) werden die fusionierten Daten zur Entscheidungsfindung verwendet, wie es z.B. in der künstlichen Intelligenz und bei Robotern gemacht wird. Die Sensordaten werden gefiltert, fusioniert und plausibilisiert und auf dieser Basis entscheidet das System dann nächste Aktionen.

Abbildung 2.16 stellt eine Sensorfusion dar, mit deren Hilfe eine Umfelderfassung von Automobilen für Fahrerassistenzsysteme realisiert werden soll. Dazu werden zwei Sensoren mit unterschiedlichen physikalischen Messprinzipien (Radar und optische Videokamera) verwendet. Das Radar erfasst Objekte und bestimmt so Lage und Geschwindigkeit, kann allerdings nicht erkennen, um was für ein Objekt es sich handelt. Daher werden die Radardaten mit den optischen Bildern der Videokamera kombiniert, um so die Objekte zu identifizieren (Auto, Mensch, ...). Somit können die erfassten Objekte klassifiziert und getrackt werden. Diese Informationen können dann von Fahrerassistenzsystemen wie z.B. einem Notbremsassistenten genutzt werden. Zusätzlich können die Daten der Sensoren natürlich noch separat verwendet werden, z.B. die Kamerabilder zur Fahrspurerkennung.

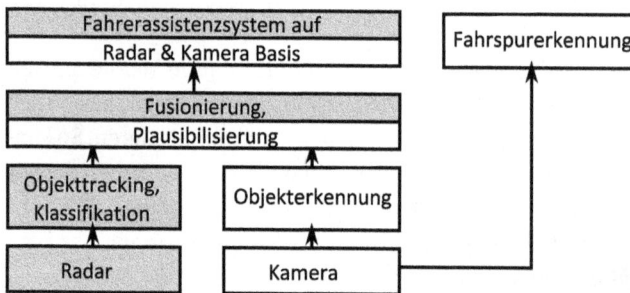

**Abb. 2.16.** Fahrerassistenzsystem auf fusionierter Datenbasis (Radar und Kamera) und auf Kamerabasis

### 2.4.4 Anforderungen an Sensoren

Die Anforderungen, die an Sensoren gestellt werden, betreffen zum einen ihre Eigenschaft als Messgerät. So müssen sie eine eindeutige und reproduzierbare Abbildung der Eingangsgröße auf die Ausgangsgröße realisieren, die durch eine statische und eventuell dynamische Kennlinie beschrieben wird. Die Ausgangsgröße hängt nur von der Eingangsgröße ab, nicht von anderen Größen. Ist dies nicht gegeben (z.B. durch Temperaturabhängigkeit des Messwiderstands bei einer Spannungsmessung), so muss dieser Einfluss kompensiert werden oder zumindest bekannt sein, damit er bei der Auswertung des Messwerts berücksichtigt werden kann. Zudem darf der Sensor keine, genauer gesagt nur eine vernachlässigbar kleine, Rückwirkung auf die zu messende Größe haben.

Darüber hinaus hängen die Anforderungen von den konkreten Gegebenheiten der Applikation, des Systems, der Umwelt und der Zeit ab.

Die Messgenauigkeit, d.h. die Summe aller möglichen Fehler, die das Ausgangssignal verfälschen, muss zu der von der Anwendung geforderten Messgenauigkeit passen. So sollte in einem regelungstechnischen System mit Sensor und Aktor die Messgenauigkeit des Sensors um eine Größenordnung besser sein als die geforderte und tatsächliche Stellgenauigkeit des Aktors.

Umwelteinflüsse wie Temperatur, Feuchtigkeit, Vibrationen, Schmutz oder elektromagnetische Felder beeinflussen den Sensor. Je nach Anwendungsfall muss der Sensor die gegebenen Umwelteinflüsse aushalten und auch unter den jeweils extremen Bedingungen einwandfrei funktionieren.

So ist ein Sensor, der im Motorraum eines Kraftfahrzeugs mit Verbrennungsmotor eingesetzt wird, vielen Umwelteinflüssen ausgesetzt, z.B.

– Temperaturen von -40°C bis +125°C
– Chemische Substanzen wie Öl, Staub und Schmutz
– Feuchtigkeit
– Mechanische Stöße während der Fahrt
– Hochfrequente Vibrationen durch den Motor
– Elektromagnetische Beeinflussung durch andere elektrische Komponenten (EMV, elektromagnetische Verträglichkeit)
– ESD (Electro Static Discharge)

Diesen Umweltanforderungen muss der Sensor genügen, damit er in einer Anwendung im Motorraum eingesetzt werden kann.

Eine weitere Anforderung durch die konkrete Anwendung ist die Qualität und Zuverlässigkeit des Sensors. Der Sensor wird für eine bestimmte Zeit, die Lebensdauer, eingesetzt. Qualität bedeutet, dass der Sensor seine Eigenschaften und Funktionalität, die z.B. im Datenblatt spezifiziert sind, unter den vorgegebenen Randbedingungen unbedingt einhält. Wird eine Eigenschaft nicht eingehalten, dann spricht man von einem Ausfall. Zuverlässigkeit bedeutet dann, dass die Qualität über die Zeit eingehalten wird. Der Sensor muss also die Qualität über die gesamte Lebensdauer der Anwendung, oder die spezifizierte Zeitspanne, aufweisen.

Eine andere Anforderung betrifft die Ausgabe des Messwerts an einer analogen oder digitalen Schnittstelle. Handelt es sich bei einer analogen Schnittstelle um eine Zwei-/Drei- oder Vierdraht-Schnittstelle? Dann muss der Ausgangswertebereich zu den nachgeschalteten Komponenten passen, eventuell soll das Ausgangssignal normiert werden (z.B. auf 0 V – 5 V). Auch bei einer digitalen Schnittstelle muss diese mit den angeschlossenen Komponenten übereinstimmen. So kann der Sensor die Daten per PWM (Pulsweitenmodulation) an einen Mikrocontroller übertragen, oder er wird direkt über eine Busschnittstelle an einen Bus angeschlossen.

Weitere anwendungsspezifische Anforderungen können die Stromversorgung (limitierte Stromaufnahme, einfache Stromversorgung, energieautark) oder die Bauform (klein, kompakt, leicht) des Sensors betreffen.

Zu guter Letzt muss auch die Wirtschaftlichkeit beachtet werden. Preislich muss der Sensor in das System und die Anwendung passen, er muss in den geforderten Stückzahlen verfügbar sein und die zuverlässige Lieferfähigkeit im Serieneinsatz muss gewährleistet sein. So können Standardsensoren preiswert und robust und in großen Stückzahlen verfügbar sein wohingegen Spezialsensoren oft teuer und nur in kleinen Stückzahlen erhältlich sind.

Diese und unter Umständen weitere Anforderungen an die Sensoren müssen bekannt und genau spezifiziert sein, um den geeigneten Sensor für eine Anwendung auswählen zu können.

### 2.4.5 Auswahl von Sensoren

Wie bereits im vorigen Abschnitt aufgeführt sind die Anforderungen an Sensoren vielfältig, herausfordernd und teilweise konträr. Von daher kann es keine generalisierte Aussage über die Einsatzmöglichkeit eines Sensors geben, sondern es ist von Anwendung zu Anwendung unterschiedlich. Grundsätzlich gilt, dass die Anwendung und die Anforderungen an den Sensor klar und eindeutig spezifiziert werden, um einen passenden Sensor auswählen zu können. Folgende Kriterien müssen dabei beachtet werden:
- Funktion und Funktionsweise
- Umweltanforderungen
- Schnittstellen (sowohl für die Daten- als auch für die Energieversorgung)
- Sicherheitsanforderungen (z.B. beim Einsatz in explosionsgefährdeten Bereichen)
- Zuverlässigkeit
- Kalibration
- Testbarkeit
- Gesetzliche Normen und Gesetze
- Wirtschaftlichkeit

### 2.4.6 Integrationsgrad von Sensoren

Ein einfacher Sensor (oder Wandler) wandelt eine Eingangsgröße in eine primäre elektrische Größe um. Wie aber in Kapitel 2.3 dargestellt wurde, muss dieses primäre Signal anschließend noch aufbereitet werden, bevor es digital ausgewertet werden kann. Je nachdem, in wie weit diese Aufbereitung oder sogar die Auswertung direkt in den Sensor integriert wird, kann man unterschiedliche Integrationsstufen unterscheiden.

### Wandler

Der Wandler formt nur die zu messende Größe in die primäre elektrische Zwischengröße um. Dabei kann diese Umwandlung durch das Wandlerelement direkt erfolgen, d.h. ohne den Umweg über eine nicht-elektrische Zwischengröße (Umformer). Ein Beispiel dafür ist in Abbildung 2.17 links dargestellt.

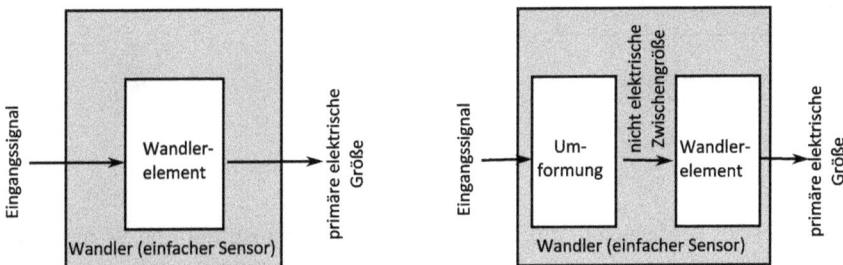

**Abb. 2.17.** Schematische Darstellung eines direkten (links) und indirekten Wandlers mit nicht-elektrischer Zwischengröße (rechts)

Für viele Sensoren ist diese direkte Umwandlung nicht möglich. Bei den indirekten Verfahren wird die Eingangsgröße zunächst durch einen Umformer in eine nicht-elektrische Zwischengröße umgewandelt. Diese wird anschließend in die primäre elektrische Größe gewandelt werden. Die bauliche Einheit von Umformer und Wandlerelement bildet dann den einfachen Wandler (Abbildung 2.17, rechts). Ein Beispiel für einen indirekten Wandler ist ein Kraftsensor: Die Kraft als Eingangsgröße wirkt auf einen Biegebalken und verformt diesen. Der Biegebalken wirkt als Umformer der Eingangsgröße Kraft in die nicht-elektrische Zwischengröße Verformung. Die Verformung kann dann z.B. mittels eines geeignet beschalteten Dehnunsmessstreifens, der auf den Biegebalken aufgebracht ist, in eine primäre elektrische Größe, die Ausgangspannung, gewandelt werden (s. Kapitel 4.6).

### Integrierter Sensor

Beim integrierten Sensor wird zu dem Wandler noch analoge Auswerteelektronik hinzugefügt (Abbildung 2.18). Diese Auswerteelektronik bearbeitet das primäre elektrische Signal. So kann das Signal als erster Schritt der Messsignalaufbereitung bereits verstärkt oder normiert werden, z.B. auf ein Ausgangssignal von 0 V – 5 V. Filter können relevante Frequenzanteile herausfiltern, um Störungen auf dem Signal zu unterdrücken.

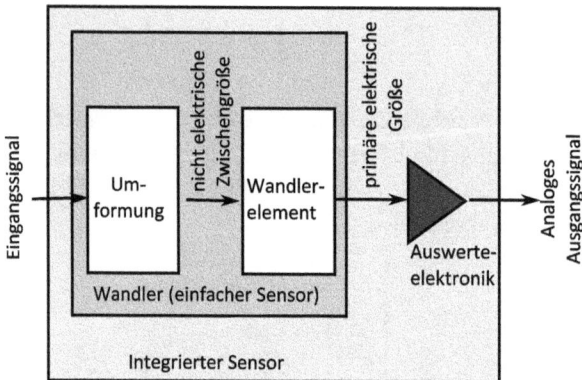

**Abb. 2.18.** Schematische Darstellung eines integrierten Sensors

Beim Beispiel des Kraftsensors mit Dehnungsmessstreifen resultiert die Verformung in einer sehr kleinen Änderung der Ausgangsspannung. Diese kleine Änderung kann durch einen Verstärker entsprechend verstärkt werden, um ein größeres analoges Signal zur Auswerteeinheit zu übertragen und so die Übertragung einfacher, störunempfindlicher und sicherer zu machen.

Abbildung 2.19 zeigt das Blockdiagramm eines integrierten Sensors am Beispiel des Hall-Sensors TLE4966 von Infineon [15]. Die kleinen Ausgangsspannungen der beiden Hall Sensoren werden durch eine Auswerteelektronik zunächst verstärkt und gefiltert, bevor sie über einen Komparator die analogen Ausgänge steuern.

**Intelligenter Sensor**

Zusätzlich zum Wandler und der analogen Auswerteelektronik ist beim intelligenten Sensor noch digitale Logik integriert, s. Abbildung 2.20 . Wenn diese Digitallogik eine Auswerteeinheit darstellt, z.B. einen Mikrocontroller, so wird dadurch die komplette Messsignalaufbereitung in dem Sensor abgebildet: nach der analogen Bearbeitung des primären elektrischen Größe wird das Signal gefiltert (Anti-Aliasing) und dann digitalisiert. Das digitale Signal kann dann im Mikrocontroller ausgewertet, bearbeitet und digital weiter übertragen werden. Dadurch können zusätzliche Funktionalitäten direkt im Sensor realisiert werden:

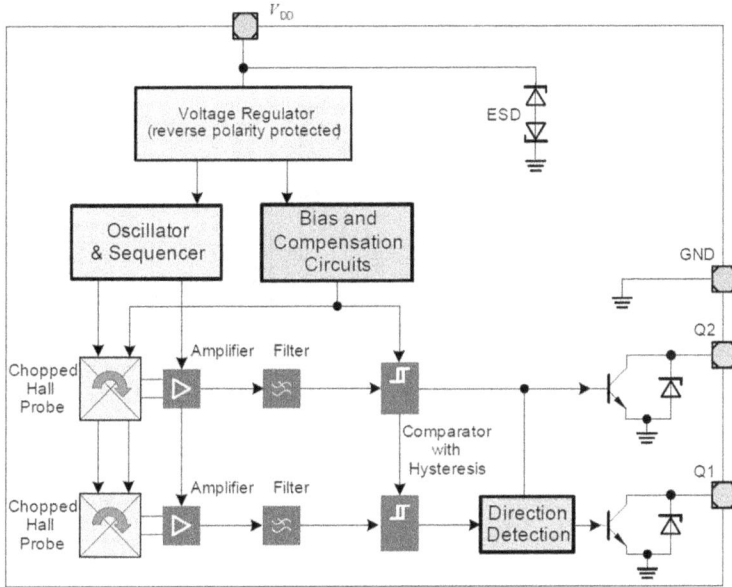

**Abb. 2.19.** Blockdiagramm des Hall-Sensors TLE4966-3K von Infineon Technologies [15]

– Auswertung der Messdaten vor Ort und Berechnung abgeleiteter Größen
– Überwachung und Protokollierung (Speicherung)
– Alarmgenerierung
– Digitale Übertragung des Messdaten zu anderen Systemen, gegebenenfalls über ein Bussystem
– Durch eine digitale Schnittstelle zu anderen Systemen Möglichkeit, den Sensor zu konfigurieren

Das Blockschaltbild eines intelligenten und hochintegrierten Sensors von Bosch in MEMS Technologie (s. Kapitel 2.5), der die Beschleunigung in zwei Richtungen und die Drehrate um eine Achse messen kann, zeigt Abbildung 2.21 [6]. Links sind die drei eigentlichen Sensoren dargestellt, die jeweils schon Auswerteelektronik und die Digitalisierung beinhalten. Die Daten werden von den Sensorelementen über eine digitale SPI-Schnittstelle (s. Kapitel 6.3.2) an einen Mikrocontroller übermittelt. Die Daten können direkt durch den Mikrocontroller gespeichert und bearbeitet werden. Die Übertragung der Daten zu anderen Systemen findet über den CAN Bus statt (s. Kapitel 6.3.4).

In Abbildung 2.22 sind nochmals die unterschiedlichen Integrationsstufen gegenüber gestellt. Dabei bestimmt die Anwendung (und die Verfügbarkeit), welcher Integrationsgrad des Sensors jeweils sinnvoll und möglich ist.

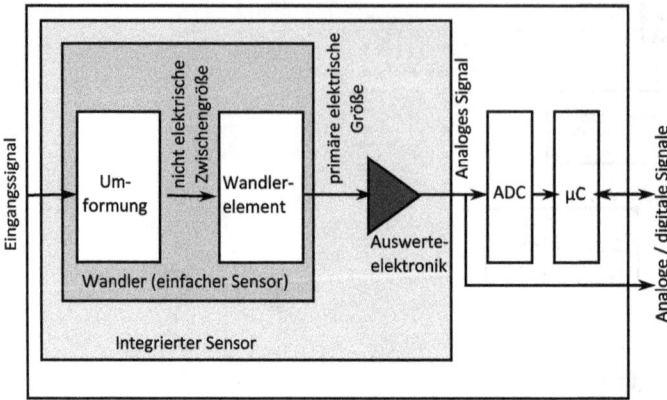

**Abb. 2.20.** Schematische Darstellung eines intelligenten Sensors

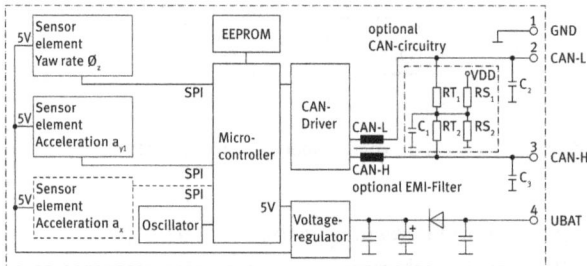

**Abb. 2.21.** Blockdiagramm des Drehraten- und Beschleunigungssensors 0265005642 von Bosch [6]

## 2.5 Mikrosystemtechnik

Mikrosystemtechnik (engl. Micro-Electro-Mechanical-Systems, MEMS) bezeichnet die Entwicklung und Herstellung von komplexen Systemen mit sehr kleinen Abmessungen im µm- und sub-µm-Maßstab. Die Systeme werden in sehr kleinen Bauteilen oder Bauteilgruppen realisiert, die mechanische und elektrische Komponenten, unter Umständen auch optische und fluidtechnische Komponenten, integrieren. Bei den Systemen kann es sich sowohl um Sensoren als auch um Aktoren handeln. Insbesondere für die Sensorik ist die Mikrosystemtechnik essentiell, um zahlreiche Sensoren überhaupt realisieren zu können. In der Mikroaktorik können so Ventile, Motoren oder Pumpen bis in den Mikrometermaßstab miniaturisiert werden.

Mikromechanische Systeme werden in der Regel auf Siliziumbasis hergestellt und ermöglichen so die einfache Kombination von mechanischen Komponenten und integrierten Schaltkreisen in einem Bauteil. Dies erhöht die Leistungsfähigkeit des Systems, reduziert die Baugröße und die Pinzahl und ermöglicht die Integration von Signalverarbeitung und Digitallogik in ein Sensor- oder Aktorsystem.

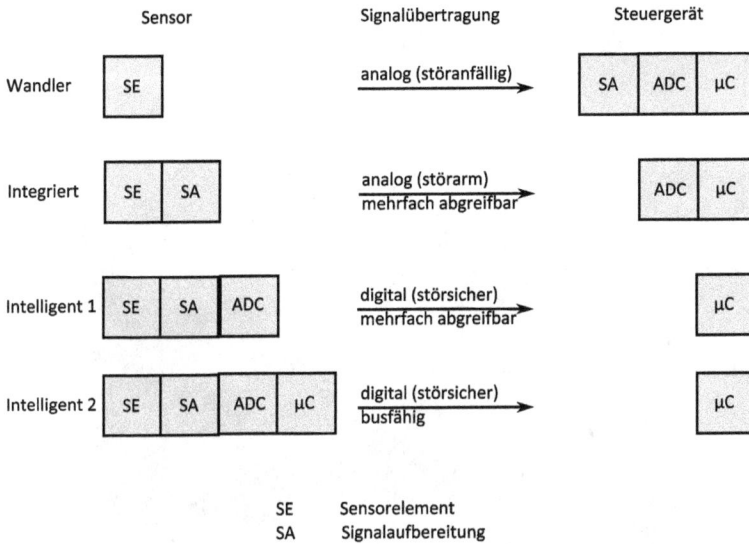

**Abb. 2.22.** Vergleich der Integrationsstufen von Sensoren

Durch Standardverfahren der Halbleitertechnologie (z.B. Ätzen, Belichten, Dotie-ren) sowie spezielle MEMS-Herstellungsprozesse werden 2- und 3-dimensionale Strukturen und integrierte Schaltkreise produziert. Die Strukturen sind teilweise frei beweglich und können so für Anwendungen in Sensorik oder Aktorik verwen-det werden. Abbildung 2.23 zeigt einen Ausschnitt der Struktur eines 3D-MEMS-Beschleunigungssensors von Bosch Sensortec, der mit einem Rasterelektronen-Mikroskop (REM) aufgenommen wurde. Als Größenvergleich dient ein menschliches Haar mit einer Dicke von etwa 90 $\mu$m, das auf der Struktur liegt. Die feinen Feder- und Kammstrukturen haben Strukturgrößen in der Größenordnung von <20 $\mu$m (z.B. 2 $\mu$m breit, 20 $\mu$m hoch) und erfassen die Beschleunigung in allen drei Raumrichtungen. Die Auslenkung der beweglichen Sensorelemente durch eine Beschleunigung liegt in der Größenordnung von einigen 10 nm.

Der Einsatz von MEMS bietet zahlreiche Vorteile für den Einsatz in unterschied-lichen Einsatzbereichen wie im Automobil, in Consumer Elektronik, in der Medizin-technik oder in der Industrie:

- Kleine Bauformen, so dass zahlreiche Anwendungen erst ermöglicht werden (z.B. Sensorik in Smartphones)
- Geringes Gewicht
- Hohe Leistungsfähigkeit
- Hohe Auflösung (bei MEMS Sensoren)
- Geringe Kosten (durch die Verwendung von Silizium und Halbleitertechnologien)

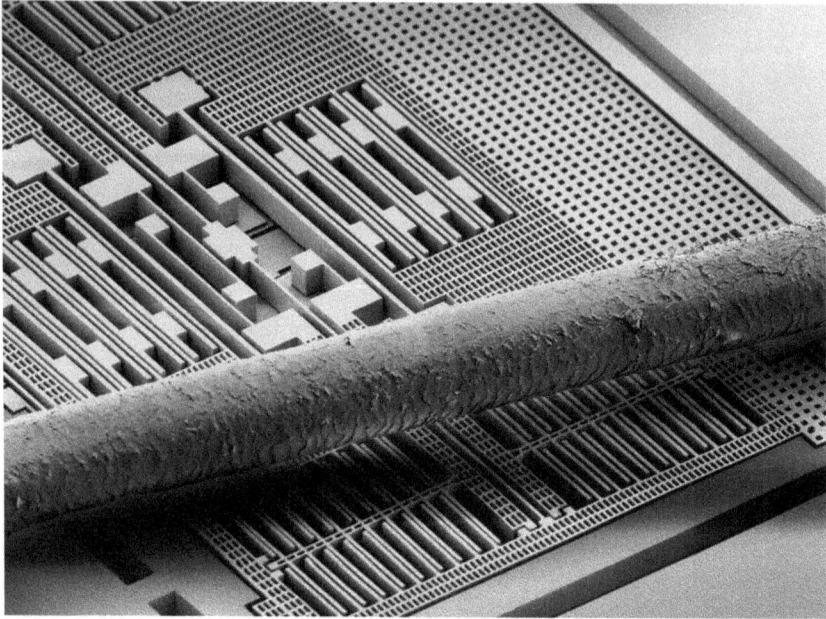

**Abb. 2.23.** Ausschnitt der Struktur eines 3D-MEMS-Beschleunigungssensors im Vergleich zu einem menschlichen Haar, Strukturgrößen des Sensors < 20 $\mu$m (mit freundlicher Genehmigung von Bosch Sensortec)

Die Herstellung von mikro-elektromechanischen Komponenten ist sehr komplex und benötigt zahlreiche unterschiedliche Prozessschritte in der Produktion, um die gewünschten Strukturen realisieren zu können. Wichtige Verfahren sind die Oberflächenmikromechanik und die Bulkmikromechanik.

Bei der Bulkmikromechanik werden die Strukturen durch selektives Ätzen direkt in den Einkristall-Siliziumwafer hergestellt. So können Elemente mit Dicken und lateralen Abmessungen von unter einem Mikrometer realisiert werden.

Dagegen werden bei der Oberflächenmikromechanik die Strukturen auf der Oberfläche des Wafers aufgebaut, indem dünne Schichten unterschiedlicher Materialien aufgebracht und strukturiert und eventuell wieder entfernt werden. Die Strukturgrößen können dabei wesentlich kleiner als bei der Bulkmikromechanik sein.

Für eine genaue Darstellung der Mikrosystemtechnik und ihrer Herstellung sei auf die Literatur verwiesen. Zum grundsätzlichen Verständnis der Herstellung von MEMS soll an Hand einer frei schwebenden Struktur das prinzipielle Vorgehen bei der Produktion in Oberflächenmikromechanik kurz dargestellt werden (s. Abbildung 2.24).

Auf einen Silizium-Wafer wird eine dünne Oxidschicht ($SiO_2$) aufgebracht, die sogenannte Opferschicht. Durch lithographische Verfahren (Aufbringen eines Photolacks und Belichten des Photolacks durch eine Maske zur Strukturierung) und anschließende Ätzver-fahren wird diese Oxidschicht strukturiert und teilweise bis auf das Silizium heruntergeätzt (s. 1) - 3) in Abbildung 2.24). Auf die strukturierte $SiO_2$-Schicht wird das Material, aus dem die Struktur bestehen soll, z.B. polykristallines Silizium, aufgewachsen (4). Durch erneute lithographische und ätztechnische Prozessschritte wird auch diese Schicht in der definierten Form strukturiert (5). Im nächsten Schritt werden die Reste der Opferschicht durch erneutes Ätzen, das aber die eigentliche Struktur aus polykristallinem Silizium nicht angreift, entfernt (6). Damit das Entfernen des $SiO_2$ auch unterhalb der Membran (rechtes Element) gelingt, muss diese perforiert sein, d.h. Löcher aufweisen, wie in Abbildung 2.23 in der Membranstruktur oben zu erkennen ist.

Nachdem so frei schwebende Strukturen geschaffen wurden, kann jetzt ein Sensorelement, z.B. ein Dehnungsmessstreifen aus piezoresistivem Material, integriert werden. Dazu wird an geeigneter Stelle, an der ein möglichst großer mechanischer Stress auftritt, das piezoresistive Material aufgebracht. Dieses Sensorelement wird dann in nachfolgenden Prozessschritten elektrisch kontaktiert und kann so als Wandler einer nicht-elektrischen Größe (Verformung, z.B. durch Beschleunigung) in eine elektrische Größe (Widerstand) dienen.

1)

Photolack
$SiO_2$

Si-Wafer

2)

Licht

Maske

Photolack
$SiO_2$

Si-Wafer

3)

strukturiertes $SiO_2$

Si-Wafer

4)

polykristallines Silizium
strukturiertes $SiO_2$

Si-Wafer

5)

strukturiertes polykristallines Silizium
strukturiertes $SiO_2$

Si-Wafer

6)

strukturiertes polykristallines Silizium
strukturiertes $SiO_2$

Si-Wafer

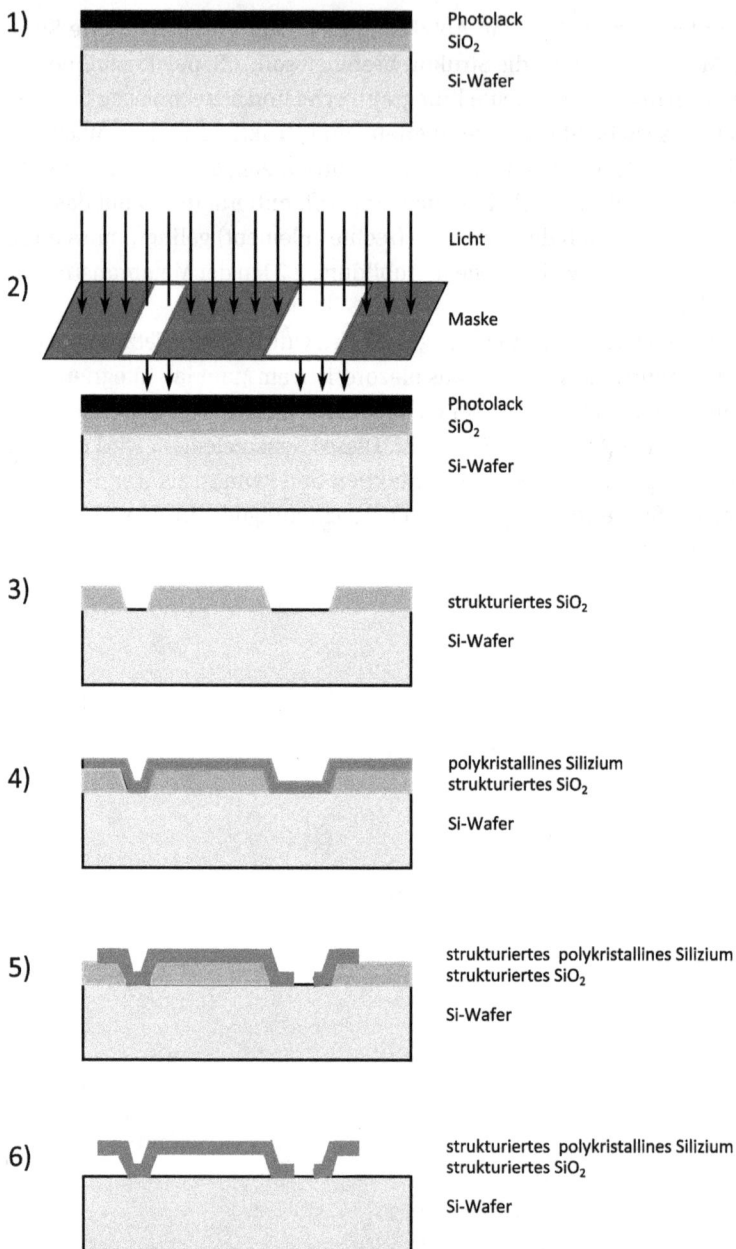

**Abb. 2.24.** Vereinfachte Darstellung der Prozessschritte zur Herstellung von frei schwebenden Strukturen

# 3 Physikalische Messprinzipien

Für die Wandlung der Eingangsgröße oder gegebenenfalls der nicht-elektrischen Zwischengröße in eine elektrische Größe werden jeweils geeignete physikalische, oder auch chemische, Effekte genutzt. Daher stellen diese die Grundlage der Sensorik dar. Auf Grund der Vielzahl an Effekten werden im folgenden Abschnitt einige wichtige Effekte vorgestellt. Darauf basierend werden dann im nächsten Kapitel konkrete Realisierungen von Sensoren erläutert.

## 3.1 Kapazitiver Effekt

Eine der grundlegenden Größen der Elektrotechnik ist die Kapazität C

$$C = \frac{Q}{U} \tag{3.1}$$

Sie gibt an, welche Ladung Q zwischen zwei Leitern, die voneinander elektrisch isoliert sind und zwischen denen eine elektrische Spannung U herrscht, gespeichert werden kann. Die Kapazität hängt dabei von der Geometrie der beiden Leiter und der Dielektrizitätskonstanten des Isolators dazwischen ab.

Die technische Realisierung einer Kapazität ist der Kondensator, der aus zwei Elektroden und dem trennenden dielektrischen Medium als Isolator besteht. Für die einfache Ausführung als Plattenkondensator mit zwei Platten im Abstand d (s. Abbildung 3.1) ergibt sich die Kapazität zu

$$C = \epsilon_0 \epsilon_r \frac{A}{d} \tag{3.2}$$

Hier ist $\epsilon_0$ die elektrische Feldkonstante ($\epsilon_0 = 8.854 \cdot 10^{-12} (As/Vm)$) und $\epsilon_r$ die materialabhängige Dielektrizitätskonstante (Permittivitätszahl). Einige Permittivitätszahlen sind in Tabelle 3.1 aufgeführt. A ist die aktive Fläche des Plattenkondensators, also die Fläche, auf der die elektrischen Feldlinien enden.

**Tab. 3.1.** Permittivitätszahlen ausgewählter Stoffe

| Material | Permittivitätszahl |
|---|---|
| Vakuum | 1 |
| Papier | 2.3 |
| Glas | 5 |
| $Al_2O_3$ | 12 |
| Wasser | 81 |
| Keramik mit hohem Dieelktrizitätskoeffizienten | > 1000 |

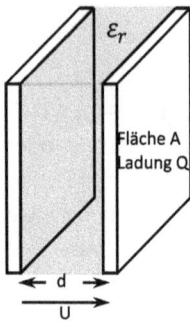

**Abb. 3.1.** Plattenkondensator

Anhand der Formel der Kapazität des Plattenkondensators erkennt man, dass sich geometrische Änderungen stark in einer Änderung der Kapazität niederschlagen. Je nachdem, welche geometrische Größe geändert wird, ergeben sich unterschiedliche Abhängigkeiten für die Kapazität, s. Abbilung 3.2:

– Variation des Plattenabstands
  Durch eine Verschiebung des Abstands der Kondensator-platten ergibt sich ein nicht-linearer Zusammenhang zwischen Kapazität und geometrischer Größe d

– Variation der Größe der aktiven Fläche
  Diese geometrische Änderung wird erreicht, indem man die Platten bei konstantem Abstand gegeneinander verschiebt und so die aktive Fläche verändert. Dadurch ergibt sich ein linearer Zusammenhang zur Kapazität

– Änderung der Permittivitätszahl
  Eine Änderung der Permittivitätszahl kann z.B. dadurch er-reicht werden, dass zwei Medien mit Dicke d und unterschiedlichen Permittivitätszahlen $\epsilon_1$ und $\epsilon_2$ eingebracht werden. Die aktiven Flächenanteile sind $x \cdot A$ bzw. $(1 - x) \cdot A$ für Medium 1 und 2, so dass die gesamte Kondensatorfläche ausgefüllt ist. Die Gesamtkapazität C ergibt sich dann aus der Parallelschaltung der beiden Teilkapazitäten zu:

$$C = C_1 + C_2 = \frac{\epsilon_0 A}{d} \left( \epsilon_2 + x \cdot (\epsilon_1 - \epsilon_2) \right) \tag{3.3}$$

Die Kapazität variiert linear mit dem Anteil $x$ des ersten Mediums zwischen den beiden Extremwerten.

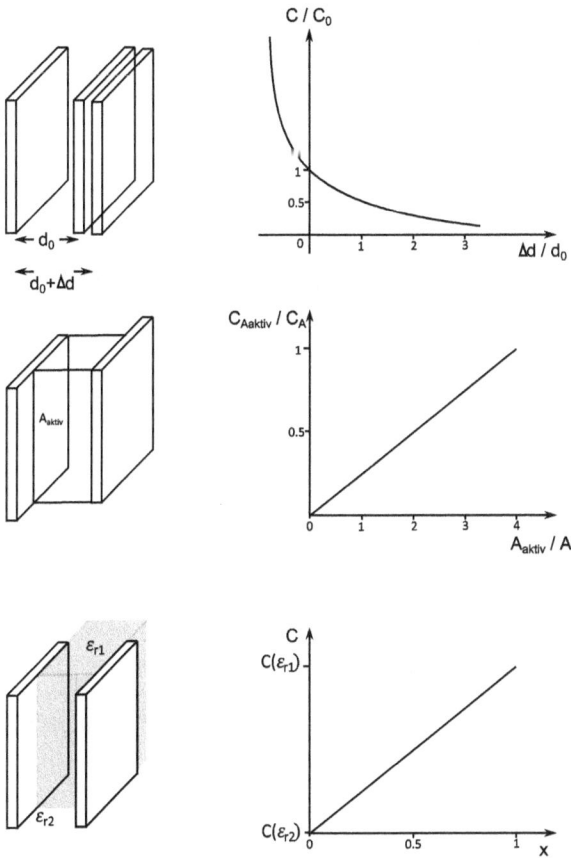

**Abb. 3.2.** Abhängigkeit des Kapazitätswerts von der Änderung geometrischer Größen: Plattenabstand (oben), effektive Platenfläche (mitte) und Eindringtiefe eines Dielektrikums (unten)

## 3.2 Induktiver Effekt

Gemäß dem Induktionsgesetz führt eine zeitliche Änderung der magnetischen Flussdichte $\vec{B}$ zu einem elektrischen Feld, dessen elektrische Feldstärke $\vec{E}$ wirbelbehaftet ist:

$$rot\vec{E} = -\frac{\partial\vec{B}}{\partial t} \qquad (3.4)$$

Diese differentielle Darstellung der dritten Maxwell-Gleichung kann durch den Integralsatz von Stokes in die integrale Form überführt werden, wobei $\vec{A}$ eine beliebige orientierte Fläche ist und $\partial A$ die Randkurve der Fläche darstellt:

$$\oint_{\partial A} \vec{E}d\vec{s} = -\iint_{A} \frac{\partial\vec{B}}{\partial t}d\vec{A} \qquad (3.5)$$

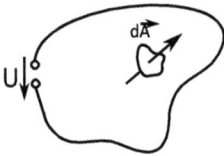

**Abb. 3.3.** Stromdurchflossener Leiter, der die Randkurve der Fläche $\vec{A}$ bildet

Der magnetische Fluss $\Phi$ ist gegeben durch das Skalarprodukt der magnetischen Flussdichte $\vec{B}$ durch eine orientierte Fläche $\vec{A}$:

$$\Phi = \iint_A \vec{B}\,d\vec{A} \tag{3.6}$$

Da das Integral der elektrischen Feldstärke über die geschlossene Umrandung der Fläche, $\partial A$, wie in Abbildung 3.3 dargestellt, einer Spannung $u_{ind}(t)$ entspricht, lässt sich das Induktionsgesetz auch darstellen als:

$$u_{ind}(t) = -\frac{d\Phi(t)}{dt} \tag{3.7}$$

Jede zeitliche Änderung eines magnetischen Flusses $\Phi(t)$ durch eine Fläche $\vec{A}$, die von einer Leiterschleife umfasst ist, induziert gemäß dem Induktionsgesetz eine Spannung in der Leiterschleife. Die Änderung des magnetischen Flusses und damit die Induktion einer Spannung können dabei auf drei Arten erfolgen:
– Änderung der magnetischen Flussdichte $\vec{B}$
– Änderung der Fläche $\vec{A}$
– Änderung des Winkels zwischen $\vec{B}$ und $\vec{A}$

Das Induktionsgesetz kann auch dahingehend erweitert werden, dass nicht nur eine Fläche (oder Windung) betrachtet wird, sondern mehrere Windungen. Technisch wird das in einer Spule realisiert, bei der es sich um einen (kreisförmig) aufgewickelten elektrisch leitenden Draht mit N Windungen handelt. Haben die N Windungen die gleichen Flächen, sind direkt aufeinander gewickelt und werden jeweils von dem gleichen magnetischen Fluss $\Phi$ durchsetzt, so gilt für die gesamte induzierte Spannung zwischen den beiden Anschlüssen der Spule:

$$u_{ind}(t) \approx -N\frac{d\Phi(t)}{dt} \tag{3.8}$$

Rotiert eine flache Spule (Fläche A der Spule » als die Dicke) in einem homogenen Magnetfeld mit konstanter Flussdichte $\vec{B}$ mit der Frequenz $f$, so wird in ihr eine sinusförmige Wechselspannung mit Scheitelwert $\hat{u}$ induziert (Drehachse in Spulenebene und senkrecht zum Magnetfeld):

$$\Phi(t) = BA\sin(2\pi ft) \tag{3.9}$$

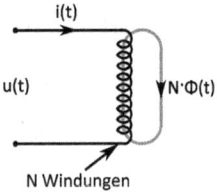

**Abb. 3.4.** Spule mit N Windungen

$$u_{ind}(t) = -NBA \cdot 2\pi f \cos(2\pi f t) = -\hat{u} \cos(2\pi f t) \tag{3.10}$$

Bislang wurde bei der Induktion betrachtet, wie sich ein elektrischer Leiter, z.B. eine Spule, in einem äußeren Magnetfeld mit magnetischer Flussdichte $\vec{B}$ verhält. Dabei floss kein Strom durch den Leiter.

Wird der Leiter von einem Strom mit Stromdichte $\vec{j}(t)$ durchflossen, so wird er gemäß dem Durchflutungsgesetz (vierte Maxwell-Gleichung) von einer magnetischen Flussdichte umgeben:

$$rot\vec{B}(t) = \mu_0\vec{j}(t) + \mu_0\epsilon_0\frac{\partial \vec{E}}{\partial t} \tag{3.11}$$

Für ein zeitlich konstantes $\vec{E}$-Feld erzeugt eine zeitlich veränderliche Stromdichte $\vec{j}(t)$ ein zeitlich veränderliches $\vec{B}$-Feld (Ampere'sches Gesetz):

$$rot\vec{B}(t) = \mu_0\vec{j}(t) \tag{3.12}$$

Ein zeitlich veränderliches $\vec{B}$-Feld induziert, wie oben dargestellt, im Leiter wiederum eine Spannung. Dieser Effekt wird Selbstinduktion und die Spannung Selbstinduktionsspannung genannt .

Für den Spezialfall einer langen Spule (Länge l ist wesentlich größer als der Durchmesser d) mit N Windungen, die von einer Stromstärke $i(t)$ durchflossen wird, ergibt sich im Innern der Spule eine Flussdichte von:

$$B(t) = \mu_r\mu_0 i(t)\frac{N}{l} \tag{3.13}$$

Hierbei ist $\mu_0 = 4\pi \cdot 10^{-7} Hm^{-1}$ die magnetische Feldkonstante und $\mu_r$ die magnetische Permeabilität des Materials im Innern der Spule. Für Luft ist $\mu_r \approx 1$. Damit ergibt sich für den magnetischen Fluss innerhalb der Spule:

$$\Phi = \iint\limits_A \vec{B}(t)d\vec{A} = B(t)A = \mu_r\mu_0 i(t)A\frac{N}{l} = L\frac{i(t)}{N} \tag{3.14}$$

Der Ausdruck $L$ bezeichnet dabei die Induktivität der Spule (Einheit Henry: $[L] = H = VsA^{-1}$):

$$L = \mu_r \mu_0 i(t) A \frac{N^2}{l} \tag{3.15}$$

Der zeitlich veränderliche Strom $i(t)$ induziert damit eine Selbstinduktionsspannung in der Spule von:

$$u_{ind}(t) \approx -N \frac{d\Phi(t)}{dt} = -L \frac{di(t)}{dt} \tag{3.16}$$

## 3.3 Hall-Effekt

Der Hall-Effekt beschreibt den Einfluss eines magnetischen Flusses $\vec{B}$ auf einen strom-durchflossenen Leiter oder Halbleiter. Er basiert auf der Lorentz-Kraft, die auf beweg-te Ladungsträger mit Ladung $q$ und Geschwindigkeit $\vec{v}$ durch den magnetischen Fluss $\vec{B}$ wirkt:

$$\vec{F}_L = q\vec{c} \times \vec{B} \tag{3.17}$$

Dabei hängt die Geschwindigkeit $\vec{v}$ über die Ladungsträgerdichte $n$ mit der Stromdich-te $\vec{j}$ bzw. über den Leiterquerschnitt $A$ mit dem gleichförmigen Strom $\vec{I}$ zusammen:

$$\vec{j} = nq\vec{v} = \frac{\vec{I}}{A} \tag{3.18}$$

Die Lorentz-Kraft wirkt senkrecht zur Bewegungsrichtung und zur Richtung des ma-gnetischen Flusses und lenkt die bewegten Ladungsträger in diese Richtung ab. Der Betrag der Lorentz-Kraft ist maximal, wenn die Bewegungsrichtung der Ladungsträ-ger senkrecht zur Richtung von $\vec{B}$ ist, und Null, wenn beide parallel liegen. Durch die Ablenkung entsteht ein Ladungsträgerungleichgewicht in Richtung der Lorentz-Kraft: auf der einen Seite ein Ladungsträgerüberschuss und ein Ladungsträgermangel auf der anderen Seite.

Diese Ungleichverteilung von Ladungen erzeugt ein elektrisches Feld $\vec{E}$ und damit eine Coulomb-Kraft $\vec{F}_C$:

$$\vec{F}_C = q\vec{E} \tag{3.19}$$

Lorentz-Kraft $\vec{F}_L$ und Coulomb-Kraft $\vec{F}_C$ zeigen in entgegengesetzte Richtungen und kompensieren sich im Gleichgewichtsfall:

$$\vec{F}_C = -\vec{F}_L \tag{3.20}$$

$$\Rightarrow \vec{E} = -\vec{v} \times \vec{B} \tag{3.21}$$

$$\Leftrightarrow \vec{E} = -\frac{\vec{I} \times \vec{B}}{nqA} \tag{3.22}$$

Das elektrisches Feld steht senkrecht zu $\vec{v}$ und $\vec{B}$. Damit verbunden ist eine elektrische Spannung $U_{AB}$ zwischen zwei beliebigen Punkten A und B:

$$U_{AB} = \int_a^B \vec{E}d\vec{s} = -\int_A^B \left(\vec{v} \times \vec{B}\right) d\vec{s} = -\frac{1}{nqA} \int_A^B \left(\vec{I} \times \vec{B}\right) d\vec{s} \tag{3.23}$$

Diese elektrische Spannung in einem stromdurchflossenen Leiter oder Halbleiter, hervorgerufen durch einen externen magnetischen Fluss, ist die Hall-Spannung und der Effekt wird als Hall-Effekt bezeichnet. Die Hall-Spannung hängt linear vom Strom und dem magnetischen Fluss ab, zudem noch sinusförmig vom Winkel zwischen $\vec{I}$ und $\vec{B}$.

Technisch genutzt wird der Hall-Effekt insbesondere in einer dünnen leitenden Platte, die den Effekt auch einfach veranschaulicht. Dazu zeigt Abbildung 3.5 den einfachen schematischen Aufbau für den Hall-Effekt: eine dünne Platte der Dicke $d$ und der Breite $b$ wird homogen über den Querschnitt $A = bd$ von einem Strom $\vec{I}$ in x-Richtung durchflossen ($I_x$). Durch den angelegte magnetischen Fluss $\vec{B}$ in z-Richtung ($B_z$) werden die Ladungsträger $q$ senkrecht zu $\vec{v}$ und $\vec{B}$ in y-Richtung abgelenkt und es entstehen ein Ladungsträgerüberschuss auf der einen und ein Ladungsträgermangel auf der anderen Seite des Plättchens. Das resultierende elektrische Feld hat damit nur eine Komponente in y-Richtung ($E_y$). Die resultierende Hall-Spannung $U_H$ zwischen den beiden Seiten des Plättchens mit der Ladungsträgerdifferenz berechnet sich dann einfach zu:

$$U_H = \int_{-\frac{b}{2}}^{\frac{b}{2}} \vec{E}d\vec{s} = \int_{-\frac{b}{2}}^{\frac{b}{2}} E_y dy = \frac{I_x B_z b}{nqA} = \frac{1}{nq} \cdot \frac{I_x B_z}{d} = A_H \frac{B_z}{d} I_x \tag{3.24}$$

Dabei ist der Faktor $A_H = (nq)^{-1}$ der Hall-Koeffizient (Hall-Konstante), eine temperaturabhängige Materialkonstante.

Werte für den Hall-Koeffizienten für ausgewählte Materialien sind in Tabelle 3.2 aufgeführt . Halbleiter wie Silizium haben einen hohen Hall-Koeffizienten. Zudem können in Halbleitertechnologie sehr dünne Plättchen hergestellt werden, so dass Silizium Hall-Sensoren relativ große Hall-Spannungen erzeugen. Durch die Herstellung der Sensoren in Standard-Siliziumtechnologie können die Sensoren reproduzierbar und in sehr großen Stückzahlen hergestellt werden, zusätzlich kann direkt analoge und digitale Logik (CMOS Technologie) mit in den Sensor integriert werden, um intelligente Sensoren zu realisieren. Dies bietet die Möglichkeit, zum Beispiel Temperaturabhängigkeiten zu eliminieren oder die primäre Hall-Spannung analog und digital aufzubereiten und auszuwerten.

Formal ähnelt die Formel für die Hall-Spannung dem Ohm'schen Gesetz. Der Faktor $R_H$ wird daher auch als Hall-Widerstand bezeichnet:

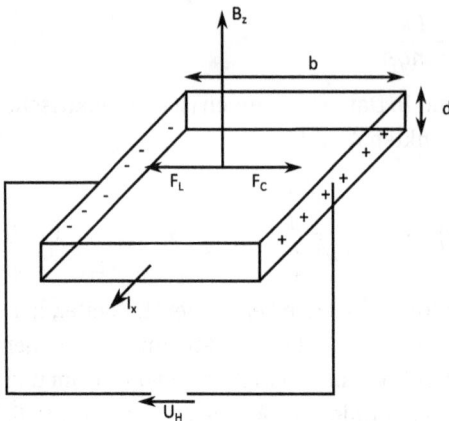

**Abb. 3.5.** Hall-Effekt in einer dünnen Platte

$$U_H = A_H \frac{B_z}{d} I_x = R_H I_x \tag{3.25}$$

Dabei ist der Hall-Widerstand nicht mit dem elektrischen Widerstand des Hall-Elements zu verwechseln, sondern der Hall-Widerstand stellt das Verhältnis der Querspannung (Hall-Spannung) zum elektrischem Strom dar. Der Hall-Widerstand ist dabei abhängig vom äußeren magnetischen Fluss:

$$R_H(B) = A_H \frac{B_z}{d} \tag{3.26}$$

Ist der Winkel zwischen Stromvektor und dem Vektor des magnetischen Flusses nicht, wie bislang vereinfachend angenommen, ein rechter Winkel, sondern beliebig (Winkel $\alpha$), so hängt die Hall-Spannung aufgrund des Vektorprodukts von eben diesem Winkel ab (beide Vektoren senkrecht zur Richtung der Hall-Spannung):

$$U_H = \int_{-\frac{b}{2}}^{\frac{b}{2}} \vec{E} d\vec{s} = \frac{A_H}{d} \mid \vec{I} \parallel \vec{B} \mid \sin \alpha \tag{3.27}$$

## 3.4 Magnetoresistiver Effekt

Jedes Material hat einen elektrischen Widerstand (bei Supraleitern liegt der Extremfall eines elektrischen Widerstands von $0\,\Omega$ bei sehr kleinen Temperaturen vor). Wenn sich dieser elektrische Widerstand unter dem Einfluss eines äußeren Magnetfelds ändert, so liegt ein magnetoresistiver Effekt vor. Das Verhalten des spezifischen Widerstands $\rho$ eines stromdurchflossenen ferromagnetischen Materials in Abhängigkeit des externen Magnetfelds ist schematisch und beispielhaft in Abbildung 3.6 dargestellt .

**Tab. 3.2.** Hall-Koeffizienten ausgewählter Materialien

| Material | $A_H [10^{-11} m^3 C^{-1}]$ |
|---|---|
| Kupfer | -5.5 |
| Gold | -7.5 |
| Aluminium | +9.9 |
| Cadmium | +6 |
| Silizium | $> 10^8$ |
| Indium-Arsenid | $< -10^7$ |

Ohne äußeres Magnetfeld $\vec{H}$ hat das Material einen spezifischen Widerstand $\rho(0)$. Wird ein Magnetfeld angelegt, so hängt der spezifische Widerstand sowohl von der Größe als auch der Richtung des Magnetfelds ab. Für einen festen Betrag des $H$-Feldes variiert der Widerstandswert $\rho(H)$ zwischen zwei Extremen: stehen Stromrichtung und Richtung des $H$-Felds senkrecht zueinander, so ist der spezifische Widerstand minimal, sind sie parallel, so ist er maximal.

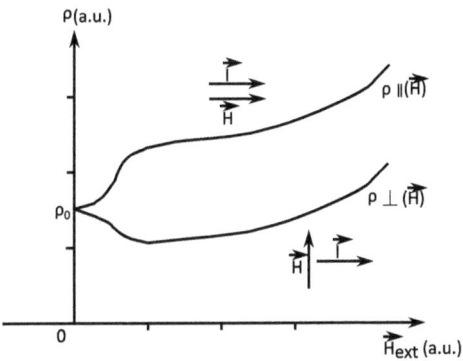

**Abb. 3.6.** Magnetoresistiver Effekt

Der magnetoresistive Effekt tritt sowohl in nicht-magnetischen als auch in magnetischen Materialien und Mehrlagenstrukturen auf. Der magnetoresistive Effekt in nicht-magnetischen Materialien wie Kupfer oder Silber beruht wie der Hall-Effekt auf der Lorentz-Kraft. Der Effekt ist allerdings sehr klein ($\Delta\rho/\rho \ll 1$ für $H \approx 1T$), so dass er technisch nur sehr begrenzt nutzbar ist. Dagegen sind die magnetoresisitiven Effekte in magnetischen Materialien so groß, dass sie technisch nutzbar sind. Zwei für die Sensortechnik wichtige Effekte, der anisotrope und der riesige (giant) magnetoresistive Effekt, werden im Folgenden beschrieben.

### 3.4.1 Anisotroper magnetoresistiver Effekt (AMR)

Der AMR tritt in magnetischen Materialien (insbesondere in ferromagnetischen Übergangsmetallen) auf und beschreibt die Abhängigkeit des spezifischen Widerstands von der internen Magnetisierung $\vec{M}$ des Materials. Parallel zur internen Magnetisierung ist der spezifische Widerstand ($\rho_\parallel$) einige Prozent größer als senkrecht dazu ($\rho_\perp$), wie in Abbildung 3.7 dargestellt. Mit dem Winkel $\Theta$ zwischen $\vec{M}$ und der Stromrichtung $\vec{I}$ bzw. der Stromdichte $\vec{j}$ ergibt sich (s. Abbildung 3.7):

$$\rho(\Theta) = \rho_\parallel + \left(\rho_\parallel - \rho_\perp\right) \cos^2 \Theta = \rho_\parallel + \Delta\rho \cos^2 \Theta \tag{3.28}$$

Der spezifische Widerstand variiert mit dem Quadrat des Winkels und ist damit unabhängig vom Vorzeichen des Winkels. Typische Größenordnungen der Widerstandsänderung liegen im Bereich von einigen Prozent:

$$\frac{\Delta\rho}{\rho_\parallel} = \frac{\rho_\parallel - \rho_\perp}{\rho_\parallel} \approx 3 - 5\% \tag{3.29}$$

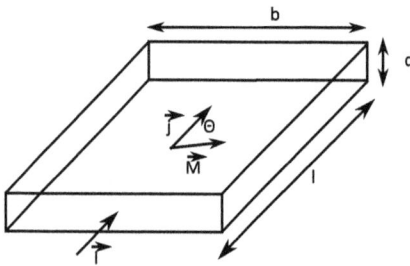

**Abb. 3.7.** Definition des Winkels zwischen interner Magnetisierung und Stromrichtung beim AMR

Die Beeinflussung des internen Magnetfelds kann mit Hilfe eines äußeren Feldes geschehen. Wenn das äußere Feld wesentlich größer ist als die spontane innere Magnetisierung, so wird der Winkel $\Theta$ durch die Richtung des äußeren Felds bestimmt. Insbesondere in dünnen Schichten ist die Magnetisierung leicht drehbar, so dass daraus Sensoren aufgebaut werden können.

### 3.4.2 Riesiger magnetoresistiver Effekt (Giant magnetoresistance, GMR)

Der GMR-Effekt ist ein quantenmechanischer Effekt der spinabhängigen Streuung von Elektronen in einer magnetischen Schicht. Er tritt in Schichtsystemen auf, die mindestens zwei ferromagnetische Schichten mit einer nicht-magnetischen Zwischenschicht aufweisen. Die Schichten sind dabei nur einige Nanometer dick und der elektrische

Widerstand hängt von der gegenseitigen Orientierung der Magnetisierung in den magnetischen Schichten ab. Für die Entdeckung des GMR im Jahr 1988 erhielten P. Grünberg (FZ Jülich) und A. Fert (Universität Paris-Süd) 2007 den Nobelpreis für Physik.

Abbildung 3.8 zeigt den schematischen Aufbau einer GMR-Struktur mit einer wechselnden Abfolge von magnetischen Schichten (z.B. aus Kobalt) und unmagnetischen Schichten (z.B. Kupfer). Abhängig von den Dicken der nicht-magnetischen Zwischenschichten richten sich die internen Magnetisierungen in benachbarten magnetischen Schichten parallel oder antiparallel aus.

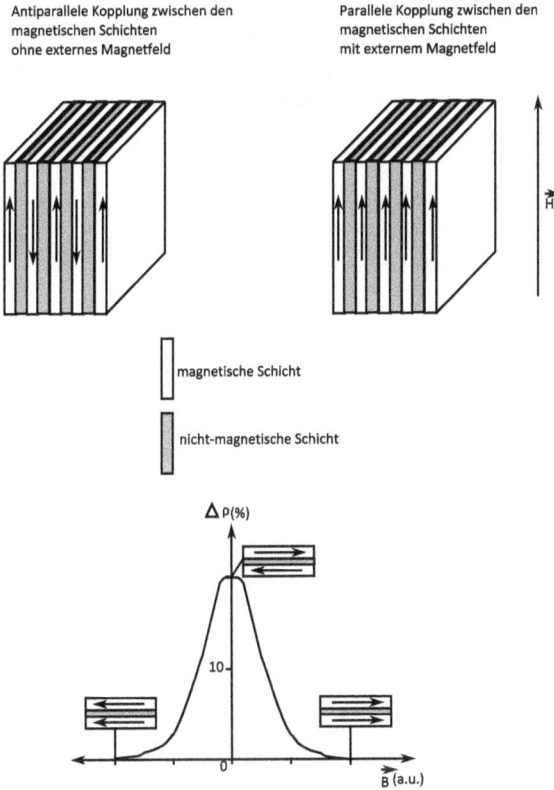

**Abb. 3.8.** GMR-Struktur mit Magnetisierung der ferromagnetischen Schichten: ohne externes Magnetfeld mit anti-paralleler Ausrichtung der Magnetisierung benachbarter Schichten (oben links), mit externem Magnetfeld und paralleler Ausrichtung der Magnetisierungen (oben rechts); Widerstandsänderung in Abhängigkeit des magnetischen Flusses (unten)

Fließt ein Strom senkrecht durch die Schichtstruktur, so wechselwirken die Elektronenspins mit den ferromagnetischen Schichten und werden, abhängig von der Orientierung der Spins zu der Magnetisierung der Schicht, unterschiedlich stark gestreut. Dementsprechend hängt der elektrische Widerstand davon ab, ob die magnetischen

Schichten parallel oder antiparallel ausgerichtet sind. Bei antiparalleler Orientierung der Magnetisierung benachbarter Schichten ist der elektrische Widerstand größer als bei paralleler Ausrichtung. Die Stärke des GMR-Effekts ist, abhängig von Materialien und Schichtdicke, wesentlich größer als die Stärke beim AMR-Effekt:

$$\frac{\Delta\rho_{max}}{\rho_{parallel}} = \frac{\rho_{anti} - \rho_{parallel}}{\rho_{parallel}} \geq 20\% \tag{3.30}$$

In Abbildung 3.8 ist unten die Abhängigkeit der Widerstandsänderung von der Stärke des externen Magnetfelds bzw. magnetischen Flusses für ein Multilagensystem dargestellt.

Durch eine Modifikation des Schichtaufbaus können sogenannte Spinvalves realisiert werden, die auch eine Winkelsensierung ermöglichen. Im einfachsten Fall besteht ein Spinvalve aus zwei unterschiedlichen ferromagnetischen Schichten, getrennt wiederum durch eine unmagnetische Schicht, und einer antiferromagnetischen Schicht.

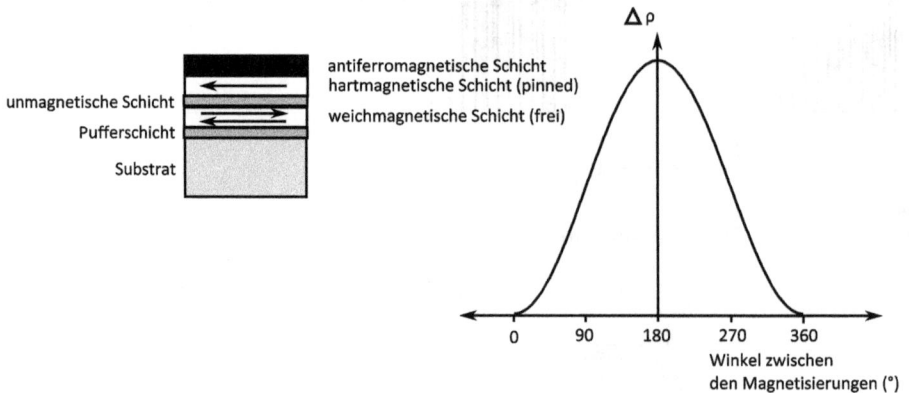

**Abb. 3.9.** Spinvalve Struktur (links): weichmagnetische Schicht (frei), unmagnetische Schicht und hartmagnetische Schicht (pinned) mit aufgebrachter Fixierungsschicht (AF); Widerstandsänderung in Abhängigkeit des Winkels zwischen den Magnetisierungen

Die erste ferromagnetische Schicht ist magnetisch weich, d.h. die Magnetisierung der Schicht richtet sich leicht an einem äußeren Magnetfeld aus und folgt diesem. Die zweite ferromagnetische Schicht ist hartmagnetisch, die Magnetisierung der Schicht richtet sich erst bei größeren Magnetfeldern nach dem externen Feld aus. Zudem wird die Magnetisierungsrichtung dieser Schicht durch eine darüber aufgebrachte antiferromagnetische Schicht fixiert. Die antiferromagnetische Schicht definiert demnach die Referenzrichtung der hartmagnetischen Schicht.

Dadurch, dass die Orientierung der weichmagnetische Schicht einem äußeren Magnetfeld folgt und die hartmagnetische Schicht in der Referenzorientierung bleibt, ändert sich der Winkel zwischen den beiden Orientierungen der Magnetisierung der Schichten. Die Widerstandsänderung zeigt dann einen kosinusförmigen Verlauf in Abhängigkeit des Winkels.

## 3.5 Resistiver und piezoresistiver Effekt

Beim resistiven Effekt werden die thermischen und mechanischen bzw. geometrischen Abhängigkeiten des elektrischen Widerstands genutzt. Der elektrische Widerstand $R$ eines Materials (z.B. eines metallischen Leiters) mit spezifischem Widerstand $\rho$, Länge $l$ und Querschnitt $A$ lautet:

$$R(T) = \rho(T)\frac{l}{A} \tag{3.31}$$

### 3.5.1 Mechanische Abhängigkeit des Widerstands

Durch mechanischen Stress $\sigma$ ändert sich der elektrische Widerstand, sowohl durch die Änderung der geometrischen Eigenschaften als auch durch die Änderung des spezifischen Widerstands.

Wird das Material durch externe Kräfte gestaucht oder gedehnt, so verformt er sich. Bei Dehnung nimmt die Länge $l$ zu und gleichzeitig der Querschnitt $A$ ab. Wird das Material dagegen gestaucht, so wird die Länge verkürzt und der Querschnitt erhöht.

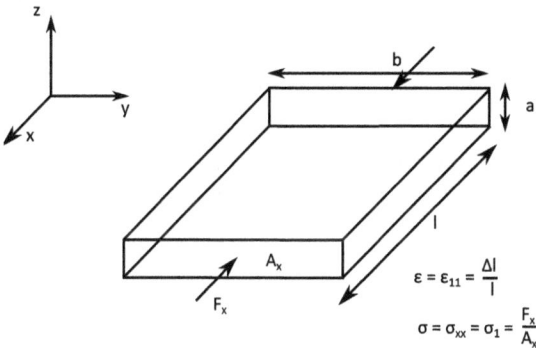

$$\varepsilon = \varepsilon_{11} = \frac{\Delta l}{l}$$

$$\sigma = \sigma_{xx} = \sigma_1 = \frac{F_x}{A_x}$$

**Abb. 3.10.** Dehnung eines Leiters mit rechteckigem Querschnitt

Eine mechanische Spannung $\sigma$, die auf das Material wirkt, hängt über das Elastizitätsmodul $E$ mit der relativen Längenänderung $\Delta l/l$ bzw. der Dehnung $\varepsilon = \Delta l/l$ zusammen:

$$\sigma = E\frac{\Delta l}{l} = E\sigma \tag{3.32}$$

Zudem kann der spezifische Widerstand von der geometrische Änderung abhängen (piezoresistiver Effekt).

### Exkurs: anisotrope Leitfähigkeit

In anisotropen Materialien wie Halbleitern muss der Zusammenhang zwischen elektrischen und mechanischen Größen generell in Tensorform notiert werden . So lautet das Ohm'sche Gesetz in anisotropen Materialien in kartesischen Koordinaten:

$$\begin{pmatrix} E_x \\ E_y \\ E_z \end{pmatrix} = \begin{pmatrix} \rho_{xx} & \rho_{xy} & \rho_{xz} \\ \rho_{xy} & \rho_{yy} & \rho_{yz} \\ \rho_{xz} & \rho_{yz} & \rho_{zz} \end{pmatrix} \cdot \begin{pmatrix} j_x \\ j_y \\ j_z \end{pmatrix} \tag{3.33}$$

$$\Leftrightarrow \vec{E} = \underline{\underline{\rho}} \cdot \vec{j} \tag{3.34}$$

$\vec{E}$ ist der Vektor der elektrischen Feldstärke mit Komponenten $E_x$, $E_y$, $E_z$ und $\vec{j}$ der Vektor der Stromdichte. $\underline{\underline{\rho}}$ ist der symmetrische Tensor 2. Stufe des spezifischen Widerstands, der die anisotrope Kopplung von $\vec{E}$ und $\vec{j}$ beschreibt. So kann, abhängig von den Komponenten von $\underline{\underline{\rho}}$, ein Feld in x-Richtung eine Stromdichte in alle drei Raumrichtungen hervorrufen.

In Voigt'scher Notation kann der Tensor des spezifischen Widerstands auch geschrieben werden als:

$$\begin{pmatrix} \rho_{xx} & \rho_{xy} & \rho_{xz} \\ \rho_{xy} & \rho_{yy} & \rho_{yz} \\ \rho_{xz} & \rho_{yz} & \rho_{zz} \end{pmatrix} = \begin{pmatrix} \rho_1 & \rho_6 & \rho_5 \\ \rho_6 & \rho_2 & \rho_4 \\ \rho_5 z & \rho_4 & \rho_3 \end{pmatrix} \tag{3.35}$$

Kristalle mit kubischer Struktur sind isotrop (und damit ein Spezialfall), es gibt keine anisotrope Kopplung der elektrischen Größen und es gilt $\rho_1 = \rho_2 = \rho_3 = \rho_0$ sowie $\rho_4 = \rho_5 = \rho_6 = 0$. Damit erhält man für isotrope Kristalle das „klassische" Ohm'sche Gesetz (mit i = x, y, z):

$$E_i = \rho_0 j_i \tag{3.36}$$

Ende des Exkurses

Für die Beschreibung der Kopplung von mechanischen und elektrischen Eigenschaften, wie beim piezoresistiven Effekt , muss auch die Tensornotation verwendet werden. Die mechanische Spannung $\sigma$ ist dann ein Tensor 2. Stufe, der als Matrix mit Komponenten $\sigma_{ij}$ dargestellt werden kann:

$$\sigma_{ij} = \frac{F_i}{A_j} \tag{3.37}$$

Wie in Abbildung 3.11 dargestellt, wirkt die Kraftkomponente $F_i$ (i = x, y, z) in i-Richtung auf die Fläche $A_j$. Die Zahl der unabhängigen Komponenten beträgt im statischen Gleichgewicht 6, da $\sigma$ symmetrisch ist. Mit Hilfe der Voigt'schen Notation lautet der Spannungstensor dann:

$$\underline{\underline{\sigma}} = \begin{pmatrix} \sigma_{xx} & \sigma_{xy} & \sigma_{xz} \\ \sigma_{xy} & \sigma_{yy} & \sigma_{yz} \\ \sigma_{xz} & \sigma_{yz} & \sigma_{zz} \end{pmatrix} = \begin{pmatrix} \sigma_1 & \sigma_6 & \sigma_5 \\ \sigma_6 & \sigma_2 & \sigma_4 \\ \sigma_5 & \sigma_4 & \sigma_3 \end{pmatrix} \tag{3.38}$$

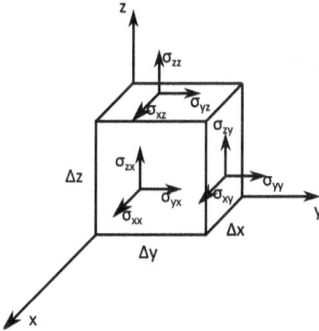

**Abb. 3.11.** Darstellung der Komponenten des Spannungstensors $\underline{\underline{\sigma}}$

$\sigma_1$, $\sigma_2$ und $\sigma_3$ stehen für den Zug oder Druck auf die jeweilige Fläche in Richtung des Koordinatensystems, mit $\sigma_4$, $\sigma_5$ und $\sigma_6$ wird die Scherung des Kristalls beschrieben.

Sowohl die mechanische Spannung als auch der spezifische Widerstand werden durch Tensoren 2. Stufe mit jeweils 6 unabhängigen Komponenten beschrieben. Die Verknüpfung zwischen den zwei Größen geschieht mittels eines Tensors 3. Stufe, der piezoresistiven Konstante $\underline{\underline{\Pi}}$. Um eine einfacherer Darstellung des Zusammenhangs zu erreichen, werden die Tensoren 2. Stufe als 6-dimensionaler Vektor (mit Komponenten $\sigma_1 - \sigma_6$ bzw. $\rho_1 - \rho_6$) und der Tensor 3. Stufe als Matrix (mit Komponenten $\pi_{ij}$) dargestellt.

Durch das Einwirken einer mechanischen Spannung $\sigma$ ändern sich beim piezoresistiven Effekt die Komponenten des spezifischen Widerstandstensors $\rho$ um jeweils $\Delta\rho_i$ (i = 1 – 6), für kubische Symmetrie:

$$\begin{pmatrix} \rho_1 \\ \rho_2 \\ \rho_3 \\ \rho_4 \\ \rho_5 \\ \rho_6 \end{pmatrix} = \begin{pmatrix} \rho_0 \\ \rho_0 \\ \rho_0 \\ 0 \\ 0 \\ 0 \end{pmatrix} + \begin{pmatrix} \Delta\rho_1 \\ \Delta\rho_2 \\ \Delta\rho_3 \\ \Delta\rho_4 \\ \Delta\rho_5 \\ \Delta\rho_6 \end{pmatrix} \tag{3.39}$$

Der Zusammenhang zwischen mechanischer Spannung und spezifischem Widerstand ist dann gegeben durch die piezoresistive Konstante $\underline{\underline{\Pi}}$ des Materials

$$\frac{1}{\rho_0}\begin{pmatrix} \Delta\rho_1 \\ \Delta\rho_2 \\ \Delta\rho_3 \\ \Delta\rho_4 \\ \Delta\rho_5 \\ \Delta\rho_6 \end{pmatrix} = \begin{pmatrix} \pi_{11} & \pi_{12} & \pi_{12} & 0 & 0 & 0 \\ \pi_{12} & \pi_{11} & \pi_{12} & 0 & 0 & 0 \\ \pi_{12} & \pi_{12} & \pi_{11} & 0 & 0 & 0 \\ 0 & 0 & 0 & \pi_{44} & 0 & 0 \\ 0 & 0 & 0 & 0 & \pi_{44} & 0 \\ 0 & 0 & 0 & 0 & 0 & \pi_{44} \end{pmatrix} \cdot \begin{pmatrix} \Delta\sigma_1 \\ \Delta\sigma_2 \\ \Delta\sigma_3 \\ \Delta\sigma_4 \\ \Delta\sigma_5 \\ \Delta\sigma_6 \end{pmatrix} \qquad (3.40)$$

Die Komponenten des Spannungstensors $\underline{\underline{\sigma}}$ sind die Normalspannungen ($\sigma_1$, $\sigma_2$, $\sigma_3$) und die Scherspannungen ($\sigma_4$, $\sigma_5$, $\sigma_6$).

Für Kristalle mit kubischer Symmetrie (z.B. Silizium) ergeben sich drei piezoresistive Effekte (s. Abbildung 3.12):

−   Longitudinaler Effekt:
    Beschreibt die Änderung des Widerstands in Richtung der mechanischen Spannung $\sigma_i$ (i = 1 – 3; $\pi_{12} = \pi_{44} = 0$):

$$\frac{\Delta\rho_i}{\rho_0} = \pi_{11}\sigma_i \qquad (3.41)$$

−   Transversaler Effekt: Beschreibt die Änderung des Widerstands senkrecht zur Richtung der mechanischen Spannung $\sigma_j$ (($i, j = 1\,\check{}\,3; i \neq j; \pi_{11} = \pi_{44} = 0$)

$$\frac{\Delta\rho_i}{\rho_0} = \pi_{12}\sigma_j \qquad (3.42)$$

−   Schereffekt:
    Beschreibt die Änderung des Widerstands durch eine mechanische Scherspannung $\sigma_i$ (($i = 4\,\check{}\,6; \pi_{11} = \pi_{12} = 0$)

$$\frac{\Delta\rho_i}{\rho_0} = \pi_{44}\sigma_j \qquad (3.43)$$

Typische Werte der piezoresistiven Koeffizienten $\pi_{ij}$ sind für schwach n- und p-dotiertes Silizium in Tabelle 3.3 aufgeführt, wobei die Größe der Koeffizienten und damit des piezoresistiven Effekts stark von der Dotierung und der Temperatur abhängen und somit nur Richtwerte angeben.

**Tab. 3.3.** Piezoresistive Koeffizienten von dotiertem Silizium bei 300 K

| Material | $\rho_0[\Omega cm]$ | $\pi_{11}[10^{-11}Pa^{-1}]$ | $\pi_{12}[10^{-11}Pa^{-1}]$ | $\pi_{44}[10^{-11}Pa^{-1}]$ |
|---|---|---|---|---|
| n-Silizium | 11.7 | -102 | 53 | -14 |
| p-Silizium | 7.8 | 7 | -1 | 138 |

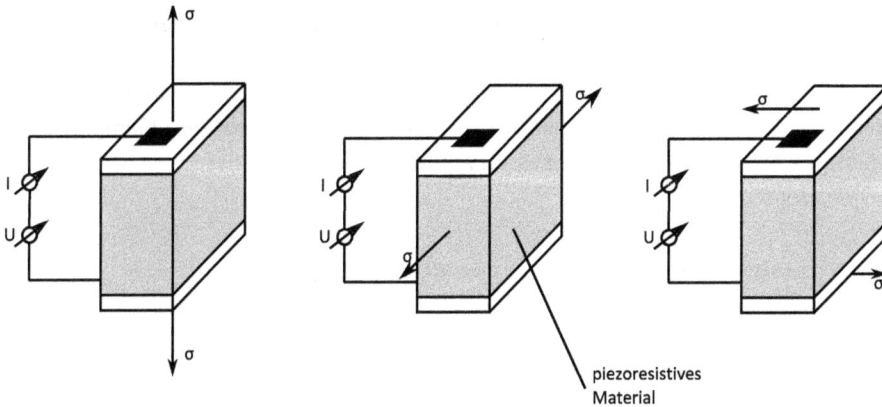

**Abb. 3.12.** Piezoresistive Effekte: longitudinaler Effekt (links), transversaler Effekt (Mitte), Schereffekt (rechts)

Insgesamt kann die relative Änderung des Widerstand durch den mechanischen Stress ausgedrückt werden als:

$$\frac{\Delta R}{R} = \frac{\Delta l}{l} + \frac{\Delta \rho}{\rho} - \frac{\Delta A}{A} \tag{3.44}$$

Über die materialabhängige, dimensionslose Poissonzahl $v$ hängt die Änderung des Querschnitts mit der Längenänderung zusammen:

$$v = -\frac{\frac{\Delta a}{a}}{\frac{\Delta l}{l}} = -\frac{\frac{\Delta b}{b}}{\frac{\Delta l}{l}} \tag{3.45}$$

$$\Rightarrow \frac{\Delta A}{A} = \frac{\Delta a}{a} + \frac{\Delta b}{b} = -2v\frac{\Delta l}{l} \tag{3.46}$$

Daraus ergibt sich für die relative Widerstandsänderung:

$$\frac{\Delta R}{R} = \frac{\Delta l}{l} + \frac{\Delta \rho}{\rho} + 2v\frac{\Delta l}{l} = \frac{\Delta \rho}{\rho} + (1 + 2v)\frac{\Delta l}{l} = \pi\sigma + (1 + 2v)\frac{\Delta l}{l} =$$

$$\pi E \epsilon + (1 + 2v)\,\epsilon = (\pi E + (1 + 2v))\,\epsilon = K\epsilon \tag{3.47}$$

Die relative Widerstandsänderung durch eine externe mechanische Spannung setzt sich aus zwei Teilen zusammen:

Der rein geometrische Faktor $(1 + 2v)$ wird durch die materialabhängige Poissonzahl $v$ bestimmt. Mit typischen Werten von ungefähr $v = 0.3$ liegt der geometrische Faktor bei etwa 1.6. Für Metalle liegt der K-Faktor typischerweise bei 1.5 – 2, so dass bei Metallen der rein geometrische Faktor dominiert.

Der andere Faktor $(\pi E)$ beschreibt den piezoresistiven Effekt, der in Halbleitern dominiert. Hier sind K-Faktoren von bis zu 100 möglich. Dementsprechend ist die Widerstandsänderung bei Halbleitern durch mechanischen Stress größer als bei Metallen.

Da die geometrischen Änderungen ($\epsilon$) sehr klein sind, sind auch die Änderungen des Widerstands, sowohl bei Metallen wie auch bei Halbleitern, sehr klein. Entsprechend müssen kleine Signale gemessen werden, wenn der resistive Effekt für Sensoren verwendet wird.

**Tab. 3.4.** K-Faktoren ausgewählter piezoresistiver Werkstoffe

| Material | K-Faktor |
|---|---|
| n-Silizium | bis -100 |
| p-Silizium | bis 190 |
| Platin | 6 |
| Konstantan | 2 |

### 3.5.2 Temperaturabhängigkeit des Widerstands

Neben der geometrischen Abhängigkeit hat der elektrische Wider-stand auch eine starke Temperaturabhängigkeit. Dabei unterscheidet man, ob der Widerstand mit steigender Temperatur steigt oder sinkt. Steigt der Widerstand mit steigender Temperatur, so spricht man von einem Kaltleiter (PTC, Positive Temperature Coefficient), sinkt der Widerstand mit steigender Temperatur, handelt es sich um einen Heißleiter (NTC, Negative Temperature Coefficient) .

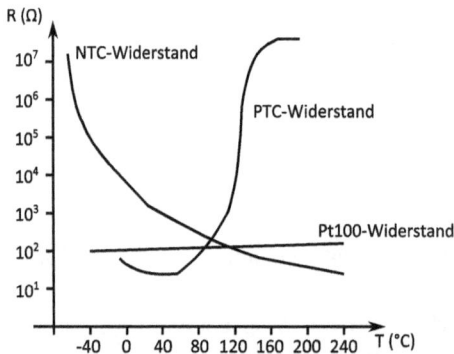

**Abb. 3.13.** Temperaturabhängigkeit von Widerständen

Für Metalle und Metall-Legierungen gilt eine nicht-lineare Temperaturabhängigkeit des elektrischen Widerstands ($T \gg 0K$), es handelt sich um typische Kaltleiter:

$$R(T) = R_0 \left( 1 + \alpha\, (T - T_0) + \beta\, (T - T_0)^2 + \delta\, (T - T_0)^3 \ldots \right) \qquad (3.48)$$

$R_0$ ist dabei der Nennwiderstand bei einer Referenztemperatur $T_0$ (z.B. 20 deg $C$ = 293.16$K$), $\alpha$, $\beta$ und $\delta$ sind Materialkonstanten. Glieder höherer Ordnung (angedeutet durch . . . ) werden in obiger Gleichung vernachlässigt. Häufig können die Konstanten $\beta$ und $\delta$, zumindest in einem bestimmten Temperaturbereich, vernachlässigt werden, so dass sich ein linearer Zusammenhang ergibt:

$$R(T) = R_0\, (1 + \alpha\, (T - T_0)) \qquad (3.49)$$

Der Temperaturkoeffizient $\alpha$ kann dabei im Allgemeinen auch von der Temperatur abhängen.

**Tab. 3.5.** Linearer Temperaturkoeffizient $\alpha$ von ausgewählten Materialien

| Material | Temperaturkoeffizient $\alpha [K^{-1}$ |
|---|---|
| Platin | $3.9 \cdot 10^{-3}$ |
| Gold | $3.7 \cdot 10^{-3}$ |
| Aluminium | $4 \cdot 10^{-3}$ |
| Graphit | $-0.2 \cdot 10^{-3}$ |
| Silizium | $-75 \cdot 10^{-3}$ |

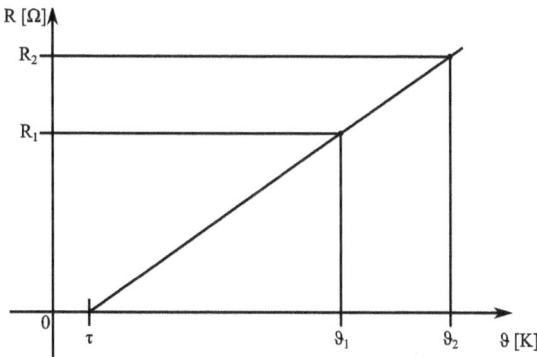

**Abb. 3.14.** Lineare Temperaturabhängigkeit eines Widerstands

Die thermische Abhängigkeit des Widerstands ist bei Halbleitern oder Halbleiterkeramiken (z.B. Mischoxid-Keramiken wie Eisenoxid, Zink-Titan-Oxid) gegeben durch die Temperaturabhängigkeit der Ladungsträgerkonzentration (sowohl der intrinsischen als auch der Ladungsträger durch Dotierung) sowie den piezoresistiven Koeffizienten.

Generell nimmt die Leitfähigkeit mit steigender Temperatur zu, es handelt sich um Heißleiter (NTC).

Wie in Abbildung 3.13 zu erkennen ist, ist die Temperaturabhängigkeit von Heißleitern stark nichtlinear und kann auch, wenn überhaupt, nur in kleinen Temperaturbereichen linearisiert werden. Der Zusammenhang zwischen Widerstand und Temperatur kann empirisch beschrieben werden, so durch die Steinhart-Hart-Gleichung :

$$\frac{1}{T} = a + b \ln R + c \, (\ln R)^3 \tag{3.50}$$

Die Temperatur wird hierbei in Kelvin angegeben, a, b und c sind materialabhängige Konstanten, die das Verhalten des Heißleiters beschreiben. Die Konstanten werden bestimmt, indem der Widerstand des NTC bei drei unterschiedlichen Temperaturen gemessen wird. Aus den drei Gleichungen werden dann die Konstanten berechnet. Sind die Konstanten bekannt, so kann das Material als NTC-Messelement verwendet werden.

Durch ihre starke Nichtlinearität weisen NTC, im Gegensatz zu den meisten PTC, eine wesentlich höhere Empfindlichkeit auf, wenn sie als Temperatursensoren eingesetzt werden. Die Schaltzeichen für PTC und NTC sind in Abbildung 3.15 dargestellt.

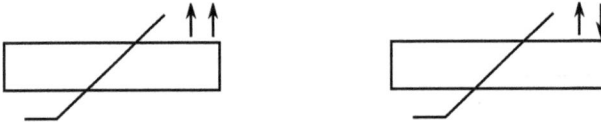

**Abb. 3.15.** Schaltzeichen eines PTC (links) und eines NTC (rechts)

## 3.6 Piezoelektrischer Effekt

Unter dem piezoelektrischen Effekt versteht man den Zusammenhang zwischen der Verformung eines nicht-leitendes Materials durch äußere Kräfte und dem Auftreten einer elektrischen Spannung. Voraussetzung für den piezoelektrischen Effekt ist, dass die Kristallstruktur nicht zentrosymmetrisch ist, das Material also kein Symmetriezentrum (Punkt, an dem eine Punktspiegelung den Kristall in sich selbst überführt) hat. So sind Kristalle wie Quarz ($SiO_2$) oder Turmalin mit trigonaler Symmetrie oder Blei-Zirkonat-Titanat-Keramiken piezoelektrisch.

Eine piezoelektrische Kristallstruktur aus An- und Kationen ist in Abbildung 3.16 dargestellt. Im unbelasteten Zustand fallen die Ladungsschwerpunkte der positiven und negativen Ionen im Zentrum zusammen ($Q^+$, $Q^-$). Eine Kraft in vertikaler Richtung verschiebt die Ladungen des Kristalls (s. Abbildung 3.16 rechts). Die Schwerpunkte der positiven und negativen Ladungen fallen nicht mehr im Zentrum zusammen.

Der negative Ladungsschwerpunkt wandert durch die Verformung nach oben, der der positive nach unten. Die dadurch entstehende Polarisation führt zwischen der Ober- und Unterseite des Kristalls zu einer elektrischen Spannung. Der hier dargestellte lon gitudinale piezoelektrische Effekt führt demnach durch die Krafteinwirkung zu einer elektrischen Spannung in der Richtung der Kraft.

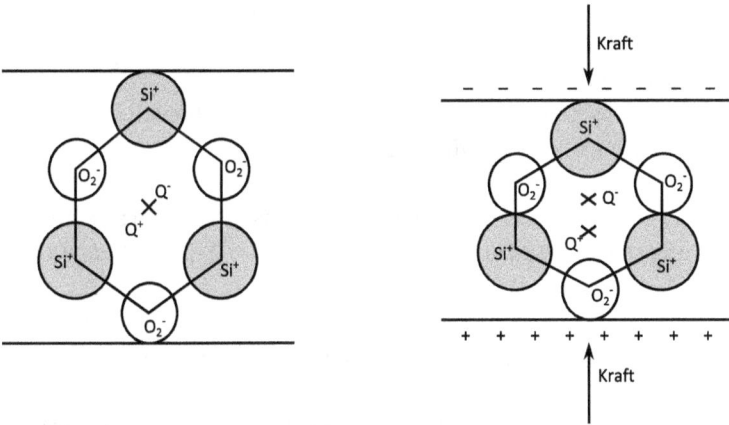

**Abb. 3.16.** Vereinfachte Kristallstruktur des piezoelektrischen Kristalls $SiO_2$ (links) ohne mechanischen Stress und longitudinaler piezoelektrischer Effet (rechts) mit Verschiebung der Ladungsschwerpunkte $Q^+$, $Q^-$

Analog zum piezoresistiven Effekt kann der Zusammenhang zwischen mechanischen und elektrischen Größen beim Piezoeffekt generell mittels Tensoren ausgedrückt werden:

$$\vec{P} = \underline{\underline{d}}\,\vec{\sigma} \tag{3.51}$$

$\vec{P}$ ist der Vektor der Polarisation mit 3 Komponenten $P_1$, $P_2$, $P_3$ und der Spannungstensor hat die Stufe 2 (als Vektor dargestellt). Die material- und richtungsabhängige Piezoelektrizität wird durch den piezoelektrische Tensor 3. Stufe $\underline{\underline{d}}$ als Matrix mit Komponenten $d_{ij}$ dargestellt.

$$\begin{pmatrix} P_1 \\ P_2 \\ P_3 \end{pmatrix} = \begin{pmatrix} d_{11} & d_{12} & d_{13} & d_{14} & d_{15} & d_{16} \\ d_{21} & d_{22} & d_{23} & d_{24} & d_{25} & d_{26} \\ d_{31} & d_{32} & d_{33} & d_{34} & d_{35} & d_{36} \end{pmatrix} \cdot \begin{pmatrix} \sigma_1 \\ \sigma_2 \\ \sigma_3 \\ \sigma_4 \\ \sigma_5 \\ \sigma_6 \end{pmatrix} \tag{3.52}$$

Die Komponenten einer Zeile des piezoelektrischen Tensors bestimmen demnach jeweils die Polarisation in einer Richtung. Durch die ersten drei Spalten von $d$ werden die Zug- und Druckkräfte auf den Körper mit der dadurch hervorgerufenen Polarisation verknüpft, durch die zweiten drei Spalten wird die Wirkung der Scherkräfte beschrieben.

Abhängig davon, wie die Vektoren des Stresses $\vec{\sigma}$ und der Polarisation $\vec{P}$ zueinander stehen, gibt es drei unterschiedliche Effekte (Abbildungen 3.16 und 3.17):

- Longitudinaler Effekt:
  Die Krafteinwirkung (der mechanische Stress) ist parallel zur Polarisationsrichtung ($d_{11}$, $d_{22}$, $d_{33} \neq 0$; $d_{ij} = 0$ mit $i \neq j$)
- Transversaler Piezoeffekt:
  Die Krafteinwirkung ist senkrecht zur resultierenden Polarisationsrichtung ($d_{11}$, $d_{22}$, $d_{33} = 0$; $d_{ij} \neq 0$ für $j \leq 3$; $d_{ij} = 0$ für $j > 3$)
- Schereffekt:
  Scherkräfte an gegenüberliegenden Oberflächen des Kristalls führen zu einer Polarisationsrichtung senkrecht dazu ($d_{11}$, $d_{22}$, $d_{33} = 0$; $d_{ij} = 0$ für $j \leq 3$; $d_{ij} \neq 0$ für $j > 3$)

Die primäre elektrische Ausgangsgröße ist die Ladung an den Flächen des Piezokristalls. Aufgrund der geringen Größe des Effekts muss die Ladung durch geeignete Ladungsverstärker entsprechend verstärkt werden. Dies kann intern oder extern geschehen. Jede Piezokeramik ist andererseits auch ein Kondensator, so dass die entstehende Ladung an den Elektroden als Spannung abgegriffen werden kann. Bei einem unendlich hohen Isolationswiderstand des Kondensators würde die Spannung bei konstantem mechanischem Stress konstant bleiben. Ein in der Realität endlicher Isolationswiderstand bewirkt allerdings einen Leckstrom und damit eine Entladung des Kondensators mit einer Zeitkonstante von:

$$\tau = RC \tag{3.53}$$

Während beim piezoelektrischen Effekt eine mechanische Kraft ein elektrisches Feld bzw. eine elektrische Spannung erzeugt, ist es beim inversen oder reziproken piezoelektrischen Effekt umgekehrt durch ein äußeres elektrisches Feld verformt sich der Kristall (s. Abbildung 3.18). Der inverse piezoelektrische Effekt wird als Aktor genutzt, z.B. für Ultraschallsender oder Lautsprecher.

## 3.7 Photoelektrischer Effekt

Der photoelektrische Effekt beschreibt die Wechselwirkung von Licht mit Materie, im Falle des äußeren und inneren Photoeffekts mit fester Materie. Zur Erklärung der Photoeffekte wird Licht im Teilchenmodell als Strom von Photonen beschrieben. Diese Photonen wechselwirken mit den Elektronen des Festkörpers und lösen Elektronen

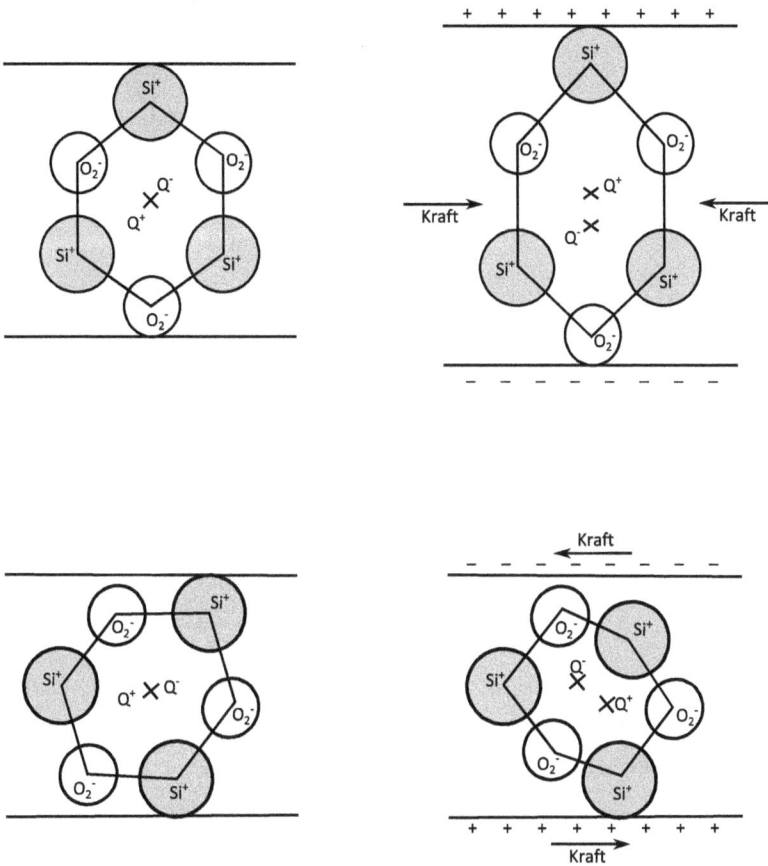

**Abb. 3.17.** Transversaler Piezoeffekt (oben) und Schereffekt (unten)

aus ihren Bindungen. Die Energie der Photonen ist proportional zur Frequenz $f$ des Lichts bzw. umgekehrt proportional zu seiner Wellenlänge $\lambda$:

$$E_{ph} = hf = h\frac{c}{\lambda} \tag{3.54}$$

Der Proportionalitätsfaktor $h$ ist das Plancksche Wirkungsquantum (Planck-Konstante), $h \approx 6.626 \cdot 10^{-34} Js \approx 4.136 \cdot 10^{-15} eVs$.

### 3.7.1 Äußerer Photoeffekt

Beim äußeren Photoeffekt werden durch Licht mit ausreichend kurzer Wellenlänge, und damit ausreichend hoher Energie, Elektronen aus einer Oberfläche freigesetzt. Dabei gibt ein Photon seine gesamte Energie $E_{Ph}$ an ein Elektron ab. Um den Festkörper verlassen zu können, benötigt das Elektron eine Mindestenergie, die Austrittsar-

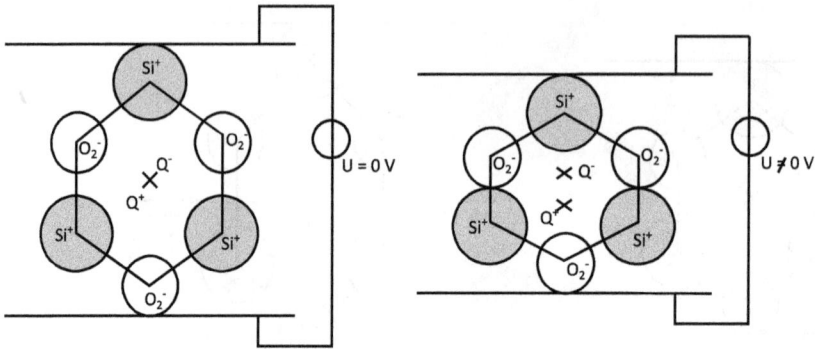

**Abb. 3.18.** Inverser piezoelektrischer Effekt

beit $E_A$ . Die Austrittsarbeit ist materialabhängig und beträgt zum Beispiel für Cäsium $E_A = 2.14eV \approx 3.43 \cdot 10^{-19}J$.

Die Überwindung der Austrittsarbeit bedeutet, dass die Photonen eine Mindestenergie von $E_{Ph,min}$ aufweisen müssen, um jeweils ein Photoelektron freisetzen zu können:

$$E_{ph,min} = hf_{min} > E_A \qquad (3.55)$$

Die Mindestfrequenz $f_{min}$ des Lichts für das Freisetzen von Elektronen aus einer Cäsium-Oberfläche beträgt demnach:

$$f_{min} = \frac{E_A}{h} = 5.2 \cdot 10^{14}Hz = 520THz \qquad (3.56)$$

Die Mindestfrequenz entspricht einer Wellenlänge von etwa 577 nm und damit gelbem Licht. Licht kleinerer Frequenz (orange, rot) kann keine Elektronen freisetzen, bei Licht höherer Frequenz (grün, blau, violett) kommt es, bei der Cäsium-Oberfläche, zur Photoemission.

Das freigesetzte Elektron weist dann noch eine kinetische Energie $E_{kin}$ auf, die die Differenz aus der Photonenenergie und der Austrittsarbeit ist:

$$E_{kin} = E_{ph} - E_A = hf - E_A \qquad (3.57)$$

Die kinetische Energie der Fotoelektronen hängt nur von der Frequenz des Lichts, und der materialabhängigen Austrittsarbeit, nicht von der Intensität des Lichts.

Dabei bedeutet im Teilchenbild des Lichts Lichtintensität die Dichte an Photonen. Je höher die Lichtintensität, desto höher die Dichte der Photonen und damit auch die Anzahl an emittierten Photoelektronen (bei ausreichend hoher Frequenz des Lichts).

kurzwelliges Licht

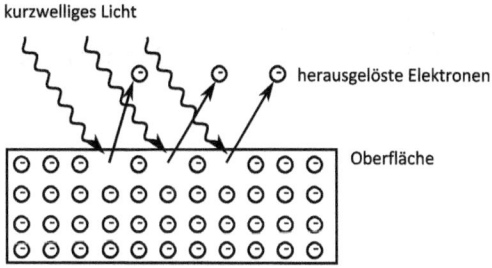

**Abb. 3.19.** Äußerer Photoeffekt: Elektronen werden durch kurzwelliges Licht aus der Oberfläche herausgelöst

## 3.7.2 Innerer Photoeffekt

Beim inneren Photoeffekt kommt es zu einer Wechselwirkung von Photonen mit Elektronen eines Halbleiters. Im Gegensatz zum äußeren Photoeffekt werden beim inneren Photoeffekt aber keine Elektronen aus dem Material freigesetzt. Stattdessen werden Elektronen aus dem Valenzband in das Leitungsband gehoben, im Valenzband bleibt ein positiv geladenes Loch zurück. So entstehen frei bewegliche Elektron-Loch-Paare und die Leitfähigkeit wird erhöht.

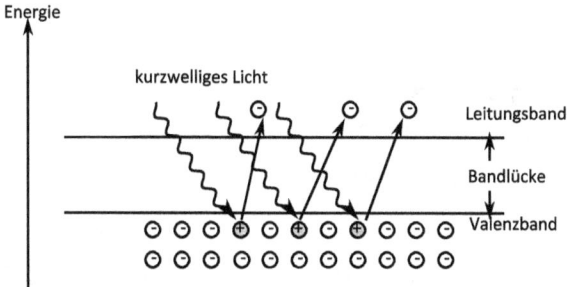

**Abb. 3.20.** Innerer Photoeffekt: Bandstruktur eines Halbleiters mit Bandlücke $E_{BL}$; Elektronen werden durch kurzwelliges Licht vom Valenz- in das Leitungsband angeregt

Um ein Elektron ins Leitungsband anzuregen muss ihm Energie zugeführt werden, die mindestens der Bandlücke $E_{BL}$ des Halbleiters entsprechen muss. Im Falle des inneren Photoeffekts:

$$E_{ph,min} = hf_{min} > E_{BL} \tag{3.58}$$

Für das wichtige Halbleitermaterial Silizium muss das Licht eine Mindestfrequenz $f_{min}$ aufweisen, um Elektronen ins Leitungsband anregen zu können:

$$f_{min,Si} = \frac{E_{BL,Si}}{h} = 270\,THz \tag{3.59}$$

Für Licht mit einer Wellenlänge von $\lambda \leq 1.1\mu m$ tritt der innere Photoeffekt auf, Elektronen werden ins Leitungsband angehoben. Bandlücken von Halbleitermaterialien sind in Tabelle 3.6 aufgeführt.

**Tab. 3.6.** Bandlücken von Halbleitermaterialien

| Material | Bandlücke [eV] bei 300 K |
|---|---|
| Silizium | 1.12 |
| Germanium | 0.67 |
| Galliumarsenid | 1.42 |
| Siliziumcarbid | 2.36 - 3.28 (abhängig von der Kristallstruktur) |

Der gegenläufige Effekt, dass ein Elektron wieder relaxiert, d.h. vom Leitungsband ins Valenzband zurückfällt, wird Rekombination genannt. Die dabei freiwerdende Energie wird in Form von Photonen oder Gitterschwingungen abgegeben. Im Falle eines strahlenden Übergangs mit Aussendung eines Photons spricht man von Lumineszenz und das Photon hat mindestens die Energie der Bandlücke.

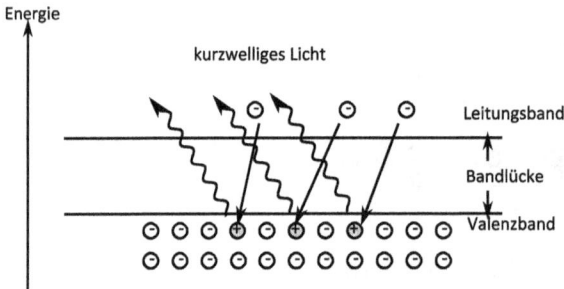

**Abb. 3.21.** Rekombination im direkten Halbleiter: Elektronen rekombinieren mit Löchern unter Aussendung von Photonen mit Mindestenergie $E_{BL}$

## 3.8 Elektromagnetische Strahlung

Elektromagnetische Strahlung besteht aus gekoppelten elektrischen und magnetischen Feldern, die im Wellenmodell als Wellen beschrieben werden können. Zur Ausbreitung dieser Wellen wird kein Medium benötigt, und die Ausbreitungsgeschwindigkeit der Welle ist unabhängig von der Frequenz $f$ bzw. der Kreisfrequenz $\omega$ und Wellenlänge $\lambda$.

Die Maxwell'schen Gleichungen beschreiben den Zusammenhang zwischen elektrischen und magnetischen Feldern sowie elektrischen Ladungen bzw. elektrischem Strom. Auf Basis dieser Gleichungen lassen sich elektromagnetische Wellen als Kopplung von zeitabhängigen elektrischen und magnetischen Feldern beschreiben. Für eine elektromagnetische Welle im Vakuum gelten die Wellengleichungen und damit die Wellenfelder für $\vec{E}$ und $\vec{B}$:

$$\Delta \vec{E} = \mu_0 \epsilon_0 \frac{\partial^2 \vec{E}}{\partial t^2} = \frac{1}{c_0^2} \frac{\partial^2 \vec{E}}{\partial t^2} \tag{3.60}$$

$$\Delta \vec{B} = \mu_0 \epsilon_0 \frac{\partial^2 \vec{B}}{\partial t^2} = \frac{1}{c_0^2} \frac{\partial^2 \vec{B}}{\partial t^2} \tag{3.61}$$

$$\vec{E} = \vec{A}_E \cdot e^{j\left(\vec{k}\cdot\vec{r}-\omega t\right)} \tag{3.62}$$

$$\vec{B} = \vec{A}_B \cdot e^{j\left(\vec{k}\cdot\vec{r}-\omega t\right)} \tag{3.63}$$

Dabei sind $\vec{A}_E$ bzw. $\vec{A}_B$ die Amplitudenvektoren der Wellen, $\vec{k}$ der Ausbreitungsvektor und $\vec{r}$ die Koordinate des Ausbreitungsweges. Diese gekoppelten Transversalwellen breiten sich mit Vakuum-Lichtgeschwindigkeit $c_0$ aus:

$$c_0 = \sqrt{\frac{1}{\mu_0 \epsilon_0}} \approx 3 \cdot 10^8 ms^{-1} \tag{3.64}$$

In einem Medium mit $\mu$ und $\epsilon$ ändert sich die Lichtgeschwindigkeit zu:

$$c = \sqrt{\frac{1}{\mu \epsilon}} \tag{3.65}$$

Dabei sind $\mu$ und $\epsilon$ in der Regel nicht-linear, anisotrop sowie frequenz- und feldstärkeabhängig.

Im elektromagnetischen Spektrum , der Gesamtheit aller elektromagnetischen Wellen (gesamter Frequenzbereich), werden unterschiedliche Bereiche mit ähnlichen Eigenschaften unterschieden (Abbildung 3.22), z.B. Radiowellen, Infrarotbereich, sichtbares Licht, Röntgenstrahlen.

Über die Lichtgeschwindigkeit $c_0$ hängen die Frequenz $f$ und die Wellenlänge $\lambda$ der elektromagnetischen Welle zusammen:

$$c_0 = \lambda f \tag{3.66}$$

Neben dem Wellencharakter weisen elektromagnetische Wellen auch einen Teilchencharakter auf (Welle-Teilchen-Dualismus) . Durch die Teilcheneigenschaften lassen sich Effekte wie der photoelektrische Effekt (s. Kap. 3.7) beschreiben. Im Teilchenmodell wird die elektromagnetische Welle als Strom von Teilchen, den Photonen, beschrieben, deren Energie durch die Frequenz (aus dem Wellenmodell) bestimmt wird:

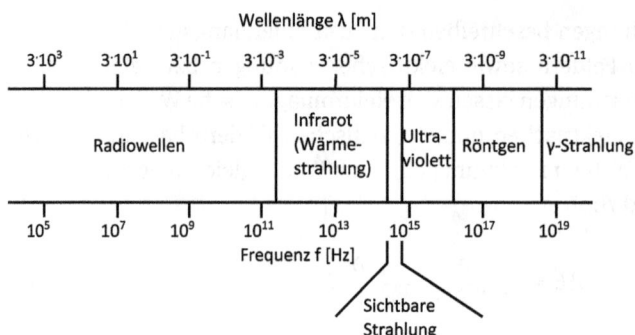

**Abb. 3.22.** Elektromagnetisches Spektrum

$$E_{ph} = hf = h\frac{c}{\lambda} \tag{3.67}$$

Das bedeutet, dass die unterschiedlichen Spektralbereiche auch unterschiedliche Größenordnungen der Photonenenergie und damit der Strahlungsenergie pro Photon aufweisen.

Eine Auswahl von Spektralbereichen des elektromagnetischen Spektrums und ihre Eigenschaften ist in Tabelle 3.7 aufgeführt.

**Tab. 3.7.** Eigenschaften von Spektralbereichen

| Eigenschaft | Radiowellen | Infrarotstrahlung | sichtbares Licht | Röntgenstrahlung |
| --- | --- | --- | --- | --- |
| Frequenzbereich | $10\,kHz$ $-300\,MHz$ | $300\,GHz$ $-380\,THz$ | $380\,THz$ $-780\,THz$ | $300\,PHz$ $-30\,EHz$ |
| Wellenlänge | $1\,m$ $-10\,km$ | $780\,nm$ $-1\,mm$ | $380\,nm$ $-780\,nm$ | $10\,pm$ $-1\,nm$ |
| Energie | $4 \cdot 10^{-11}\,eV$ $-1 \cdot 10^{-6}\,eV$ | $1 \cdot 10^{-3}\,eV$ $-1.5\,eV$ | $1.5\,eV$ $-3.2\,eV$ | $> 1\,keV$ |

## 3.9 Ultraschall

Als Schall wird die Ausbreitung von Druckschwankungen bezeichnet, die sich in elastischer Materie ausbreiten. Einfachstes Beispiel ist der hörbare Schall in Luft: Die hörbaren Schallwellen pflanzen sich im Medium Luft fort und werden vom Gehör detektiert. In Gasen und Flüssigkeiten breitet sich Schall als Longitudinalwelle (Druckschwankungen in Richtung der Ausbreitungsrichtung der Schallwellen) aus, in Festkörpern gibt es auch Transversalwellen (Druckschwankung senkrecht zur Ausbreitungsrichtung).

Je nach Frequenz werden unterschiedliche Bereiche unterschieden (s. Tabelle 3.8) und Ultraschall bezeichnet den Frequenzbereich oberhalb des (für den Menschen) hörbaren Bereichs .

**Tab. 3.8.** Schallbereiche

| Bereich | Frequenz | |
|---|---|---|
| Infraschall | < 16 Hz | Nicht hörbar |
| Hörbar | 16 Hz – 20 kHz | Menschliches Gehör |
| Ultraschall | 20 kHz – 1 GHz | Für Tiere teilweise |
| Hörbar (z.B. Fledermäuse) | | |
| Hyperschall | > 1 GHz | |

Wie alle Wellenphänomene breiten sich Schallwellen mit einer Geschwindigkeit, der Schallgeschwindigkeit $c$, aus. Über die Schallgeschwindigkeit hängt die Frequenz $f$ der Schallwelle mit der Wellenlänge $\lambda$ zusammen:

$$\lambda = \frac{c}{f} \tag{3.68}$$

Die Schallgeschwindigkeit für ein Medium (z.B. Luft als Mischung von $N_2$, $O_2$, Ar, $H_2O$ und Spurengasen) ist nicht konstant, sondern unter anderem abhängig von der Temperatur und der relativen Luftfeuchte.

Für ideale Gase berechnet sich die Schallgeschwindigkeit aus dem Adiabatenexponenten $\kappa$ des Gases, der universellen Gaskonstante $R = 8.314 J (molK)^{-1}$, der molaren Masse $M$ des Gases und der absoluten Temperatur $T$:

$$c_{idealesGas} = \sqrt{\kappa \frac{RT}{M}} \tag{3.69}$$

Der Adiabatenkoeffizient ist dabei durch das Verhältnis der Wärmekapazität bei konstantem Druck ($C_p$) zur Wärmekapazität bei konstantem Volumen ($C_v$) gegeben:

$$\kappa = \frac{C_p}{C_v} \tag{3.70}$$

Für Luft (die in guter Näherung als ideales Gas angesehen werden kann) ergibt sich mit $\kappa = 1.402$ und einer Molmasse $M = 0.02896 kg mol^{-1}$:

$$c_{Luft} = \sqrt{402.5 \, T/K} ms^{-1} \tag{3.71}$$

Bei Raumtemperatur ($T = 293 K$) beträgt die Schallgeschwindigkeit von Luft:

$$c_{Luft} = 343 ms^{-1} \tag{3.72}$$

Die Schallgeschwindigkeit ist proportional zur Wurzel der absoluten Temperatur. In einem weiten Temperaturbereich (ca. −20°C bis +50°C) kann diese Abhängigkeit in guter Näherung linearisiert werden (Abbildung 3.23):

$$c_{Luft} = \left(167.5 + 0.6T/K\right) ms^{-1} \tag{3.73}$$

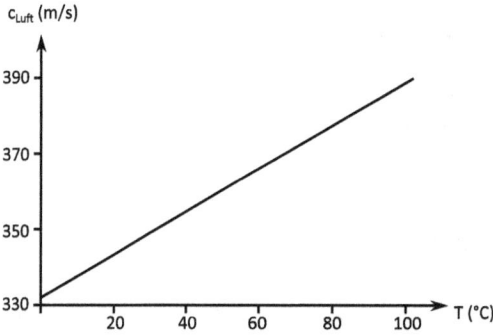

**Abb. 3.23.** Temperaturabhängigkeit der Schallgeschwindigkeit

Die Abhängigkeit der Schallgeschwindigkeit von der relativen Luftfeuchtigkeit ist wesentlich geringer als die Temperaturabhängigkeit. Die Schallgeschwindigkeit nimmt linear mit der relativen Luftfeuchtigkeit zu, variiert aber zwischen 0% und 100% relativer Luftfeuchtigkeit nur um ca. 0.3%.

Als Intensität $I$ der Schallwellen wird die mittlere Leistung $P_{av}$ bezeichnet, die auf eine Fläche $A$ senkrecht zur Ausbreitungsrichtung auftritt:

$$I = \frac{P_{av}}{A} \tag{3.74}$$

Dabei nimmt die Intensität $I$ exponentiell mit der Entfernung $x$ ab:

$$I(x) = \frac{P_{av}}{A} I_0 \cdot e^{-\alpha x} \tag{3.75}$$

Da der Absorptionskoeffizient quadratisch von der Frequenz $f$ abhängt, ist die Dämpfung stark frequenzabhängig:

$$\alpha \propto f^2 \tag{3.76}$$

Trifft eine Schallwelle auf die Grenzfläche eines anderen Mediums, so wird sie teilweise reflektiert und teilweise transmittiert sie in das andere Medium. Die reflektierte Intensität ist demnach immer kleiner als die einfallende Intensität. Bei der Schallausbreitung in Luft liegt die reflektierte Intensität beim Auftreffen auf eine Grenzfläche (z.B. Wasser, Festkörper) bei mehr als 99%, so dass beim Auftreffen der Schallwelle fast die gesamte Intensität reflektiert wird.

## 3.10 Doppler-Effekt

Als Doppler-Effekt bezeichnet man die Frequenzverschiebung einer Welle in Abhängigkeit von der Bewegung von Sender und Empfänger. Dabei ist zu unterscheiden, ob für die Wellenausbreitung ein Übertragungsmedium benötigt wird (z.B. Luft bei Schallwellen) oder nicht (z.B. bei elektromagnetischen Wellen).

### 3.10.1 Doppler-Effekt mit Übertragungsmedium

Abbildung 3.24 zeigt schematisch das Grundprinzip des Doppler-Effekts für akustische Wellen im Medium Luft: links bewegt sich der Empfänger mit Geschwindigkeit $v_E$ direkt auf den ruhenden Sender zu, rechts der Sender mit $v_S$ auf den ruhenden Empfänger. Entscheidend für den Doppler-Effekt ist die Radialkomponente der jeweiligen Bewegung, also die Bewegung, die direkt auf den Sender bzw. Empfänger zuführt. Für beliebige Bewegungen muss die Radialkomponente bestimmt und zur Berechnung des Doppler-Effekts verwendet werden.

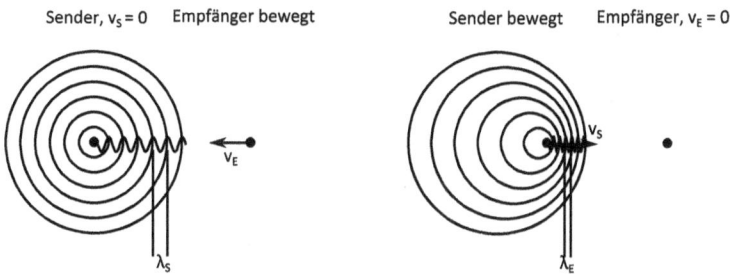

**Abb. 3.24.** Doppler-Effekt: bewegter Empfänger (links) und bewegter Sender (rechts)

### Sender und Empfänger in Ruhe

In Ruhe sendet der Sender eine Schallwelle der festen Frequenz $f_S$ (und Wellenlänge $\lambda_S = c/f_S$) aus, die sich mit Schallgeschwindigkeit $c$ ausbreitet. Sowohl Wellenlänge $\lambda_s$ als auch Frequenz $f_S$ bleiben gleich. Ist der Empfänger, ebenso wie der Sender, in Ruhe, dann empfängt er die Schallwellen mit gleicher Frequenz, $f_B = f_S$, es tritt kein Dopplereffekt auf. Dies gilt auch, wenn sich Sender und/oder Empfänger mit gleicher Geschwindigkeit in die gleiche Richtung bewegen, es also keine Relativbewegung zueinander gibt, oder wenn es keine Radialkomponente bei der Bewegung gibt, z.B. wenn sich der Empfänger auf einer Kreisbahn, mit dem Sender im Mittelpunkt, bewegt.

### Sender in Ruhe, Empfänger bewegt sich

Der Empfänger bewege sich mit Geschwindigkeit $+v_E$ auf den Sender zu. Das bedeutet, dass sich der zeitliche Abstand von beim Empfänger auftreffenden Wellen verkürzt (s. Abbildung 3.24 links). Die Wellenlänge bleibt gleich ($\lambda_E = \lambda_S$), allerdings kommen die Wellenberge, durch die Bewegung des Empfängers mit $+v_E$ auf den Sender zu, scheinbar schneller hintereinander beim Empfänger an. Das kann beschrieben werden, in dem sich die Geschwindigkeit des Empfängers zur Schallgeschwindigkeit addiert ($c + v_E$). Daraus resultiert eine Empfangsfrequenz $f_E$ von:

$$f_E = \frac{c + v_E}{\lambda_E} = \frac{c + v_E}{\lambda_S} = f_S \frac{c + v_E}{c} = f_S \left(1 + \frac{v_E}{c}\right) \tag{3.77}$$

Bewegt sich der Empfänger auf den Sender zu, so empfängt er eine höhere Frequenz $f_E$, als vom Sender ausgesendet ($f_S$). Die Frequenzerhöhung hängt dabei vom Verhältnis der Relativgeschwindigkeit zur Schallgeschwindigkeit ab. Bewegt sich der Empfänger mit Schallgeschwindigkeit auf den Sender zu, so verdoppelt sich die Frequenz.

Bewegt sich der Empfänger vom Sender weg ($-v_E$), so verringert sich die empfangene Frequenz, im Grenzfall der Schallgeschwindigkeit auf 0 Hz.

### Sender in Bewegung, Empfänger in Ruhe

Der Sender sendet mit einer festen Frequenz $f_S$, durch seine Bewegung ($v_S$) wird aber die Wellenlänge in Bewegungsrichtung kleiner, entgegen der Bewegungsrichtung größer (s. Abbildung 3.24 rechts). Die Änderung der Wellenlänge hängt vom Verhältnis der Geschwindigkeit des Senders zur Senderfrequenz ab:

$$\lambda_E = \lambda_S - \frac{v_S}{f_S} = \frac{c}{f_S} - \frac{v_S}{f_S} = \frac{c - v_S}{f_S} \tag{3.78}$$

Damit ergibt sich für die Frequenz, die den Empfänger erreicht:

$$f_E = \frac{c}{\lambda_E} = f_S \frac{c}{c - v_S} = f_S \frac{1}{1 - \frac{v_s}{c}} \tag{3.79}$$

Wenn sich der Sender auf den Empfänger zubewegt ($+v_S$), so erscheint dem Empfänger die Frequenz höher. Nähert sich die Geschwindigkeit des Senders der Schallgeschwindigkeit, so wird die empfangene Frequenz immer höher, die Wellenlänge $\lambda_E$ immer kleiner. Im Grenzfall der Schallgeschwindigkeit wird die Wellenlänge (theoretisch) gleich Null und die Wellenberge überlagern sich. Dies führt zu einer extremen Verdichtung der Luft, der Schallmauer. Theoretisch empfängt der Empfänger dann eine unendlich hohe Frequenz – praktisch den Überschallknall.

Bewegt sich der Sender vom Empfänger weg ($-v_S$), so erscheint dem Empfänger die Frequenz kleiner. Bei einer Bewegung mit Schallgeschwindigkeit ist die empfangene Frequenz nur noch halb so groß wie die ausgesendete.

**Sender und Empfänger in Bewegung**

Bewegen sich sowohl Sender als auch Empfänger, so werden die oben beschriebenen Effekte kombiniert:

$$f_E = f_S \frac{1 + \frac{v_E}{c}}{1 - \frac{v_S}{c}} = f_S \frac{c - v_E}{c - v_S} \qquad (3.80)$$

Wie oben eingeführt bedeuten positive Geschwindigkeiten eine Bewegung aufeinander zu, negative Geschwindigkeiten voneinander weg. Aus der Formel wird ersichtlich, dass es keinen Doppler-Effekt gibt, wenn sich Sender und Empfänger mit gleicher Geschwindigkeit in die gleiche Richtung bewegen ($v_E = -v_S$).

Bislang wurde eine reine Radialbewegung von Sender und Empfänger, also eine direkt auf den anderen gerichtete Bewegung, betrachtet. Für allgemeine Bewegungen darf nur die Radialkomponente betrachtet werden. Beschreibt man die Geschwindigkeiten allgemein vektoriell ($\vec{v}_E$ und $\vec{v}_S$) und ist $\vec{e}_{SE}$ der Einheitsvektor vom Sender zum Empfänger (bzw. $\vec{e}_{ES} = -\vec{e}_{SE}$ in entgegengesetzter Richtung), so lautet die allgemeine Formel für den Doppler-Effekt mit Übertragungsmedium:

$$f_E = f_S \frac{c + \vec{v}_E \cdot \vec{e}_{ES}}{c - \vec{v}_S cdot e\vec{e}_{SE}} = f_S \frac{c - \vec{v}_E \cdot \vec{e}_{SE}}{c - \vec{v}_S cdot e\vec{e}_{SE}} \qquad (3.81)$$

Der Doppler-Effekt ist maximal, wenn sich Sender und Empfänger auf ihrer Verbindungslinie bewegen, und verschwindet, wenn es keine Radialkomponente der Geschwindigkeiten gibt (Bewegungen mit einem Winkel von 90° zur Verbindungsachse).

### 3.10.2 Doppler-Effekt ohne Übertragungsmedium

Wenn für die Wellenausbreitung kein Übertragungsmedium benötigt wird, wie bei elektromagnetischen Wellen, so ist für den Doppler-Effekt nur die Relativgeschwindigkeit $v$ relevant, unabhängig davon, ob sich der Sender oder der Empfänger bewegt. Positive Relativgeschwindigkeit ($+v$) bedeutet eine Annäherung, bei negativer Relativgeschwindigkeit ($-v$) entfernen sich Sender und Empfänger. Bewegen sich Sender und Empfänger relativ zueinander in einem Winkel $\alpha$ zur Achse vom Sender zum Empfänger, so lautet die Frequenzänderung beim Empfänger:

$$f_E = f_S \frac{\sqrt{1 - \frac{v^2}{c_0^2}}}{1 - \frac{v}{c_0} \cos \alpha} \qquad (3.82)$$

Hier ist $c_0 \approx 2.998 \cdot 10^8 ms^{-1}$ die Vakuum-Lichtgeschwindigkeit. Für die beiden Spezialfälle $\alpha = 0°$ (radiale Bewegung) und $\alpha = 90°$ erhält man den longitudinalen bzw. transversalen Doppler-Effekt.

**Longitudinaler Doppler-Effekt ($\alpha = 0°$)**

$$f_E = f_S \frac{\sqrt{1 - \frac{v^2}{c_0^2}}}{1 - \frac{v}{c_0}} = f_S \sqrt{\frac{c_0 + v}{c_0 - v}} = f_S \sqrt{\frac{1 + \frac{v}{c_0}}{1 - \frac{v}{c_0}}} \tag{3.83}$$

Für nicht-relativistische Geschwindigkeiten ($v \ll c_0$) kann der Wurzelausdruck in eine Taylor-Reihe um $v/c_0 = 0$ entwickelt werden:

$$\sqrt{\frac{1 + \frac{v}{c_0}}{1 - \frac{v}{c_0}}} = 1 + \frac{v}{c_0} + \cdots \tag{3.84}$$

Damit ergibt sich die Dopplerfrequenz $f_D = f_E \check{} f_S$ beim Empfänger zu:

$$f_D = f_S \frac{v}{c_0} \tag{3.85}$$

**Transversaler Doppler-Effekt ($\alpha = 90°$)**

$$f_E = f_S \sqrt{1 - \frac{v^2}{c_0^2}} \tag{3.86}$$

Im Gegensatz zum Doppler-Effekt bei Wellen mit Übertragungsmedium, der bei $\alpha = 90°$ Null wird ($f_E = f_S$), hängt der Winkel, unter dem der Doppler-Effekt bei Wellen ohne Übertragungsmedium verschwindet, von der Relativgeschwindigkeit $v$ ab:

$$1 - \frac{v}{c_0} \cos \alpha = \sqrt{1 - \frac{v^2}{c_0^2}} \tag{3.87}$$

$$\Rightarrow \cos \alpha = \frac{c_0}{v} - \sqrt{\frac{c_0^2}{v^2} - 1} \tag{3.88}$$

Bei nicht-relativistischen Relativgeschwindigkeiten ($v \ll c_0$) kann der transversale Dopplereffekt vernachlässigt werden und der Winkel $\alpha$ beträgt $90°$.

## 3.11 Thermoelektrischer Effekt

Die gegenseitige Beeinflussung von Temperatur und elektrischer Spannung bzw. Strom durch den Transport von Ladungen und Wärme werden als thermoelektrische Effekte bezeichnet. Insbesondere der Seebeck-Effekt wird in der Sensorik für Temperaturmessungen eingesetzt.

Der Seebeck-Effekt beschreibt das Auftreten einer elektrischen Spannung in elektrischen Leitern infolge eines Temperaturgefälles. Ursache für den Seebeck-Effekt ist ein Temperaturgradient innerhalb eines Leiters. Aufgrund des Temperaturgefälles (z.B. wenn die Enden eines Leiters unterschiedliche Temperaturen haben) besitzen die freien Ladungsträger, abhängig von der Position innerhalb des Leiters, unterschiedliche kinetische Energien. Daraus resultiert ein thermischer Diffusionsstrom von freien Ladungsträgern und damit bildet sich ein inneres elektrisches Potential bzw. Feld aus:

$$\vec{E} = -\nabla\varphi = S\nabla T \tag{3.89}$$

Das Feld ist proportional zum Gradienten der Temperatur und die Proportionalitätskonstante $S = S(T)$ ist der Seebeck-Koeffizient des Leiters. Er ist material- und temperaturabhängig. Die zugehörige Thermospannung $U_{1,2}$ zwischen den Enden eines Leiters mit Temperaturen $T_1$ und $T_2$ beträgt:

$$U_{1,2} = -\int_1^2 \vec{E}d\vec{s} = -\int_1^2 (E_x ds + E_y dy + E_z dz) =$$

$$-\int_1^2 S(T)\left(\frac{\partial T}{\partial x}dx + \frac{\partial T}{\partial y}dy + \frac{\partial T}{\partial z}dz\right) \tag{3.90}$$

Im Falle eines 1-dimensionalen Leiters (z.B. nur in x-Richtung) ergibt sich die Thermospannung zu:

$$U_{1,2} = -\int_1^2 \vec{E}d\vec{s} = -\int_1^2 E_x dx = -\int_1^2 S(T)\left(\frac{\partial T}{\partial x}dx\right) = -\int_{T_1}^{T_2} S(T)dT \tag{3.91}$$

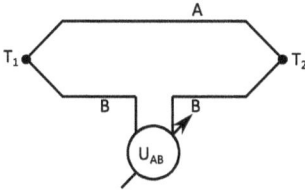

**Abb. 3.25.** Seebeck-Effekt mit Thermospannung $U_{AB} \propto T_1 - T_2$ mit Messleitungen aus Materialien A und B

Um den Effekt messtechnisch zu verwenden, müssen die Leiterenden noch elektrisch kontaktiert werden, um z.B. eine Spannung zu messen. Die Messdrähte, die an den Punkten 1 und 2 mit dem ersten Leiter verbunden sind, erzeugen ebenfalls eine Thermospannung, so dass man bei der Spannungsmessung immer die Differenz der einzelnen Thermospannungen (vom ersten Leiter und den Messdrähten) misst.

Allgemein gilt, dass die Thermospannung für einen nicht geschlossenen Stromkreis aus zwei elektrischen Leitern A und B, deren Kontaktstellen eine Temperaturdifferenz von $T_1 - T_2$ aufweisen, sich aus der Differenz der Thermospannungen ergibt:

$$U_{A,B} = U_A - U_B = -\int_{T_1}^{T_2} \left(S_A(T) - S_B(T)\right) dT = \int_{T_1}^{T_2} \left(S_B(T) - S_A(T)\right) dT \qquad (3.92)$$

Dabei hängt die Thermospannung nur von den Temperaturen an den Kontaktstellen der beiden Leiter ab, nicht vom Verlauf der Temperatur in den Leitern. Wenn beide Leiter aus dem gleichen Material bestehen, so verschwindet die Thermospannung, da dann die Seebeck-Koeffizienten gleich sind.

Für konstante Seebeck-Koeffizienten (gültig z.B. in einem kleinen Temperaturbereich) vereinfacht sich die Thermospannung zu:

$$U_{A,B} = (S_B - S_A)(T_2 - T_1) \qquad (3.93)$$

Da die absoluten Seebeck-Koeffizienten ($S_A$ bzw. $S_B$) nur schwer direkt bestimmen lassen, werden sie gegen ein Referenzmaterial, in der Regel Platin, bestimmt. Tabelle 3.9 listet die relativen Seebeck-Koeffizienten einiger Materialien, relativ zum Referenzwert von Platin, auf.

**Tab. 3.9.** Thermoelektrische Spannungsreihe

| Material | S in $\mu V K^{-1}$ bei 273 K | |
|---|---|---|
| Bismut | -72 | |
| Nickel | -15 | |
| Platin | 0 | Referenz |
| Kupfer, Silber, Gold | 6.5 | |
| Eisen | 19 | |

Der absolute Seebeck-Effekt wird durch Addition des Seebeck-Koeffizienten von Platin ($\approx -4\mu V K^{-1}$ bei 273 K) zu dem in der thermoelektrischen Spannungsreihe angegebenen Wert erhalten. Für eine beliebige Kombination von Materialien kann die Thermospannung aus der Differenz der relativen Seebeck-Koeffizienten direkt berechnet werden, z.B. für die Materialkombination Eisen/Bismut bei einem Temperaturunterschied von 100 K:

$$U_{Bi,Fe} = \left(19\mu V K^{-1} - \left(-72\mu V K^{-1}\right)\right) \cdot 100K = 9.1 mV \qquad (3.94)$$

## 3.12 Chemische Effekte

Um chemische oder biologische Größen wie Stoffkonzentrationen, ph-Wert oder chemische Reaktionen messen zu können, werden neben physikalischen Effekten auch chemische oder physikalisch-chemische Effekte genutzt. Dazu zeigt Abbildung 3.26 einen Überblick über die verwendeten Wirkprinzipien zur Wandlung in eine elektrische Größe. Optische, akustische und thermische Sensoren beruhen auf physikalischen Effekten die in vorigen Abschnitten behandelt wurden. Die chemischen Reaktionen und Effekte, die eine chemische Information dann optisch, akustisch oder thermisch in ein elektrisches Signal umwandeln, sind zahlreich und eine genauere Beschreibung dieser Effekte würde den Rahmen dieses Lehrbriefs sprengen. Daher sei für eine genauere Beschreibung chemischer Effekte auf die weiterführende Literatur verwiesen.

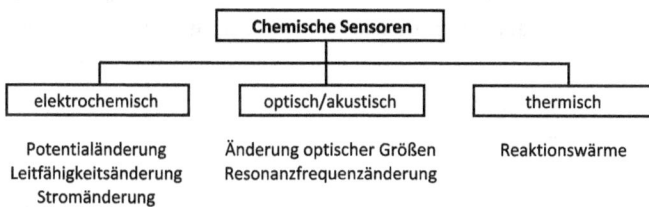

**Abb. 3.26.** Beispiele für Wirkprinzipien von chemischen Sensoren

Von elektrochemischen Wirkprinzipien spricht man, wenn eine chemische Reaktion mit einem elektrischen Strom verbunden ist . So können Konzentrationen von Substanzen gemessen werden.

Entsteht bei einer elektrochemischen Reaktion in einem Elektrolyt ein Strom bzw. ändert sich der Strom, so kann dieser durch amperometrische Sensoren gemessen werden. Dazu wird eine konstante Spannung zwischen zwei (oder drei) Elektroden, die in dem Elektrolyt eingetaucht sind, angelegt und der Elektrolysestrom gemessen. Der gemessene Elektrolysestrom ist direkt proportional zur Konzentration des umgesetzten Stoffes und damit zur Reaktionsgeschwindigkeit der Reaktion an der Arbeitselektrode. Zusätzlich hängt der Strom von der Temperatur und der angelegten Spannung ab.

Wird die Leitfähigkeit von Medien bzw. die Änderung der Leitfähigkeit gemessen, so spricht man von konduktometrischen Sensoren. Substanzen mit Ionenbindungen oder stark polaren dissoziieren in geeigneten flüssigen Lösungsmitteln in Kationen und Anionen. Dadurch bestimmen die Ionen (alle in der Lösung vorhandenen Ionen) und ihre Konzentration die Leitfähigkeit der Lösung. So kann durch eine Leitfähigkeitsmessung, bzw. Impedanzmessung bei Wechselstrom, die Konzentration an Ionen bestimmt werden. Die Methode ist nicht selektiv, da alle Ionen in der Lösung zur Leitfähigkeit bzw. Impedanz beitragen.

Ein wichtiges Beispiel für elektrochemisches Wirkprinzip ist das potenziometrische Prinzip , dem die Nernst-Gleichung der physikalischen Chemie zugrunde liegt . Sie beschreibt die Konzentrationsabhängigkeit des Elektrodenpotentials eines Redox-

Paares (Oxidation eines Stoffes A bei gleichzeitiger Reduktion eines Stoffes B: A + B = $A^+ + B^-$).

Eine Redox-Reaktion findet z.B. an Elektroden in wässrigen Lösungen statt. Generell bilden Metalle in wässrigen Lösungen Ionen aus, z.B. bei einer Kupferelektrode in Kupfersulfatlösung. So bilden sich in der Kupferelektrode $Cu^{2+}$-Ionen, die in die $CuSO_4$-Lösung gehen, wohingegen die Elektronen in der Kupferelektrode verbleiben. Hierbei handelt es sich um die Oxidation der Redox-Reaktion:

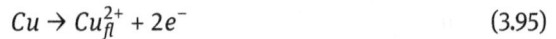

$$Cu \rightarrow Cu_{fl}^{2+} + 2e^- \qquad (3.95)$$

Aufgrund des dynamischen Gleichgewichts findet auch wieder eine Reduktion der $Cu^{2+}$-Ionen statt, die unter Elektronenaufnahme wieder in die Kupferelektrode gehen:

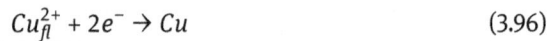

$$Cu_{fl}^{2+} + 2e^- \rightarrow Cu \qquad (3.96)$$

Damit lautet die komplette Redox-Reaktion:

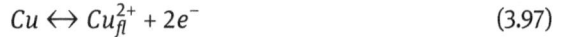

$$Cu \leftrightarrow Cu_{fl}^{2+} + 2e^- \qquad (3.97)$$

Das Gleichgewicht dieser Redox-Reaktion liegt weit auf der linken Seite, d.h. dass der überwiegende Anteil als Cu vorliegt und die Konzentration an $Cu_{fl}^{2+}+2e^-$ gering ist. Da in der wässrigen Lösung bereits $Cu^{2+}$-Ionen des Kupfersulfats vorhanden sind, hängt das Gleichgewicht der Redox-Reaktion, und damit die Dichte an freien Elektronen in der Elektrode, von der Konzentration der $CuSO_4$-Lösung ab.

Als Wandler von einer Stoffkonzentration in eine elektrische primäre Ausgangsgröße werden zwei geeignete Elektroden aus gleichem Material (hier Kupfer) verwendet, die in Lösungen mit unterschiedlichen Konzentrationen eines Salzes getaucht sind (hier $CuSO_4$-Lösung). Dabei wird eine Potentialdifferenz zwischen zwei Elektroden, Mess- und Bezugselektrode, als Maß für eine Stoffkonzentration gemessen. Abbildung 3.27 zeigt einen prinzipiellen Aufbau einer potentiometrischen Messzelle anhand einer Cu-Konzentrationsmesszelle, die eine spezielle Art einer galvanischen Zelle darstellt:

Die Konzentrationsmesszelle besteht aus zwei Halbzellen mit unterschiedlichen Konzentrationen an Kupfersulfat-Lösungen ($CuSO_4$), links 0.01 molare Lösung, rechts 1 molare Lösung. Getrennt sind die Zellen durch eine poröse Trennwand (Diaphragma), die einen Ionentransport zwischen den Halbzellen ermöglicht, die komplette Durchmischung der Lösungen dagegen verhindert. Zwei Kupferelektroden in den Halbzellen sind elektrisch leitend verbunden, so dass sich ein externer Stromkreis bildet.

An beiden Elektroden findet jeweils die Redox-Reaktion statt:

$$Cu \leftrightarrow Cu_{fl}^{2+} + 2e^- \qquad (3.98)$$

Allerdings ist die $CuSO_4$-Konzentration in der linken Halbzelle geringer als in der rechten Halbzelle, so dass die Redox-Reaktion in der linken Halbzelle mehr zur rechten

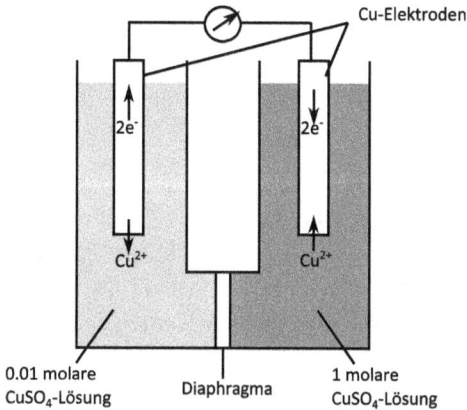

**Abb. 3.27.** Potentiometrische Cu-Konzentrationsmesszelle

Seite der Redox-Reaktion verschoben ist. Dementsprechend ist die freie Elektronen-konzentration in der linken Elektrode größer als in der rechten, da mehr Kupfer oxidiert wird. Da die Elektroden leitende verbunden sind kann ein Strom fließen, so dass eine Überschuss von $Cu^{2+}$-Ionen in der linken Lösung vorliegt. An der rechten Elektrode scheidet sich durch Reduktion von $Cu^{2+}$-Ionen Kupfer ab und es entsteht ein $SO_4^{2-}$ Überschuss. Da das Diaphragma für die kleinen $SO_4^{2-}$—Ionen durchlässig ist, diffundieren diese von der rechten in die linke Halbzelle. Somit findet eine Ladungs-trennung, wie in Abbildung 3.28 dargestellt, statt, die eine Potentialdifferenz am Dia-phragma, das Diffusionspotential, zur Folge hat.

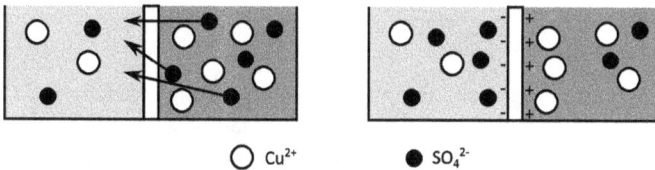

$\bigcirc$ $Cu^{2+}$    $\bullet$ $SO_4^{2-}$

**Abb. 3.28.** Diffusionspotential durch Ladungstrennung an dem Diaphragma

# 4 Sensoren

## 4.1 Strom und Spannung

Zur Messung der elektrischen Spannung gibt es viele Verfahren, die in unterschiedlichen Formen und Messprinzipien verwendet werden. Diese beruhen z.B. auf der Umwandlung in ein elektrisches Feld wie bei Zeigerinstrumenten oder auf der Umwandlung in Wärme über ein Heizelement. Im Bereich der Sensorik für mechatronische Systeme, in dem die Messwerte in der Regel digital verarbeitet werden, werden Spannungen mittels Analog-Digital-Wandler gemessen.

Je nach Anwendungsfall und Anforderung (z.B. Auflösung, Wandlungszeit) gibt es unterschiedliche Verfahren der Digital-Analog-Umsetzung. In integrierten ADC werden insbesondere das Verfahren der sukzessiven Approximation und das Sigma-Delta-Verfahren verwendet. Bei der Auswahl eines geeigneten ADC ist sind die Charakteristika der ADC-Typen zu berücksichtigen. In Tabelle 4.1 sind wichtige Typen von ADC mit Angaben zu Auflösung und Wandlungszeit aufgeführt .

**Tab. 4.1.** Typen von Analog-Digital-Wandlern (ADC)

| Typ | Auflösung | Wandlungszeit |
| --- | --- | --- |
| Parallelverfahren (Flash) | 6 - 10 Bit | <10 ns möglich |
| Semi-Parallelverfahren | 10 - 14 Bit | Einige 100 ns |
| Zählverfahren | > 10 Bit möglich | Einige ms |
| Sukzessive Approximation (SAR) | 8 - 16 Bit | $< 100 \mu s$ |
| Sigma-Delta | 12 - 20 Bit | Mehrere $\mu s$ |

Die zu messenden Spannungen sind gegebenenfalls vor der Wandlung durch den ADC noch auf den Eingangsspannung des ADC zu skalieren. Ist der zu messende Spannungsbereich kleiner als die Eingangsspannung, so sind entsprechende lineare Verstärker zu verwenden. Bei größeren Spannungen sind, z.B. über geeignete Spannungsteiler, an den Eingangsspannungsbereich anzupassen.

Ein Strom wird durch die Wirkung des Stromflusses gemessen, also indirekt. Diese Wirkung kann ein Spannungsabfall über einen Messwiderstand, die Erwärmung eines Widerstands durch die umgesetzte elektrische Leistung oder das den stromführenden Leiter umgebende magnetische Feld sein.

### 4.1.1 Strommessung mittels Messwiderstand

In den Stromkreis wird ein Messwiderstand (Shunt) mit definiertem Widerstand $R_S$ eingebaut (oder es kann ein vorhandener Widerstand genutzt werden) . Gemäß dem Ohm'schen Gesetz fällt über den Shunt eine Spannung $u_S(t)$ ab:

$$u_S(t) = R_S i(t) \qquad (4.1)$$

Diese Spannung kann dann wie oben beschrieben mittels eines ADC gemessen werden. Aus der Kenntnis von $R_S$ kann dann auf den Strom zurückgeschlossen werden, die Genauigkeit der Messung hängt von der genauen Kenntnis der Eigenschaften des Widerstands ab.

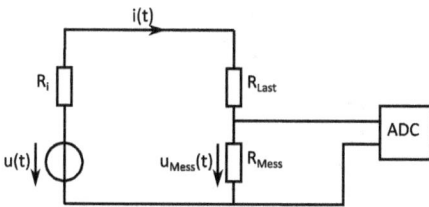

**Abb. 4.1.** Strommessung mittels Messwiderstand (Shunt)

Dabei ist zu beachten, dass der zusätzliche Messshunt den ursprünglichen Strompfad beeinflusst. Daher sollte der Messwiderstand derart dimensioniert werden, dass die Auswirkung auf den ursprünglichen Strompfad möglichst gering bleibt, aber dennoch ein ausreichen großes Spannungssignal erzeugt wird. Des Weiteren wird im Messwiderstand die Leistung p(t) in Wärme umgesetzt:

$$p(t) = u_S(t)i(t) = R_S i^2(t) \qquad (4.2)$$

Diese Wärme stellt zum einen eine Verlustleistung dar, die abgeführt werden muss und die Effizienz des Systems verringert. Zum anderen ist der Widerstand $R_S$ temperaturabhängig, so dass sich der Wert von $R_S$ durch die umgesetzte Verlustleistung ändert. Für eine genaue Messung muss daher entweder die Verlustleistung oder die Temperaturabhängigkeit des Widerstands in dem relevanten Temperaturbereich sehr klein sein, oder die Temperatur des Widerstands muss auch gemessen werden, um den Temperatureinfluss rechnerisch eliminieren zu können.

Um Fehler der Strommessung durch den parasitären Einfluss von Kontaktstellen zu minimieren, kann die Vierdraht-Messtechnik (s. Kapitel 6.1.5)eingesetzt werden.

**Beispiel**

Der IVT-B Stromsensor von Isabellenhütte ist ein intelligenter Sensor, der drei Messgrößen erfassen kann [19]. Der Sensor wird in den Strompfad integriert und kann zusätzlich zum Strom auch die Spannung und die Temperatur messen. In Tabelle 4.2 sind die Messbereiche des Sensors aufgeführt. Der Strom kann im erweiterten Messbereich zwischen -1500 A und +1500 A gemessen werden, die physikalische Auflösung liegt typischerweise bei 10 mA. Zusätzlich zu den Sensoren sind Diagnose- und Schutzfunktionalitäten integriert, wie z.B. Überstromschutz. Die Messdaten werden über ein CAN-Interface übertragen, so dass der Sensor direkt in ein CAN-Netzwerk eingebunden werden kann.

**Tab. 4.2.** Messbereiche des IVT-B Stromsensors [19]

| Messgröße | Minimaler Messwert | Maximaler Messwert |
|---|---|---|
| Strom (normaler Messbereich) | -320 A | +320 A |
| Strom (erweiterter Messbereich) | -1500 A | +1500 A |
| Spannung | -560 V | 560 V |
| Temperatur (des Moduls) | -40° | +105° |

### 4.1.2 Strommessung mittels Magnetsensoren

Stromdurchflossene Leiter mit Strom $I$ sind gemäß dem Durchflutungsgesetz von einem magnetischen Feld mit magnetischer Flussdichte $\vec{B}$ umgeben:

$$\oint_S \vec{B} d\vec{s} = \mu_0 I \tag{4.3}$$

Für einen geraden Leiter ergibt sich im Vakuum ($\mu_0 = 4\pi \cdot 10^{-7} NA^{-2}$, $\mu_r = 1$) eine zylindersymmetrische magnetische Flussdichte, die im Abstand $r$ vom Leiter den Betrag $B$ hat:

$$B = \frac{\mu_0 I}{2\pi r} \tag{4.4}$$

Die magnetische Flussdichte ist direkt proportional zum Strom durch den Leiter, so dass durch eine Messung von B auf den Strom zurück geschlossen werden kann.

Gemessen werden kann die magnetische Flussdichte mittels eines Hall-Sensors. Der Hall-Sensor in Form eines dünnen Plättchens (s. Kapitel 3.3) wird von einem Strom (dem Sensorstrom $I_x$, nicht dem zu messenden Strom) durchflossen. Wirkt senkrecht darauf die magnetische Flussdichte des zu messenden Stroms, so resultiert eine Hall-Spannung als Ausgangssignal:

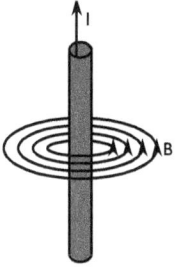

**Abb. 4.2.** Magnetische Flussdichte um einen langen, geraden Leiter

$$U_H = A_H \frac{B_z}{d} I_x \qquad (4.5)$$

Aus den bekannten Größen $A_H$, $d$ und $I_x$ kann demnach durch Bestimmung von $U_H$ auf die magnetische Flussdichte $B_z$ und damit auf den zu messenden Strom zurück geschlossen werden. So kann die Stromstärke potentialfrei gemessen werden. Zu beachten ist, dass die magnetische Flussdichte und damit auch die Hall-Spannung umgekehrt proportional mit dem Abstand $r$ vom Leiter abnehmen. Daher sollte das Hall-Element entweder nahe am Leiter plaziert werden, oder es ist ein geeigneter Eisenkern zu verwenden, der den magnetischen Fluss auf den Hall-Sensor bündelt und die magnetische Flussdichte vergrößert.

**Beispiel**

Hall Sensoren bestehen aus Silizium-Plättchen als Hall-Element und haben häufig die Auswerteelektronik in einem Bauteil integriert. Als Beispiel zeigt Abbildung 4.3 oben das PG-SSO-3-10 Gehäuse des TLE4997 Hall-Sensors von Infineon Technologies [14]. Dargestellt in grau ist das Silizium-Plättchen des Hall-Elements. Beim Einsatz des Sensors als Stromsensor ist darauf zu achten, dass das Hall-Element senkrecht zur magnetischen Flussdichte orientiert ist. Neben dem Hall-Element sind zusätzliche analoge und digitale Funktionalitäten in dem intelligenten Sensor integriert (Abbildung 4.3 unten).

Die Hall-Spannung wird durch einen programmierbaren Tiefpass-Filter gefiltert und von einem ADC digitalisiert. Die Temperatur des Bauteils wird mit einem Temperatursensor gemessen und ebenfalls mittels ADC digitalisiert. Dadurch kann eine Temperaturkompensation durchgeführt werden. Minimale Auflösung der Messwerte beträgt 12 Bit.

Die Verarbeitung der Messwerte wird von einem 16-Bit Digitalen Signalprozessor (DSP) übernommen. Das Ergebnis der digitalen Signalverarbeitung wird durch einen Digital-Analog Wandler (DAC) in eine ratiometrische Ausgangsspannung gewandelt und am Pin 3 ausgegeben. Die Ausgangsspannung hängt linear von der gemessenen magnetischen Flussdichte ab. Der gültige Ausgangsspannungsbereich liegt zwischen

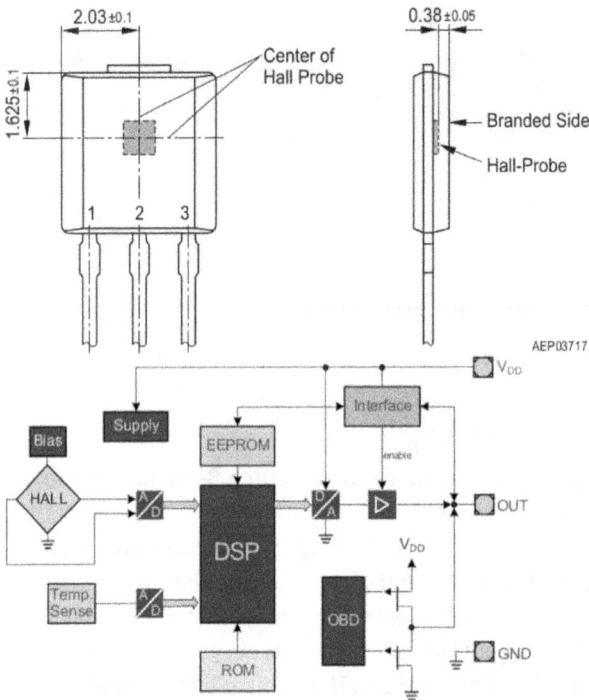

**Abb. 4.3.** Gehäuse (oben) und Blockdiagramm (unten) des linearen Hall-Sensors TLE4997 von Infineon Technologies [14]

5% und 95% der Versorgungsspannung $V_{DD}$ für einen Messbereich von $-200mT$ bis $+200mT$. Beim Einsatz des Sensors ist demnach zu berechnen, welcher Messstrom am Ort des Sensor-Elements welche Größe der magnetischen Flussdichte hervorruft.

Zusätzliche Funktionalitäten sind zum Beispiel Schutzmechanismen (Verpolschutz, Überspannungsschutz, ESD-Festigkeit) oder Diagnosefunktionalitäten sowie die Programmierung von Parametern, die im internen EEPROM abgespeichert werden.

Zur Strommessung von frei liegenden Leitern, wie z.B. Kabeln, werden Hall-Sensoren in Verbindung mit einem Eisenkern mit großer Permeabilität und geringer Remanenz verwendet. Der Leiter wird von dem Eisenkern umgeben, der einen Luftspalt aufweist. Dadurch wird die magnetische Flussdichte gebündelt. Durch die Plazierung des Hall-Sensors in den Luftspalt können die Feldlinien der magnetischen Flussdichte optimal auf das Sensor-Element fokussiert werden. Anwendungsbeispiel für diese Sensor-Anwendung zur Strommessung sind Strommesszangen wie in Abbildung 4.4 schematisch dargestellt.

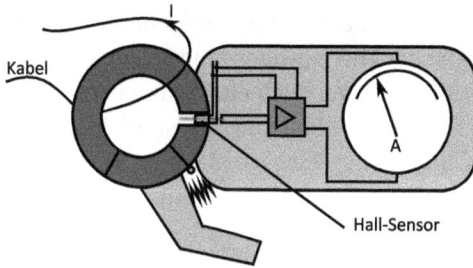

**Abb. 4.4.** Strommesszange mit Hall-Sensor

## 4.2 Temperatur

Die Temperatur $T$ ist eine physikalische Zustandsgröße mit SI-Einheit Kelvin (K). Die gebräuchliche Einheit ist Celsius (°C), wobei zwischen Temperaturen in (°C) (t) und in Kelvin (T) ein einfacher Zusammenhang besteht:

$$t = T - 273.15 \qquad (4.6)$$

So entsprechen 273.15 K genau 0 °C und Raumtemperatur (20 °C) entspricht etwa 293 K.

Da sich viele physikalische Eigenschaften eines Materials mit der Temperatur ändern, gibt es zahlreiche Methoden, die Temperatur zu messen. Dabei ist zu unterscheiden, ob die Temperatur durch direkten Kontakt oder berührungslos gemessen werden soll. So werden zum Beispiel thermoelektrische, resistive oder geometrische Effekte oder die Temperaturabhängigkeit einer Diodenkennlinie für Temperaturmessungen verwendet.

Die berührende Temperaturmessung ist einfach, da der Sensor direkt am Messobjekt plaziert werden kann. So kann eine hohe Genauigkeit und eine schnelle thermische Ansprechzeit realisiert werden. Bei berührungslosen Temperatursensoren wird die Strahlung, insbesondere die Infrarotstrahlung, die von einem Körper ausgeht, gemessen und daraus über das Strahlungsgesetz auf die Temperatur zurück geschlossen.

### 4.2.1 Direkter Kontakt

Das klassische Thermometer beruht auf der thermischen Ausdehnung, einer Flüssigkeit oder eines Festkörpers. Diese Methode ist für eine direkte digitale Auswertung in der Sensorik wenig geeignet.

Temperatursensoren nutzen häufig den resistiven Effekt, indem der Widerstand eines Materials gemessen wird und aus dem Widerstand auf die Temperatur zurückgeschlossen wird. So kann, abhängig vom eingesetzten Material des Widerstands und der Messmethodik, eine sehr genaue Messung erfolgen.

Die Messung des Widerstands erfolgt dabei durch die Messung des Spannungsabfalls über den Widerstand. Im einfachsten Fall ist der Thermowiderstand Teil eines Spannungsteilers. Zur Erhöhung der Messgenauigkeit kann auch eine Brückenschaltung oder eine Vierdraht-Messung verwendet werden. In Abbildung 4.5 ist ein Pt100 Widerstand ($R_M(T)$) dargestellt als Teil eines Spannungsteilers (oben), einer Messbrücke (Mitte) bzw. in einer Vierdraht-Messanordnung (unten). Im Fall der Brückenschaltung ist der Messwiderstand $R_M(T)$ einer der Brückenwiderstände:

$$U_M(T) = \left( \frac{R_2}{R_1 + R_2} - \frac{R_M(T)}{R_3 + R_M(T)} \right) U \tag{4.7}$$

Damit variiert die Messspannung $U_M$ mit dem Wert des Messwiderstands und damit der Temperatur.

Die Vierdraht-Messmethode eliminiert die parasitären Widerstandskomponenten von Zuleitungen und Kontakten. So ist eine präzise Messung des Messwiderstands möglich, wenn ein bekannter Strom $I$ eingeprägt wird.

## Platin als Standardmaterial

Ein Standardmaterial für die resistive Temperaturmessung ist Platin (Pt), da es durch einen definierten Temperaturverlauf sowie eine hohe chemische Langzeitbeständigkeit eine sehr präzise und reproduzierbare Temperaturmessung in einem weiten Temperaturbereich von $-200°C$ und $+850°C$ erlaubt (Abbildung 4.6). Dabei werden unterschiedliche Sensortypen $PtR_0$ durch ihren Nennwiderstand $R_0$ bei $T = 273K$ ($0°C$) charakterisiert. So hat Pt100 einen Nennwiderstand $R_0$ von $100\Omega$ und Pt1000 einen von $1000\Omega$. Je höher der Nennwiderstand ist, desto höher ist die Empfindlichkeit des Thermometers auf eine Temperaturänderung. In DIN EN60751 bzw. IEC 751 ist der Temperaturverlauf des Widerstands formelmäßig festgelegt und sind die Grundwerte genormt, so dass sich aus der Widerstandsmessung die Temperatur bestimmen lässt. So gilt für den Temperaturbereich von $0°C$ und $+850°C$:

$$R(T) = R_0 \left( 1 + AT + BT^2 \right) \tag{4.8}$$

Die in der Widerstandsformel auftretenden Koeffizienten sind $A = 3.9083 \cdot 10^{-3} \, (°C)^{-1}$ und $B = -5.775 \cdot 10^{-7} \, (°C)^{-2}$.

Aus dem gemessenen Widerstand $R$ lässt sich damit die Temperatur (zwischen $0°C$ und $+850°C$) berechnen:

$$T = \frac{-AR_0 + \sqrt{(AR_0)^2 - 4BR_0 (R_0 - R)}}{2BR_0} \tag{4.9}$$

Die Fehlergrenze bzw. die Grenzabweichung G der Platin-Messwiderstände, die maximal zulässige Temperaturabweichung in $°C$ von den genormten Grundwerten, ist

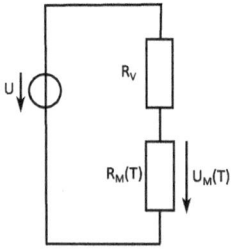

$$U_M(T) = U \cdot \frac{R_M(T)}{R_M(T) + R_V}$$

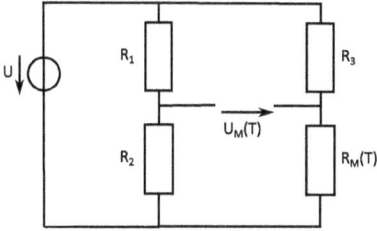

$$U_M(T) = U \cdot \left( \frac{R_2}{R_1 + R_2} - \frac{R_M(T)}{R_M(T) + R_3} \right)$$

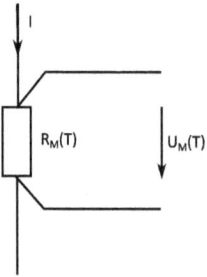

$$U_M(T) = I \cdot R_M(T)$$

**Abb. 4.5.** Messung eines Messwiderstands: Spannungsteiler (oben), Messbrücke (Mitte), Vierdraht-Messung (unten)

sehr klein und in Toleranzklassen genormt, z.B.:

- Toleranzklasse A
  Grenzabweichung G ($-200°C < t < +850°C$):

$$G = \pm 0.3 + 0.005t \tag{4.10}$$

- Toleranzklasse B
  Grenzabweichung G ($-200°C < t < +600°C$):

$$G = \pm 0.15 + 0.002t \tag{4.11}$$

Um den Effekt der Selbsterwärmung des Platin-Messwiderstands durch die Verlustleistung gering zu halten werden kleine Ströme (typischerweise < 1 mA) verwendet.

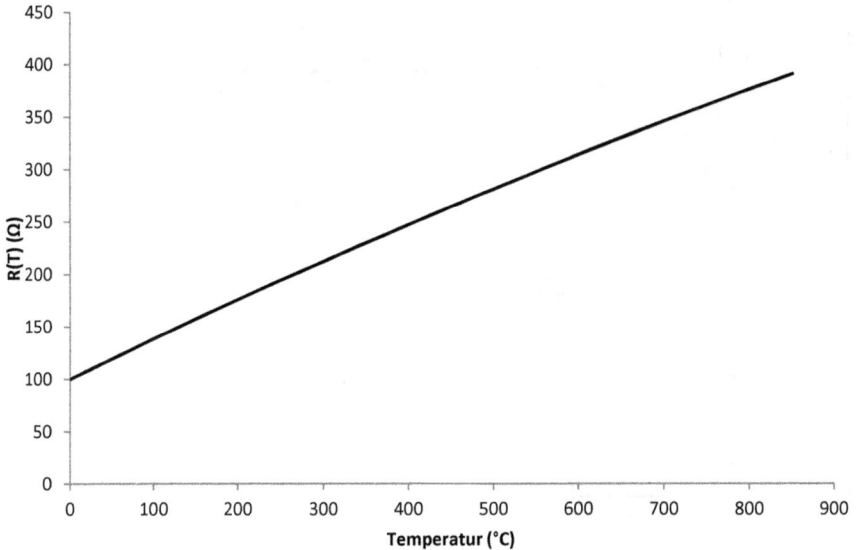

**Abb. 4.6.** Kennlinie eines Pt100 Widerstands

Zudem kann der stabilisierte Messstrom nur während des Messvorgangs eingeschaltet werden (gepulste Stromquelle).

Die thermische Ansprechzeit, d.h. die Zeit, die der Sensor benötigt, um einer Temperaturänderung zu folgen, hängt vom Sensortyp, der Bauform und der Wärmeübertragung vom System an den Sensor ab und kann bis zu einige Minuten betragen (Abbildung 4.7).

**Beispiel**
Die Pt100 Temperatursensoren der MTS GmbH entsprechen der DIN EN 60751 und sind für unterschiedliche Anwendungen in zahlreichen Bauformen verfügbar [26]. Der Messbereich ist abhängig vom Sensortypen und der Bauform und liegt zwischen $-100°C$ und $+500°C$. Die 4-Leiter als Anschluss ermöglichen die Messung des Widerstands mittels der Vierdraht-Messmethode.

Pt100 Messwiderstände sind Beispiele für eine Art von Thermistoren, für Kaltleiter (PTC). Allgemein bezeichnet man mit Thermistoren variable elektrische Widerstände, deren Wert reproduzierbar von der Temperatur abhängt. Neben den Hochpräzisionswiderständen wie dem Kaltleiter Pt100 werden insbesondere Heißleiter als Temperatursensoren eingesetzt. Dies liegt an der deutlich höheren Empfindlichkeit der NTC-Sensoren.

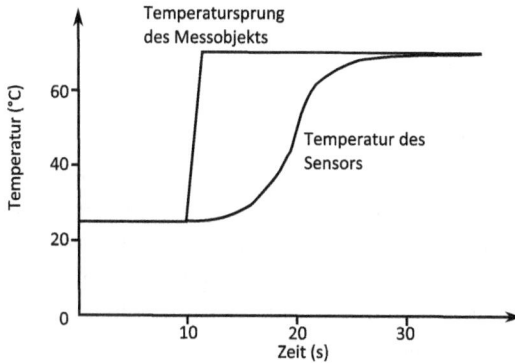

**Abb. 4.7.** Thermische Reaktion eines Sensors auf eine sprunghafte Temperaturänderung

## Beispiel

Ein Beispiel für einen NTC-Temperatursensor ist der Sensor 0280130026 der Robert Bosch GmbH zur Messung von Flüssigkeitstemperaturen [7]. Der NTC-Widerstand ist in einem Messinggehäuse untergebracht, dass mittels eines Schraubgewindes an die Behälterwand dicht angebracht werden kann. Der elektrische Kontakt dieses passiven Sensors besteht lediglich aus einem zweipoligen Stecker, so dass er direkt als Messwiderstand verwendet werden kann. Dabei variiert der Widerstandswert stark nichtlinear über den Temperaturbereich von $100\Omega$ bei $+130°C$ bis zu $40k\Omega$ bei $-40°C$.

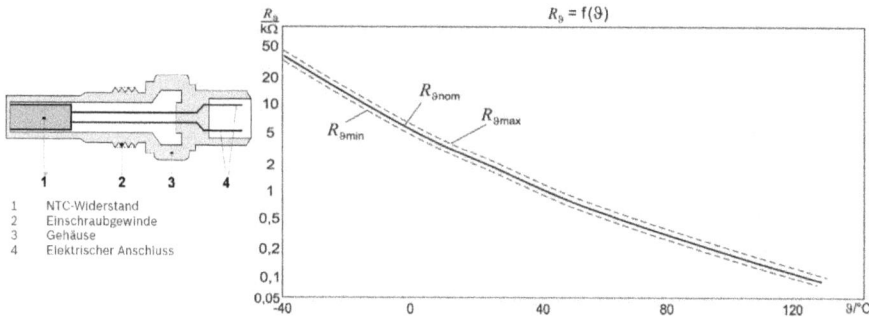

**Abb. 4.8.** Schematischer Aufbau (links) und Kennlinie (rechts) des NTC-Widerstands 0280130026 [7]

### 4.2.2 Berührungslos

Berührungslose Temperatursensoren (Pyrometer oder Strahlungsthermometer) beruhen auf der Messung der Wärmestrahlung, die jeder Körper mit $T > 0K$ emittiert. Gemäß dem Stefan-Boltzmann-Gesetz ist die gesamte thermisch abgestrahlte Leistung $P$ eines Körpers abhängig von seiner Temperatur $T$:

$$P = \epsilon \sigma A T^4 \qquad (4.12)$$

Dabei ist $\sigma = 5.6704 \cdot 10^{-8}\,Wm^{-2}K^{-4}$ die Stefan-Boltzmann-Konstante und $A$ die strahlende Fläche des Körpers. $\epsilon$ ist der Emissionsgrad , der angibt, in wie weit die Strahlungscharakteristik des Körpers vom idealen schwarzen Körper mit $\epsilon = 1$ abweicht. Der Emissionsgrad realer Körper ist $\epsilon < 1$ und hängt vom Material und der Temperatur ab, so dass $\epsilon$ für eine berührungslose Temperaturmessung bekannt sein muss.

Bei Strahlungssensoren wie Bolometer oder Thermosäulen wird die Strahlung des zu messenden Körpers absorbiert und in Wärme umgewandelt.

Beim Bolometer erwärmt die absorbierte Strahlung einen temperaturabhängigen Widerstand (z.B. NTC), so dass die eigentliche Messung wieder eine berührende Temperaturmessung ist, wie im vorigen Abschnitt beschrieben. Da die Widerstände gut miniaturisiert werden können, können mehrere Thermowiderstände in einem Sensor zu einem Array zusammengefasst werden, um so eine Wärmebildkamera zu realisieren.

Thermosäulen als Temperatursensor nutzen den Seebeck-Effekt, um die absorbierte Wärme zu messen. Um die Ausgangsspannung zu erhöhen, werden mehrere Seebeck-Elemente in Reihe geschaltet, wie in Abbildung 54.9 dargestellt.

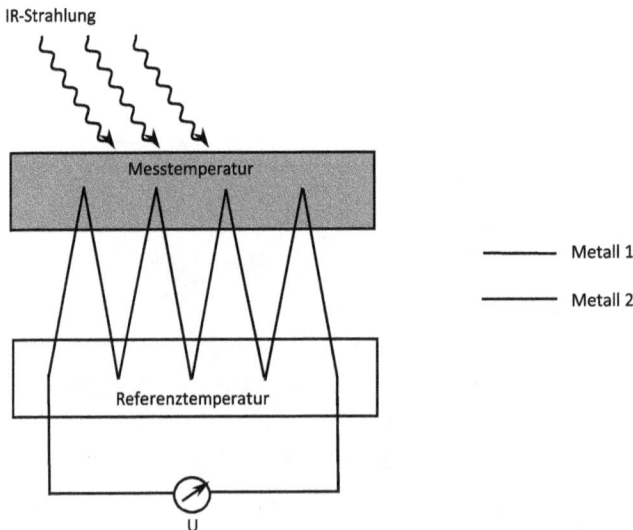

**Abb. 4.9.** Thermosäule mit Reihenschaltung von vier Seebeck-Elementen

Die Infrarot-Strahlung des Objekts, dessen Temperatur gemessen werden soll, wird von einer Messstruktur im Sensor absorbiert und erwärmt diese. Diese Struktur ist thermisch von der Struktur der Referenztemperatur isoliert. Verbunden sind die beiden Strukturen durch in Reihe geschaltete Seebeck-Elemente aus zwei unterschiedlichen Metallen (mit unterschiedlichen Seebeck-Koeffizienten). Durch die Reihenschaltung wird die Thermospannung um die Anzahl der Elemente erhöht, so dass eine sehr genaue Temperaturmessung möglich ist.

**Beispiel**

Der Sensor TMP006 von Texas Instruments ist ein Beispiel für einen berührungslosen Temperatursensor auf Basis einer Thermosäule [36]. Dieser intelligente Sensor hat neben dem Sensorelement die Auswertlogik sowie eine digitale Logikeinheit in einem nur $1.6 \times 1.6 mm^2$ großen WCSP Gehäuse integriert (Abbildung 4.10). Der Temperaturmessbereich liegt zwischen $-40°C$ und $+125°C$ und die Daten werden über ein digitales SMBus Interface übertragen.

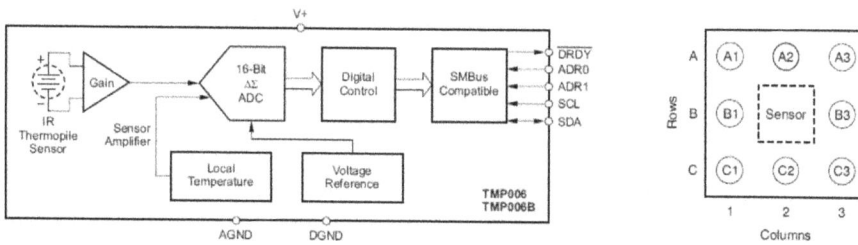

**Abb. 4.10.** Blockdiagramm (links) und Gehäusezeichnug (rechts) des TMP006 von Texas Instruments [36]

## 4.3 Drehzahl

Die Drehzahl $n$ gibt die Anzahl von Umdrehungen eines Systems in einem Zeitintervall an, z.B. von einer rotierenden Welle. Sie ist der Kehrwert der Umlaufdauer $T$, der Zeit, die das System für eine vollständige Umdrehung benötigt:

$$n = \frac{1}{T} \tag{4.13}$$

SI Einheit der Drehzahl ist $s^{-1}$, wobei insbesondere bei Motoren auch Umdrehungen pro Minute, $min^{-1}$, verwendet wird (rpm, revolutions per minute).

Gemäß der Definition der Drehzahl misst der Drehzahlsensor den Winkel, den das Messobjekt in einer Zeiteinheit zurückgelegt hat, die Winkelgeschwindigkeit . Hierbei handelt es sich bei dem Messobjekt meist um eine Welle oder ein Rad. Für die Drehzahlmessung sind daher, abhängig von dem gewählten physikalischen Messprinzip, geeignete Markierungen auf der Welle bzw. dem Rad notwendig, die eine Winkel- und Winkelgeschwindigkeitserfassung ermöglichen.

Die Drehzahlmessung wird oft durch Inkrementalgeber realisiert: In definierten Winkelschritten sind Markierungen auf der Welle angebracht, in Abbildung 4.11 dargestellt als Zähne eines Zahnrads. Diese können von einem ortsfesten Sensor, der nicht rotiert, erfasst werden. So werden durch die Drehung der Welle diskontinuierliche Pulse erzeugt, aus deren zeitlicher Abfolge (Zeit $t$ in Abbildung 4.11) die Drehzahl bestimmt werden kann.

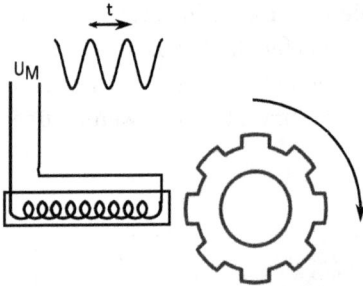

**Abb. 4.11.** Drehzahlerfassung durch Inkrementalgeber: passiver, induktiver Sensor und ferromagnetisches Zahnrad

Abhängig von den Markierungen auf der Welle können zahlreiche physikalische Effekte zur Drehzahlsensorik mittels Inkrementalgeber genutzt werden:
- Induktiver Effekt
- Hall-Effekt
- AMR/GMR-Effekt
- Optischer Effekt
- Kapazitiver Efekt

Entsprechend der Vielzahl an nutzbaren physikalischen Effekten können Inkremental-Drehzahlsensoren einfache Wandler oder intelligente Sensoren sein, die die Drehzahl zunächst in eine nicht-elektrische Zwischengröße (z.B. Licht an/aus bei optischen Sensoren) wandeln.

### 4.3.1 Induktiver Drehzahlsensor

In Abbildung 4.11 ist ein induktiver Drehzahlsensor dargestellt, bei dem sich das Magnetfeld mit dem ferromagnetischen Rad dreht und dadurch eine Spannung in der Spule induziert wird. Es handelt sich um einen passiven einfachen Wandler.

Eine weitere Realisierungsmöglichkeit als induktiver Sensor besteht darin, dass in der Spule mit mehreren tausend Wicklungen ein weichmagnetischer Polstift steckt. Dieser wiederum ist mit einem Permanentmagneten verbunden, so dass in der Spule zunächst ein konstantes Magnetfeld erzeugt wird. Das rotierende unmagnetische Zahnrad beeinflusst das Magnetfeld im Polstift und damit in der Spule: je nachdem, ob ein Zahn oder eine Lücke der Spule gegenüber steht, wird das Magnetfeld im Polstift verändert, da die Feldlinien unterschiedlich gebündelt werden. Somit ändert sich auch der magnetische Fluss durch die Spule, so dass durch die Rotation eine annähernd sinusförmige Wechselspannung, abhängig von der Struktur des Zahnrads, in der Spule induziert wird.

Die induzierte Wechselspannung hängt in Amplitude (bestimmt durch die Änderungsgeschwindigkeit des magnetischen Flusses) und der Frequenz proportional von der Drehzahl ab. Daher variiert die Amplitude sehr stark und kann bei hohen Drehzahen große Werte von > 100 V erreichen. Dagegen ist die Amplitude für kleine Drehzahlen sehr klein und gleich Null bei Stillstand des Rades. Daher können langsame Drehungen mit einem induktiven Drehzahlsensor nicht oder nur schwer detektiert werden. Weiterhin hat der Luftspalt, die Strecke zwischen Polstift und Zahnrad, und das Material des Zahnrads einen Einfluss auf die Signalgröße und Form. Daher ist eine genaue Kenntnis des Gesamtsystems, in dem der Sensor eingesetzt werden soll, unerlässlich, um den Sensor korrekt einsetzen zu können.

Da die Frequenz der Wechselspannung proportional zur Drehzahl ist, kann das analoge Ausgangssignal durch einen Schmitt-Trigger in ein pulsförmiges Signal mit definierter Amplitue (z.B. 5V) gewandelt werden (s. Abbildung 4.12). Dieses Signal kann dann im Steuergerät von einer Timer-Unit eines Mikrocontrollers ausgewertet und die Zeit $t$ bestimmt werden. Durch Kenntnis der Zahnradgeometrie kann daraus die Drehzahl berechnet werden. Eine Information über die Drehrichtung kann mit einem induktiven Drehzahlsensor nicht erhalten werden.

**Beispiel**
Der Sensor 0261210104 der Robert Bosch GmbH ist ein Beispiel für einen induktiven, inkrementellen Drehzahlsensor [5]. Die Spule weist 4300 Wicklungen auf und der Sensor misst Drehzahlen in einem Bereich von ca. 20 rpm bis 7000 rpm. Die Form und die Höhe der Ausgangsspannung hängt, explizit im Datenblatt angegeben, von der Drehzahl, der Größe des Luftspalts, der Zahnform und dem Rotormaterial ab. Die maximale Ausgangsspannung beträgt 200 V. Elektrisch angeschlossen wird der Sensor über drei Anschlüsse, die Ausgangsspannung, die Masse und eine Schirmung. Die Bauhöhe des

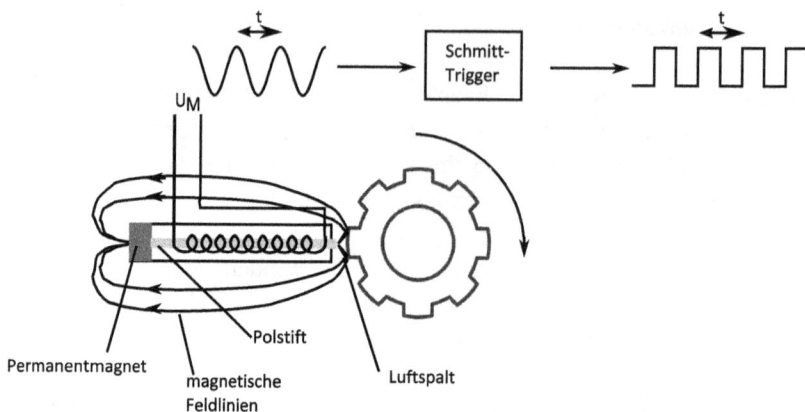

**Abb. 4.12.** Drehzahlerfassung durch Inkrementalgeber: passiver, induktiver Sensor mit Polstift und Permanentmagnet, rotierendes Zahnrad

Sensors beträgt 4.5 cm und zeigt damit einen Nachteil von induktiven Drehzahlsensoren, die fehlende Möglichkeit zur Miniaturisierung.

### 4.3.2 Hall-Drehzahlsensor

Wird ein Hall-Sensor zur Erfassung der Drehzahl verwendet, so handelt es sich um einen aktiven Sensor. Da zudem die primäre elektrische Ausgangsgröße, die Hall-Spannung, sehr klein ist, muss diese im Sensor verarbeitet werden. Daher handelt es sich bei Hall-Drehzahlsensoren um intelligente Sensoren.

Als Inkrementalgeber benötigt der Hall-Drehzahlsensor ein magnetisches Multipolrad (S. Abbildung 4.13). Dieses besteht aus einer wechselseitigen Abfolge von magnetischen Nord- und Südpolen, die ringförmig auf einem Träger angeordnet sein. Der Hall-Sensor wird über dem Multipolrad angebracht und bei Drehung des Rades ist der Sensor der ständig wechselnden Polarität des Magnetfeldes ausgesetzt. Damit wechselt auch die Polarität der Hall-Spannung ihr Vorzeichen und jeder Wechsel der Feldrichtung kann erkannt werden. Durch Messen der Frequenz des Wechsels kann, bei Kenntnis der Geometrie des Multipolrads, auf die Drehzahl geschlossen werden.

Der Sensor besteht aus dem eigentlichen Hall-Element sowie der Ansteuer- und Auswerteelektronik. Da die Höhe der primären elektrischen Ausgangsgröße unabhängig von der Drehzahl und relativ unabhängig von der Größe des Luftspalts ist, ist der Sensor weniger anfällig für mechanische Störungen wie Vibrationen (Änderungen des Luftspalts) als induktive Sensoren. Zudem können auch Drehzahlen nahe Null erfasst werden. Die Auswerteelektronik verstärkt und filtert die Hall-Spannung und digitalisiert diese gegebenenfalls. Die Daten können dann analog, z.B. über eine Zweidrahtschnittstelle als PWM Signal, oder digital übertragen werden.

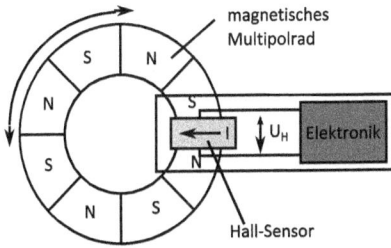

**Abb. 4.13.** Magnetisches Multipolrad mit Hall-Sensor

Durch die Integration der Auswerteelektronik sowie der digitalen Logik können in dem Sensor zusätzliche Funktionalitäten realisiert werden. So können die Daten digital über einen Bus übertragen werden. Zudem kann der Sensor zusätzliche Informationen übertragen: Z.B. kann bei Stillstand des Rads ein definiertes Signal übertragen werden, um dem angeschlossenen Steuergerät zu signalisieren, dass der Sensor noch angeschlossen ist. Auch kann der Sensor zur Überprüfung der Signalübertragung und zur Eigendiagnose ein Signal an das Steuergerät senden.

Bei der Verwendung von zwei Hall-Elementen kann zusätzlich zur Drehzahl noch die Drehrichtung bestimmt werden. Die beiden Sensoren werden nebeneinander angeordnet und jeweils die Drehzahl bestimmt. Wenn die Geometrie des Multipolrads derart gestaltet ist, dass die beiden Sensorelemente asymmetrisch phasenverschoben die Magnetfeldwechsel detektieren (z.B. 90° phasenverschoben), kann aus der Reihenfolge der Wechsel bei den beiden Elementen auf die Drehrichtung geschlossen werden.

## Beispiel

Durch seinen Aufbau als MEMS-Sensor in Halbleitertechnologie kann der Hall-Drehzahlsensor, im Gegensatz zum induktiven Drehzahlsensor, stark miniaturisiert werden. So hat der Hall-Drehzahlsensor TLE4966-3K von Infineon Technologies Abmessungen von nur $2.9 \times 2.6 mm^2$ [15]. In diesem TSOP6-3 Gehäuse befinden sich zwei Hall-Elemente im Abstand von 1.45 mm, so dass der Sensor neben der Drehzahl auch die Drehrichtung bestimmen kann (s. Abbildung 4.14). Die primären Hall-Spannungen werden verstärkt und gefiltert und die Polarität mittels eines Komperators bestimmt. Der Ausgang eines Komperators wird auf einen open drain Ausgang gelegt und übermittelt so die Drehzahl als Pulsfolge, deren Frequenz mit einer Timer-Einheit eines Mikrocontrollers bestimmt werden kann. Aus beiden Hall-Signalen wird die Drehrichtung bestimmt und ebenfalls auf einem open drain Ausgang ausgegeben. Die maximale Schaltfrequenz beträgt 15 kHz.

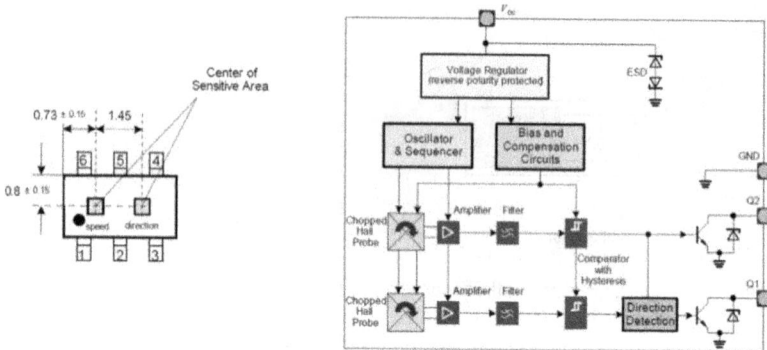

**Abb. 4.14.** Gehäuse des TLE4966-3K mit der internen Positionierung der Hall-Elemente (links); Block-Diagramm des TLE4966-3K mit integrierter Auswertelektronik und open drain Ausgängen (rechts) [15]

## 4.4 Drehmoment

Das Drehmoment $\vec{M}$ ist definiert als Kraft $\vec{F}$, die senkrecht auf einen Hebelarm im Abstand $\vec{r}$ vom Drehpunkt wirkt:

$$\vec{M} = \vec{r} \times \vec{F} \tag{4.14}$$

Durch ein Drehmoment wird die Rotation eines Körpers beschleunigt oder abgebremst. Einheit des Drehmoments ist Nm.

Bei einer ruhenden Masse, auf die ein Drehmoment wirkt, kann dieses durch eine Kraftmessung gemessen werden. Dazu wird die an einem Hebel der Länge $r$ wirkende Kraft gemessen (s. Kapitel 4.6) und daraus das Drehmoment berechnet.

Ist das Trägheitsmoment $J$ eines rotierenden Körpers bekannt, so kann das wirkende Drehmoment durch eine Messung der Winkelbeschleunigung $\alpha$ erfolgen:

$$\vec{M} = J\vec{\alpha} \tag{4.15}$$

Dabei hängt das Trägheitsmoment von der gewählten Drehachse ab ($r$: Abstand des Massenelements $dm$ von der Drehachse):

$$J = \int_{Masse} r^2\,dm \tag{4.16}$$

Das Drehmoment kann also durch Winkelmessungen (hier Winkel $\varphi$ in Bogenmaß um die Drehachse) bzw. Messungen der Anzahl an Umdrehungen $n$ ermittelt werden, wenn durch nacheinander erfolgende Messungen die Winkelgeschwindigkeit $\omega$ bzw. die Winkelbeschleunigung $\alpha$ bestimmt wird:

$$\omega = \frac{d\varphi}{dt} = \frac{2\pi n}{dt} \tag{4.17}$$

$$\alpha = \frac{d\omega}{dt} = \frac{d^2\varphi}{dt^2} \tag{4.18}$$

Insbesondere bei rotierenden Maschinen wie Elektro- oder Verbrennungsmotoren spielt das Drehmoment eine zentrale Rolle. Dabei wirkt das Drehmoment auf eine rotierende Welle, senkrecht zur Welle, um diese zu beschleunigen oder abzubremsen. Das Drehmoment hängt bei rotierenden Maschinen über die Drehzahl $n$ mit der Leistung zusammen:

$$P = 2\pi n M \tag{4.19}$$

Eine Möglichkeit, das Drehmoment zu messen, das auf eine nicht rotierende Welle wirkt, besteht darin, die Verwindung (Torsion) der Welle zu messen. Dabei bewirkt das Drehmoment eine Verwindung der Welle um einen Winkel $\varphi$ über eine Länge $l$ (Abbildung 4.15). Diese Torsion kann durch spannungsmessende Drehmomentsensoren, wie bei der Messung einer Kraft, oder durch winkelmessende Sensoren geschehen.

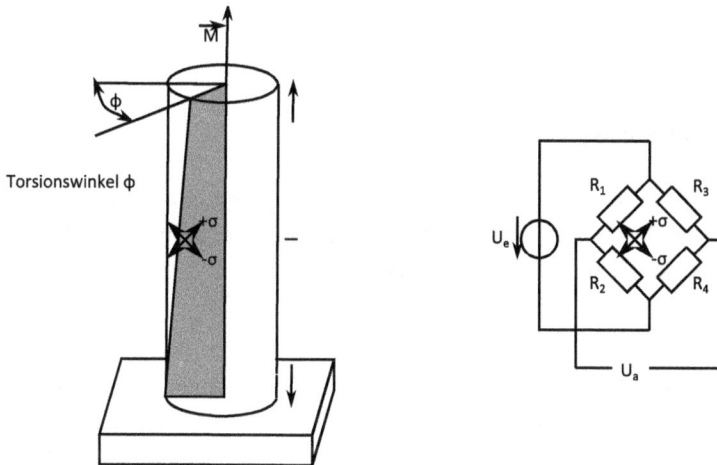

**Abb. 4.15.** Torsion eines Stabes, auf den ein Drehmoment wirkt: durch Drehmoment hervorgerufene mechanische Spannungen $+\sigma$ und $-\sigma$ (links); Brückenschaltung von DMS entlang den mechanischen Spannungen (rechts)

### 4.4.1 Spannungsmessende Sensoren

Durch die Torsion der Welle bzw. des Stabs treten innerhalb des Stabes mechanische Spannungen auf, sowohl dehnende ($+\sigma$) als auch stauchende ($-\sigma$). Diese mechanischen Spannungen können über Dehnungsmessstreifen, z.B. in Form einer Brücken-

schaltung aus piezoresistiven DMS , gemessen werden. Dabei ist eine geeignete Plazierung der DMS entscheidend, um ein optimales Ausgangssignal zu erhalten.

Zwei DMS der Brückenschaltung (Abbildung 4.15) werden so plaziert, dass sie
durch die positive mechanische Spannung möglichst stark gedehnt werden ($R_2$ und
$R_3$), die beiden anderen DMS so, dass sie möglichst stark gestaucht werden ($R_1$ und
$R_4$). Vereinfachend angenommen haben alle vier Widerstände ohne mechanischen
Stress einen Wert von $R$. Durch den mechanischen Stress ändern sich die Widerstände
um $\Delta R$ ($R_2$ und $R_3$) bzw. $-\Delta R$ ($R_1$ und $R_4$). Damit ergibt sich für die Ausgangsspannung
$U_a$ der Brückenschaltung:

$$U_a = U_e \left( \frac{R_2}{R_1 + R_2} - \frac{R_4}{R_3 + R_4} \right) = U_e \left( \frac{R + \Delta R}{2R} - \frac{R - \Delta R}{2R} \right) = U_e \frac{\Delta R}{R} \qquad (4.20)$$

Werden DMS aus einem piezoresistivem Material wie n-dotiertem Silizium verwendet
und der longitudinale piezoresistive Effekt genutzt, so ist die relative Widerstandsänderung in guter Näherung direkt proportional zur wirkenden Spannung und damit:

$$U_a = U_e \frac{\Delta R}{R} = U_e \pi_{11} \sigma \qquad (4.21)$$

### 4.4.2 Winkelmessende Sensoren

Das wirkende Drehmoment führt über eine Länge $l$ des Torsionsstabes bzw. der Torsionsstrecke zu einem Verdrehungswinkel $\varphi$. Dabei ist das Drehmoment für kleine
Winkel direkt proportional zu diesem Winkel und der Länge $l$:

$$M \propto l \cdot \varphi \qquad (4.22)$$

Zur Messung dieses Winkels wird die primäre Messgröße, der Winkel, in eine nicht-
elektrische Zwischengröße gewandelt, z.B. in eine Änderung eines Magnetfelds oder
eine Folge von Lichtpulsen bei einem optischen Sensorsystem. Diese Magnetfeldän-
derung bzw. Folge von Lichtpulsen wird dann mittels geeigneter Sensoren, Hall- oder
AMR-Sensoren bzw. Lichtsensoren, gemessen und daraus auf den Winkel zurückge-
schlossenen.

Das Grundprinzip bei den winkelmessenden Sensoren ist, dass Sensor und die
Quelle der zu messenden nicht-elektrischen Zwischengröße jeweils an die entgegen-
gesetzten Enden der Torsionsstrecke im Abstand $l$ befestigt werden. Durch die Torsion
werden die Elemente dann um $\varphi$ gegeneinander verdreht und diese Verdrehung wird
sensiert.

So kann ein AMR-Sensor im Zusammenspiel mit einem magnetischen Multipolrad
als Drehmomentsensor eingesetzt werden wie in Abbildung 4.16 dargestellt. Das magnetische Multipolrad ist so am einen Ende der Torsionsstrecke befestigt, dass es dem
AMR-Sensor, der am anderen Ende befestigt ist, gegenübersteht. Dadurch misst der

AMR-Sensor das Magnetfeld des Multipolrads. Eine Verdrehung der Torsionsstrecke führt zu einer Bewegung des Multipolrads relativ zum AMR-Sensor, wodurch sich die Richtung des Magnetfelds am Ort des Sensors ändert. Sind die Pole des Multipolrads in Abständen von $d$ auf dem Radumfang angeordnete, so entspricht das bei einem Radius $r$ einem Winkel $\delta$:

$$\delta = \frac{d}{r} \tag{4.23}$$

Wird das Multipolrad um den Winkel $\delta$ verdreht, so dreht sich die Polarität des Magnetfelds bzw. der Winkel $\Theta$ zwischen Strom und Magnetisierung am Ort des Sensors um $180°$.

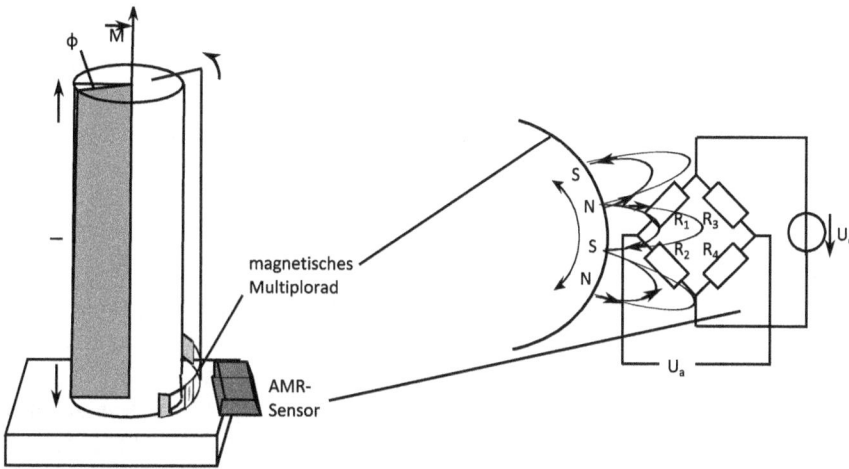

**Abb. 4.16.** Torsion des Drehstabs führt zur Verdrehung des Multipolrads relativ zum AMR-Sensor (links); Multipolrad mit magnetischen Feldlinien und einfache Brückenschaltung aus Widerständen mit AMR-Effekt (rechts)

Wie in Kapitel 3.4.1 beschrieben, ist der AMR-Effekt klein ($3 - 5\,\%$) und weist eine $\cos^2$-Abhängigkeit vom Winkel $\Theta$ auf:

$$\rho(\Theta) = \rho_\perp + \Delta\rho \cos^2 \Theta \tag{4.24}$$

Eine Drehung des Multipolrads um einen Winkel $\delta$ führt demnach bereits zu einer Umpolung des Magnetfelds. Um eine größere Ausgangsgröße zu erhalten, werden zunächst vier AMR-Widerstände derart in einer Messbrücke verschaltet, dass die Widerstände eines Brückenzweigs geometrisch jeweils senkrecht zueinander stehen. Dadurch ist der Winkel $\Theta$ zwischen den Widerständen eines Brückenzweiges um $90°$ verschoben. Geht man, ohne Beschränkung der Allgemeinheit, davon aus, dass alle vier Widerstände aus dem gleichen Material hergestellt sind und ein gleiches $\rho_\perp$ aufweisen, so ergibt sich für die Ausgangsspannung $U_a$ (s. Abbildung 4.16):

$$\frac{U_a}{U_e} = \frac{R_2}{R_2 + R_1} - \frac{R_4}{R_4 + R_3} =$$

$$\frac{\rho_\perp + \Delta\rho\cos^2\Theta}{2\rho_\perp + \Delta\rho\cos^2\Theta + \Delta\rho\sin^2\Theta} - \frac{\rho_\perp + \Delta\rho\sin^2\Theta}{2\rho_\perp + \Delta\rho\cos^2\Theta + \Delta\rho\sin^2\Theta} =$$

$$\frac{\Delta\rho\left(\cos^2\Theta - \sin^2\Theta\right)}{2\rho_\perp + \Delta\rho\left(\cos^2\Theta + \sin^2\Theta\right)} = \frac{\Delta\rho\cos(2\Theta)}{2\rho_\perp + \Delta\rho} \qquad (4.25)$$

Die Ausgangsspannung der Brücke variiert mit $\cos(2\Theta)$, d.h. es kann ein Winkelbereich von 90° eindeutig aufgelöst werden. Um den Winkelbereich auf 180° zu vergrößern, werden zwei Brücken verwendet, die um 45° gegeneinander verdreht sind. Das Ausgangssignal der zweiten Brücke ist um 45° zu dem der ersten verschoben, und durch die simultane Auswertung beider Ausgangsspannungen kann der Winkel in einem Bereich von 180° eindeutig bestimmt werden.

**Beispiel**

Dazu zeigt Abbildung 4.17 auf der linken Seite den Aufbau des AMR-Sensors AA747AHA der Sensitec GmbH [31]. Zwei Messbrücken sind um 45° versetzt und ineinander verschachtelt in dem SOP-8 Gehäuse angeordnet. Die sensitive Achse für das Magnetfeld liegt in der Sensorebene. Abhängig vom Winkel $\alpha$, der dem hier verwendeten $\Theta$ entspricht, variieren die beiden Ausgangsspannungen in der $\cos(2\alpha)$-Abhängigkeit (Abbildung 4.17 rechts). Der 45°-Versatz der beiden Ausgangsspannungen ist klar zu erkennen, und im Bereich 0° – 180° ergibt sich so eine eindeutige Zuordnung der beiden Spannungen zu einem Winkel.

Wird ein AMR-Sensor als Drehmomentsensor eingesetzt, so ist darauf zu achten, dass das Magnetfeld in der Sensorebene variiert und ausreichend stark ist, um die AMR-Sensorelemente zu magnetisieren. Dann ergibt sich, durch den eindeutigen Zusammenhang zwischen Torsionswinkel $\varphi$ und magnetischem Winkel $\Theta$ (gegeben durch die Geometrie des Multipolrads), eine eindeutige Bestimmung des Torsionswinkels $\varphi$, wie in Abbildung 4.18 exemplarisch dargestellt.

Der AMR-Sensor AA747AHA von Sensitec kann als Drehmomentsensor eingesetzt werden. Die beiden Brücken sind galvanisch getrennt und der Sensor benötigt eine typische Magnetfeldstärke von $H = 25 kAm^{-1}$. Die Brückenspannungen werden an zwei Pins ausgegeben, es handelt sich um einen einfachen Wandler. Bei Raumtemperatur wird der magnetische Winkel $\alpha$ mit einer Genauigkeit von 0.1° gemessen. Welchem Torsionswinkel $\varphi$ ein magnetischer Winkel $\alpha$ entspricht und damit auch, mit welcher Auflösung der Torsionswinkel bzw. das Drehmoment gemessen werden kann, hängt von der Anwendung und der Geometrie des Multipolrads und des Torsionsstabs ab.

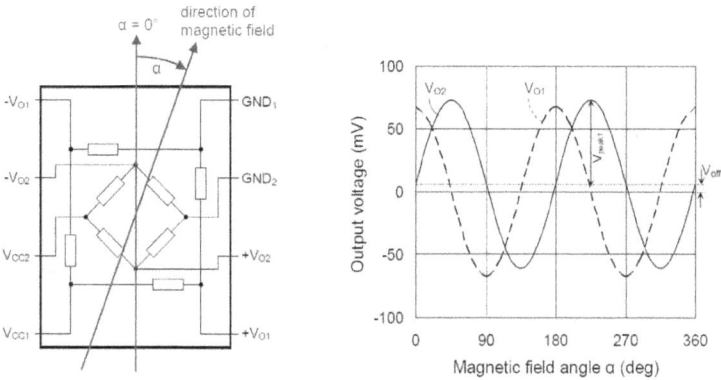

**Abb. 4.17.** Aufbau der zwei Brücken im AMR-Sensor AA747AHA von Sensitec (links); Ausgangssignale der Brücken (rechts) [31]

## 4.5 Drehrate

Die Rotationsgeschwindigkeit , also die Winkelgeschwindigkeit eines Körpers senkrecht um eine Drehachse, bezeichnet man als Drehrate. Die Drehrate ist ein Vektor, der in Richtung der Drehachse zeigt und vom Betrag her die Winkelgeschwindigkeit angibt:

$$|\vec{\omega}| = \frac{d\varphi}{dt} \qquad (4.26)$$

In einem kartesischen Koordinatensystem sind die Drehraten um die x-, y- und z-Achse (bzw. Längs-, Quer- und Hochachse) das Rollen, das Nicken und das Gieren (Abbildung 4.19) .

In Abgrenzung zur Drehzahl, die in der Regel von einem nicht-rotierenden Sensor bestimmt wird, bezieht sich die Drehrate auf die Rotation eines Systems, die mittels eines internen Sensors ermittelt werden soll. Drehratensensoren, vielfach auch Gyroskop genannt (obwohl sie keine Kreisel beinhalten), gehören zusammen mit Beschleunigungssensoren zu den Inertialsensoren . Durch Kombination von drei Drehraten und drei Beschleunigungssensoren zu einer sogenannten inertialen Messeinheit (IMU, inertial measurement unit) können die 6 Freiheitsgrade der Bewegung eines Körpers, drei translatorische und drei rotatorische, erfasst werden . Beispiele für Einsatzbereiche von Drehratensensoren sind Fahrerassistenzsysteme wie ESP (Elektronisches Stabilitätsprogramm) im Automobil oder mobile Geräte wie Smartphones.

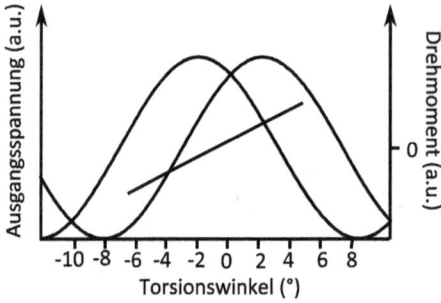

**Abb. 4.18.** Abhängigkeit der Ausgangsspannungen vom Torsionswinkel und zugehöriges Drehmoment

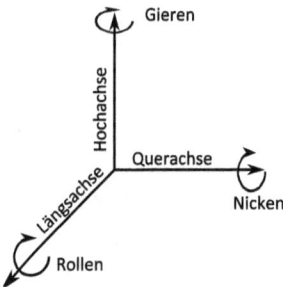

**Abb. 4.19.** Zuordnung von Drehrichtungen zu Raumachsen

Moderne MEMS-Drehratensensoren basieren überwiegend auf dem Effekt der Coriolis-Kraft auf eine bewegte Masse. Die Coriolis-Kraft $F_C$ ist eine Scheinkraft, die in einem rotierenden Bezugssystem ($\vec{\omega}$) auftritt, wenn sich ein Körper der Masse $m$ mit Geschwindigkeit $\vec{v}$ relativ zum rotierenden Bezugssystem bewegt, wie in 4.20 dargestellt:

$$\vec{F}_C = -2m \cdot (\vec{\omega} \times \vec{v}) \tag{4.27}$$

Die Coriolis-Kraft steht senkrecht sowohl zur Drehachse als auch zur Bewegungsrichtung. Hat die Geschwindigkeit keine Komponente senkrecht zur Drehachse, so wird die Coriolis-Kraft zu Null.

Das System, dessen Drehrate bestimmt werden soll, rotiert mit einer Drehrate von $\vec{\omega}$. Durch den Coriolis-Effekt kann die Drehrate in eine nicht-elektrische Zwischengröße, die Coriolis-Kraft umgeformt werden, wenn eine geeignete bewegte Masse verwendet wird. Die Auswirkung dieser Kraft kann dann, wie bei einem Beschleunigungssensor, in eine Auslenkung transformiert werden, die schließlich in die primäre elektrische Größe gewandelt wird (s. Kapitel 4.8).

Eine Methode zur Bewegung der Masse in einem Sensor ist es, diese in Schwingung zu versetzen.

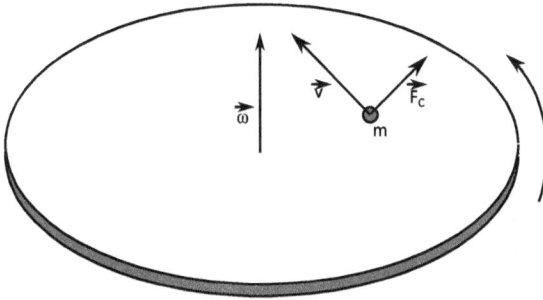

**Abb. 4.20.** Coriolis-Kraft

Eine federnd befestigte seismische Masse wird elektrisch zu einer Schwingung ange-regt. Diese Anregung kann z.B. mittels der Lorenz-Kraft erfolgen. Unter der Masse ist in den Sensor ein Permanentmagnet integriert, dessen Feld die Masse senkrecht durch-dringt. Durch geeignet strukturierte Leiterbahnen auf der Masse kann ein oszillieren-der Strom fließen, so dass die Masse senkrecht zur Stromrichtung in Schwingung ver-setzt wird. Eine andere Möglichkeit, die Schwingung anzuregen, ist elektrostatisch, d.h. über die Kraftwirkung von Kondensatorplatten aufeinander.

Durch die Schwingung weist die seismische Masse eine oszillierende Geschwin-digkeit auf (z.B. in x-Richtung). Liegt die Drehachse senkrecht zu der Oszillation (z-Richtung), so wirkt die Coriolis-Kraft senkrecht dazu (y-Richtung), wobei die Kraft auf-grund der veränderlichen Geschwindigkeit mit der Frequenz der Primärschwingung variiert. So entsteht eine Sekundärschwingung gleicher Frequenz senkrecht zur Pri-märschwingung (Abbildung 4.21). Diese Bewegung um die Ruhelage in Richtung der Sekundärschwingung kann dann kapazitiv gemessen werden.

Drehratensensoren, die auf dem Coriolis-Effekt beruhen, werden in MEMS Tech-nologie gefertigt. Durch die extrem kleinen Strukturen können so miniaturisierte seis-mische Massen, Federn und Messkapazitäten gefertigt werden. Es gibt zahlreiche Mög-lichkeiten, Drehratensensoren in MEMS Technologie zu fertigen, die sich in der Art der seismischen Masse und deren Primäroszillation sowie der sensitiven Achse (Lage der Drehachse) unterscheiden. Zudem können zusätzlich zum Drehratensensor Beschleu-nigungssensoren integriert werden, die die gleichen Sensorelemente nutzen.

Ein Prinzipbild eines MEMS-Drehratensensors zeigt Abbildung 4.22. Die Primär-schwingung der Massen wird elektrostatisch in horizontaler x-Richtung angeregt (An-regung nicht dargestellt). Die sensitive z-Achse zeigt senkrecht aus der Zeichnung her-aus, so dass Drehungen in der Zeichenebene detektiert werden können. Durch die oszillatorische Bewegung der Masseflächen und die Drehung wirkt die Coriolis-Kraft in vertikaler y-Richtung und die Massen werden zur Sekundärschwingung angeregt. Dadurch schwingen die an den Massen befestigten Elektroden der Kammstruktur der Differentialkapazitäten (s. auch Kapitel 4.8), so dass sich die Kapazität periodisch än-dert. Durch die Verschaltung der Auswerteinheit als Differentialkondensator kann die

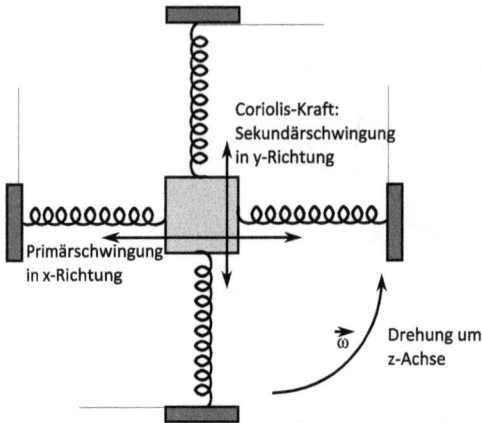

**Abb. 4.21.** Prinzip des Drehratensensors auf Basis der Coriolis-Kraft: eine schwingende Masse wird durch die Rotation durch die Coriolis-Kraft senkrecht zur Primärschwingung zu einer Sekundär-schwingung angeregt

Auslenkungsamplitude bestimmt werden. Bei bekannten Federkonstanten, seismischen Massen sowie Auslenkungen und Frequenz der Primärschwingung sind so die Coriolis-Kraft und damit die Drehrate bestimmbar.

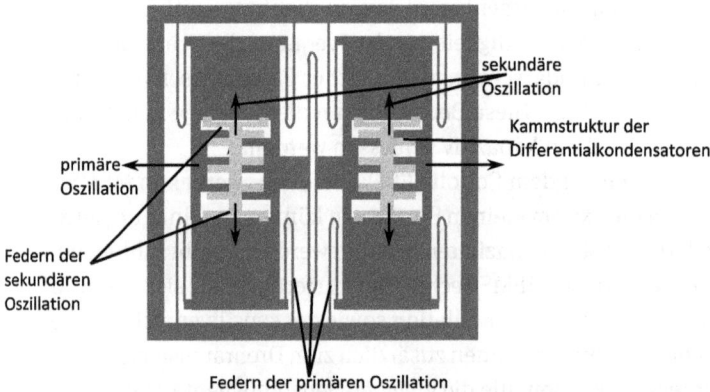

**Abb. 4.22.** Prinzip der Realisierung eines Drehratensensors in MEMS Technologie

Bei MEMS-Drehratensensoren handelt es sich um intelligente Sensoren. Sowohl die elektrische Anregung als auch die Auswertung der primären elektrischen Ausgangsgröße muss direkt im Sensor erfolgen. Die Auswertung beinhaltet auf jeden Fall die komplette Messsignalaufbereitung inklusive Verstärkung, Filterung und Digitalisierung. Zudem ist ein Mikrocontroller integriert, der die digitalen Daten bearbeiten und übertragen kann.

An Abbildung 4.22 lässt sich weiterhin beschreiben, wie der Sensor zusätzlich noch Beschleunigungen in der Ebene detektieren kann. Dazu werden die beiden seismischen Massen links und rechts gegenphasig zur Schwingung in x-Richtung angeregt. Bei Rotation des Sensors findet demnach auch die Sekundäroszillation der beiden Massen in y-Richtung gegenphasig statt. Diese gegenphasige Oszillation wird wie gehabt für die Drehratenbestimmung genutzt. Zudem ist die Primäroszillation durch die Anregung bekannt.

Wird der Sensor zusätzlich in x- oder y-Richtung beschleunigt, so überlagern sich die Auslenkung der Beschleunigungen mit der Primär- bzw. Sekundäroszillation. Durch die Beschleunigung in entsprechender Richtung verschiebt sich die jeweilige Oszillation (Primärschwingung bei Beschleunigung in x-Richtung, Sekundärschwingung bei y-Richtung), die nicht mehr symmetrisch um die ursprüngliche Ruhelage stattfindet, sondern verschoben ist. Diese Verschiebung der Oszillation kann dann mit Hilfe der Differentalkondensatoren erfasst werden. Da die Primärschwingung bekannt ist und die Sekundärschwingungen gegenphasig sind, kann der Beitrag der Beschleunigung jeweils berechnet werden.

**Beispiel**

Ein Beispiel für einen Drehratensensor mit integrierten Beschleunigungssensoren ist der 0265005642 der Robert Bosch GmbH, der insbesondere für Anwendungen im Automobil wie ESP entwickelt worden ist [6]. Mit dem Sensor kann eine Drehrate von bis zu $100°$ pro Sekunde mit einer Auflösung von $0.1°s^{-1}$ gemessen werden. Beschleunigungen in x- und y-Richtung können bis 1.8g bestimmt werden.

In Abbildung 4.23 ist ober der Aufbau des Sensors dargestellt. Die sensitive Drehachse liegt in z-Richtung. Zu erkennen sind die gegenphasig schwingenden seismischen Massen, die in x- und y-Richtung federnd gelagert sind, sowie die Differentialkondensato-ren mit Kammstruktur. Die Schwingungen mit einer Frequenz von 15 kHz werden elektrostatisch angeregt und die Auswertung erfolgt über die Differentialkondensatoren.

Um diese Funktionalität zu erreichen ist der Sensor als intelligenter Sensor aufgebaut, s. Abbildung 4.23 unten. Die Signale der jeweiligen Sensoren werden aufbereitet und per SPI an einen internen Mikrocontroller übertragen. Die Übertragung der Sensordaten an externe Steuergeräte erfolgt über eine CAN-Busschnittstelle, so dass der Sensor direkt in ein CAN-Netzwerk eingebunden werden kann.

Um den Sensorcluster in automotive Anwendungen einsetzen zu können ist dieser in ein entsprechend dichtes Gehäuse mit einem 4-poligen Stecker (Masse, Versorgungsspannung, CAN-H undCAN-L) eingebaut.

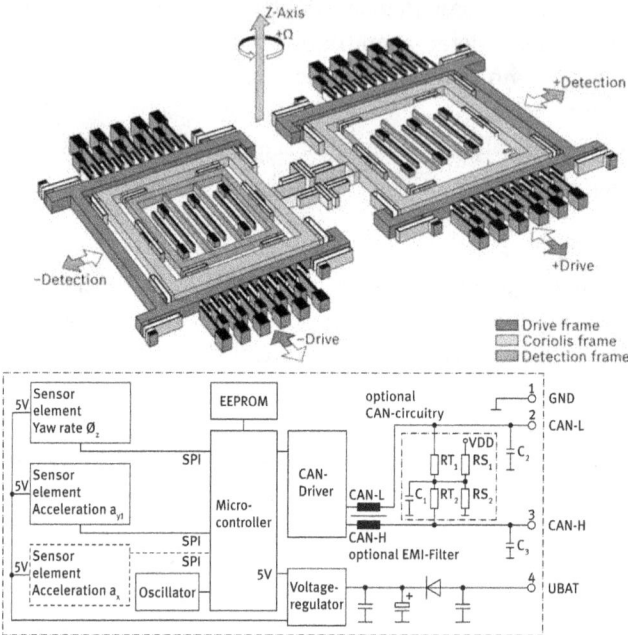

**Abb. 4.23.** Aufbau des Drehraten- und Beschleunigungssensors 0265005642 (oben) und Block-schaltbild (unten) [6]

## 4.6 Kraft

Durch den Einfluss einer Kraft , einer vektoriellen Größe, wird ein Körper entweder beschleunigt (freier Körper) oder verformt (nicht-freier Körper). Im ersten Fall ist die Kraft, gemäß dem zweiten Newton'schen Gesetz, proportional zur Beschleunigung des freien Körpers:

$$\vec{F} = m \cdot \vec{a} \tag{4.28}$$

Bei Kraftsensoren wird die mechanische Reaktion eines Systems oder Körpers auf die Krafteinwirkung ausgenutzt, wobei die mechanische Reaktion eine Beschleunigung, eine Auslenkung oder eine Verformung sein kann.

Mittels eines Kraftsensors kann eine Kraft gemessen werden, die auf diesen Sensor wirkt. Dabei kann die Kraft direkt oder indirekt gemessen werden. Entscheidend ist, dass auf jeden Fall die Kraft wohl definiert in den Sensor eingeleitet werden muss. Dies gilt insbesondere für lokal messende Kraftsensoren wie Dehnungsmessstreifen (DMS), die die Kraft nur an einem sehr kleinen Ort messen.

Bei direkten Messprinzipien werden intrinsische Eigenschaften des Körpers, auf den die Kraft wirkt, ausgenutzt. Es handelt sich um spannungsmessende Kraftsensoren, da die Kraft zu einer mechanischen Spannung führt, die gemessen wird. Der

Körper stellt selber das Sensorelement dar. Beispiele sind piezoelektrische oder piezoresistive Sensoren. Hierbei führt die Kraft zu einer Verformung und damit zu geänderten elektrischen Eigenschaften, die gemessen werden.

Bei indirekten Methoden wird die Reaktion des Körpers auf ein Sensorelement übertragen, dass dann wiederum zur Wandlung verwendet wird. Dies kann z.B. bei einem wegmessenden Sensor die Auslenkung des Körpers sein, wenn dieser durch die Kraft gegen eine Feder gedrückt wird. Die Größe der Auslenkung ist dann ein Maß für die wirkende Kraft, so dass ein Wegsensor zur Wandlung verwendet werden kann. Ein Beispiel für einen spannungsmessenden indirekten Kraftsensor ist die Verwendung von piezoresistiven Dehnungsmessstreifen, die auf den Körper aufgebracht werden. Die spannungsbedingte Verformung des Körpers führt so zu einer Änderung der Geometrie der DMS und damit des Widerstands, der dann gemessen wird.

### 4.6.1 Direkter Kraftsensor: piezoelektrischer Effekt

Beim piezoelektrischen Kraftsensor wird die von außen wirkende Kraft direkt in ein elektrisches Signal, eine Spannung, umgewandelt (s. Kapitel 3.6). Der Vorteil dieser Methode liegt darin, dass keine nicht-elektrische Zwischengröße benötigt wird, die Auswerteelektronik relativ einfach ist und auch dynamische Kräfte mit Frequenzen von mehr als 100 kHz erfasst werden können.

### Beispiel

Ein Beispiel für einen piezoelektrischen Kraftsensor ist der Endevco Model 2312 Sensor der Endevco Corporation [11]. Der Kraftsensor kann Kräfte bis 67 kN messen, die Resonanzfrequenz beträgt 75 kHz. Als primäre elektrische Größe liefert der einfache passive Wandler die durch die mechanische Verformung auftretende elektrische Ladung bei einer Kapazität von 18 pF. Eingesetzt werden kann der Sensor im Temperaturbereich von -73 °C bis +260 °C. Der Sensor wiegt nur 28 Gramm.

### 4.6.2 Indirekter Kraftsensor: piezoresistiver Dehnungsmessstreifen

Der piezoresistive Effekt wird durch sogenannte Dehnungsmessstreifen (DMS) ausgenutzt, die eine Verformung durch mechanischen Stress in eine kleine relative Widerstandsänderung umsetzen. Zur Verstärkung des Effekts wird das piezoresistive Material in einer Mäanderstruktur (Abbildung 4.24) angeordnet, so dass sich die absolute Längenänderung vergrößert. Zur besseren messtechnischen Auswertung werden mehrere DMS zu Messbrücken zusammengeschaltet. So werden zum Beispiel vier DMS in einer Vollbrückenanordnung eingesetzt. Dabei wird je ein DMS einer Halbbrücke, einmal der untere, einmal der obere einer Halbbrücke, möglichst so angeordnet, dass der mechanische Stress eine Stauchung bewirkt, die beiden anderen DMS möglichst derart, dass der mechanische Stress eine Dehnung bewirkt. Dadurch werden die piezoresistiven Effekte für die Ausgangsspannung der Brücke verstärkt.

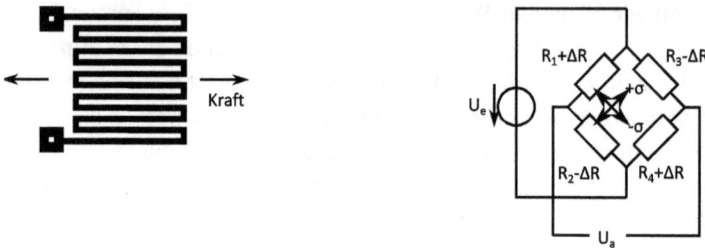

**Abb. 4.24.** Mäanderförmiger Dehnungsmessstreifen (links); Vollbrücke aus vier DMS (rechts)

Bei der in Abbildung 4.24 dargestellten Vollbrückenschaltung von vier DMS ergibt sich die Ausgangsspannung als Differenz der Spannungen der beiden Spannungsteiler:

$$U_a = U_e \cdot \left( \frac{R_2 - \Delta R}{R_1 + \Delta R + R_2 - \Delta R} - \frac{R_4 - \Delta R}{R_3 - \Delta R + R_4 + \Delta R} \right)$$

$$= U_e \cdot \left( \frac{R_2 - \Delta R}{R_1 + R_2} - \frac{R_4 + \Delta R}{R_3 + R_4} \right) \tag{4.29}$$

Sind die Widerstände im unbelasteten Zustand gleich ($R_i$ = R) mit $i$ = 1ˇ – 4), so ergibt sich die Ausgangsspannung als direkt proportional zur relativen Widerstandsänderung bzw. zur relativen Längenänderung und zur mechanischen Spannung:

$$U_a = -U_e \cdot \frac{\Delta R}{R} = -U_e \cdot K \cdot \frac{\Delta l}{l} = -U_e \cdot K \cdot \epsilon = -U_e \cdot K \cdot \frac{\sigma}{E} \tag{4.30}$$

In Abhängigkeit vom K-Faktor ergibt sich demnach eine unter Umständen sehr kleine Ausgangsspannung. Bei Platin beträgt diese bei einer Dehnung von $\epsilon$ = 0.1% gerade einmal 0.6% der Eingangsspannung. Bei n-dotiertem Silizium dagegen ergibt sich bei gleicher Dehnung ein Wert von 10% der Eingangsspannung.

Werden DMS als Kraftsensor eingesetzt, so werden sie auf dem Körper plaziert, auf den die Kraft wirkt und der sich durch die Krafteinwirkung verformt. Dabei messen sie nur die lokal auftretenden Verformungen aufgrund der wirkenden Kraft. Es ist demnach sehr genau darauf zu achten, dass die DMS an Positionen auf dem Körper angebracht werden, an denen zum einen eine für die Kraft repräsentative Verformung auftritt, zum anderen ausreichend große mechanische Spannungen eine auswertbare Widerstandsänderung ergibt. Des Weiteren muss die mechanische Verbindung von Körper und DMS so fest sein, dass die mechanischen Spannungen des Körpers reproduzierbar auf die DMS übertragen werden.

Aufgrund der Anforderungen an die exakte Positionierung der DMS werden Kraftsensoren auf Basis von Dehnungsmessstreifen häufig speziell für eine Anwendung konstruiert. Dann ist eine entsprechende Elektronik zur Spannungsversorgung und Auswertung applikationsspezifisch zu entwickeln.

**Beispiel**

Ein Standard-Kraftsensor auf Basis einer DMS Vollbrücke ist der KMB52 der MEGATRON Elektronik AG, der Kräfte bis 10 kN messen kann [24]. Dieser intelligente Sensor mit Abmessungen von 52 mm x 22 mm verfügt über eine integrierte Auswerte- und Logikeinheit. Der Sensor kann kalibriert werden und bietet die Möglichkeit, dass die Messdaten neben einer Zweidraht-Stromschnittstelle (4 – 20 mA) auch über digitale Schnittstellen wie RS232 oder USB ausgegeben werden. Zudem bietet die interne Logik zahlreiche Zusatzfunktionalitäten wie eine Tarierung (Zurücksetzen des Ausgangssignal auf das Nullsignal der Kalibrierung), Grenzwerterkennung oder Zustandserkennung.

## 4.7 Druck

Der Druck $p$ ist ein Spezialfall der mechanischen Spannung und ist definiert als Kraft $\vec{F}$, die senkrecht auf eine Fläche $\vec{A}$ wirkt:

$$p = \frac{|\vec{F}|}{|\vec{A}|} \tag{4.31}$$

In Flüssigkeiten und Gasen wirkt der Druck auf alle umgebenden Flächen gleich stark. Die Einheit des Drucks ist Pascal, $1\,\text{Pa} = 1\,\text{Nm}^{-2}$. Technisch relevante Drücke reichen von 10 Pa (z.B. Klimatechnik) bis zu 100 MPa (Hydraulik und Einspritzsysteme für Dieselmotoren) und darüber hinaus.

In Festkörpern wird in der Regel die Kraft gemessen, Druck wird vornehmlich in Flüssigkeiten und Gasen gemessen. Eine direkte Wandlung des Drucks in eine elektrische Größe ist nicht möglich, sondern der Druck muss zunächst in eine nicht-elektrische Zwischengröße umgewandelt werden, die dann wiederum in eine elektrische Messgröße transformiert wird.

Grundprinzip der Wandlung des Drucks ist eine mechanische Umformung und damit die Erzeugung einer nicht-elektrischen Zwischengröße. Dies kann, wie bei klassischen mechanischen Druckmessgeräten (Manometern), eine Feder oder eine Flüssigkeitssäule sein, auf die der Druck wirkt. Der Druck führt zu einer Auslenkung der Feder bzw. einem Verschieben der Flüssigkeitssäule. Die mechanische Auswirkung der Drucks kann dann direkt abgelesen werden.

Soll der Druck mittels eines elektrischen Sensors erfasst werden, so ist die nicht-elektrische Zwischengröße, die mechanische Umformung, durch ein geeignetes physikalisches Prinzip in ein elektrisches Signal zu wandeln. Abbildung 4.25 zeigt dieses Grundprinzip der Wandlung für einen Sensor in MEMS Technologie: eine dünne Membran, auf die der zu messende Druck wirkt, wird verformt. Diese Verformung kann dann mit physikalischen Effekten, z.B. kapazitiv oder piezoresistiv, in eine primäre elektrische Größe gewandelt werden. Wie aus dem Prinzip der Membranverformung zu erkennen ist, hängt die Verformung davon ab, welcher Druck auf der Unterseite der Membran herrscht. Der Druck wird bei dieser Methode also immer im Vergleich zu einem anderen Druck gemessen.

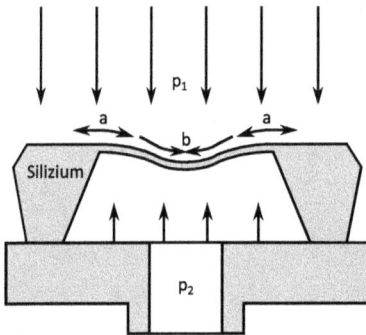

**Abb. 4.25.** Drucksensor: Verformung der Messmembran durch externen Druck $p_1$ relativ zu $p_2$

So kann die Druckmessung, wie in Abbildung 4.26 dargestellt, absolut oder relativ zu einem definierten Referenzdruck erfolgen. In diesen Fällen ist das Volumen unterhalb der Membran abgeschlossen und in dem Volumen herrscht ein Vakuum bzw. ein definierter Referenzdruck. Bei den differentiellen Druckmessungen dagegen ist das Volumen unterhalb der Membran nicht abgeschlossen, sondern steht in Verbindung zur Außenwelt (in der nicht der zu messende Druck herrscht). Dies kann der Luftdruck der Umgebung sein, so dass der Druck relativ zum Umgebung gemessen wird, oder ein anderer zu messender Druck, so dass eine Vergleichsmessung der beiden Drücke durchgeführt werden kann.

MEMS-Drucksensoren nutzen entweder den piezoresistiven oder den kapazitiven Effekt, um die Auslenkung der Membran, die in der Größenordnung von 1 µm liegt, und damit den Druck zu messen.

Bei kapazitiven MEMS-Drucksensoren wird sowohl die Membran als auch die feste Grundplatte mit jeweils einer Elektrode des Messkondensators (Plattenfläche $A$) bestückt, so dass sich als Kapazität ergibt (Abbildung 4.27 links):

$$C = \frac{\epsilon_0 A}{d} \tag{4.32}$$

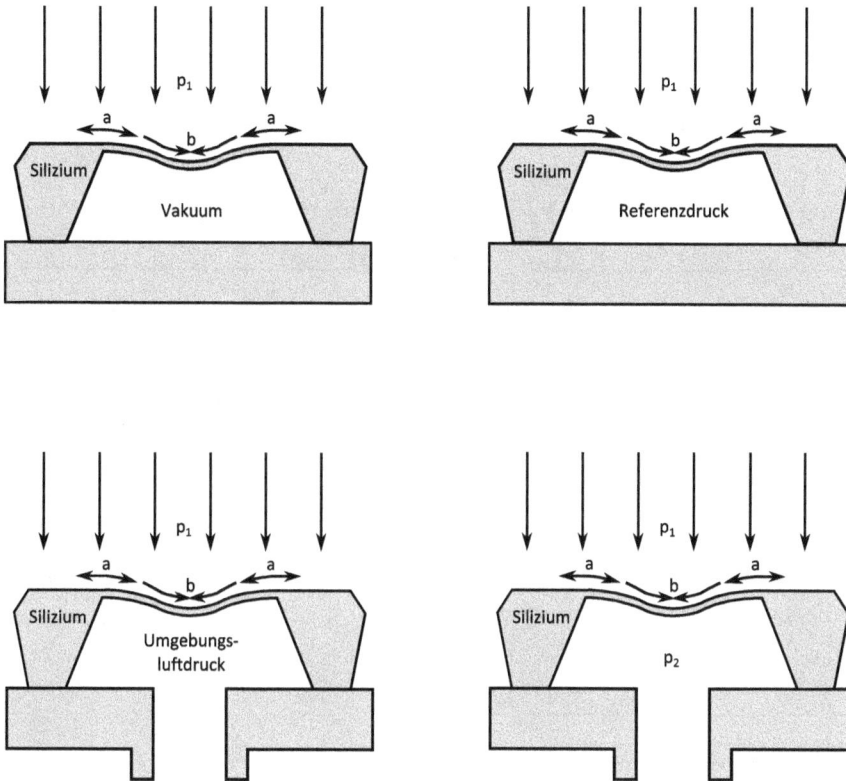

**Abb. 4.26.** Drucksensoren mit unterschiedlichen Vergleichsdrücken

Durch die Verformung der Membran ändert sich der Abstand $d$ der Kondensatorplatten. Für kleine Auslenkungen ($\Delta d \ll d$) kann die daraus resultierende Änderung der Kapazität linearisiert werden:

$$\Delta C = -\frac{\epsilon_0 A}{d^2} \Delta d \qquad (4.33)$$

Die Auswerteelektronik wird bei kapazitiven MEMS-Drucksensoren direkt in den intelligenten Sensor integriert, entweder auf einem Chip mit der Druckmembran oder auf einem separaten Chip.

Piezoresistive MEMS-Drucksensoren nutzen den mechanischen Stress, der durch die Verformung in der Membran auftritt. Durch Plazierung von DMS an geeigneten Stellen der Membran, an denen hoher mechanischer Stress auftritt, kann eine Vollbrücke aufgebaut werden, die zur Erzeugung der primären elektrischen Größe verwendet wird (Abbildungen 4.27 und 4.28). Die Auslenkung der Membran liegt normalerweise in der Größenordnung von <1 μm, so dass sich sehr kleine Ausgangsspannungen ergeben:

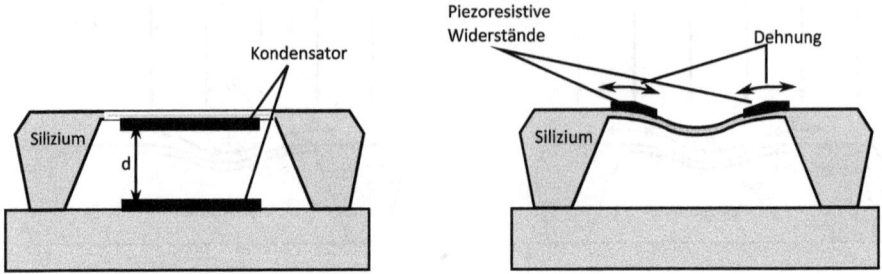

**Abb. 4.27.** Aufbau eines kapazitiven MEMS-Drucksensors (links) und eines piezoresistiven MEMS-Drucksensors (rechts)

$$U_a = -U_e \frac{\Delta R}{R} \tag{4.34}$$

Da der piezoresistive Effekt stark temperaturabhängig ist, muss zusätzlich eine Temperaturkompensation integriert werden. Dies kann z.B. mittels eines zusätzlichen Widerstands zwischen Versorgungsspannung und Messbrücke oder durch eine temperaturabhängige Spannungsquelle realisiert werden.

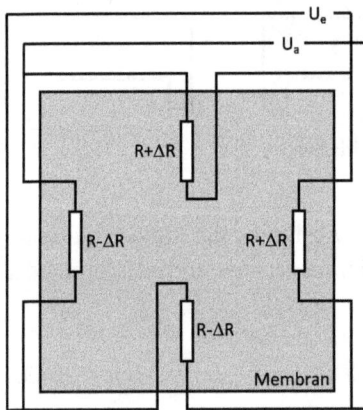

**Abb. 4.28.** Aufsicht auf die Membran mit piezoresistiven Widerständen in Vollbrückenschaltung: schematische Darstellung

Piezoresistive MEMS-Drucksensoren sind intelligente Sensoren, bei denen die Auswert- und Digitalelektronik im Sensor integriert ist. Dies kann wiederum auf einem Chip oder auf zwei separaten Chips in dem Sensor geschehen.

**Beispiel**

Der SMP480 ist ein Luftdrucksensor der Bosch GmbH für einen Messbereich von 40 kPa bis 115 kPa [9]. Der Sensor arbeitet auf Basis des piezoresistiven Effekts mit Temperaturkompensation wie oben beschrieben und kann im Temperaturbereich $-40°$ – $+130°$ eingesetzt werden, um den Druck absolut zu messen (Vakuum als Referenzdruck). Die im Sensor integrierte Auswerteelektronik ist auf einem separaten ASIC (Application Specific Integrated Circuit) realisiert und ermöglicht eine digitale Übertragung der Messwerte (Druck und Temperatur) mit einer Auflösung von 12 Bit über eine SPI-Schnittstelle. Die integrierte Elektronik ermöglicht zudem einen Selbsttest des Sensors. Das Gehäuse hat 10 Pins und Abmessungen von 5.7 mm x 6.9 mm x 2.4 mm.

## 4.8 Beschleunigung

Die Beschleunigung $\vec{a}(t)$ ist die zeitliche Änderung der Geschwindigkeit $\vec{v}(t)$ eines Objekts mit Masse $m$:

$$\vec{a}(t) = \frac{d\vec{v}(t)}{dt} = \frac{d^2\vec{x}(t)}{dt^2} \qquad (4.35)$$

Eine negative Beschleunigung entspricht dabei einer Verzögerung. Abbildung 4.29 zeigt typische Beschleunigungen in Einheiten der Erdbeschleunigung $g = 9.81 ms{-2}$.

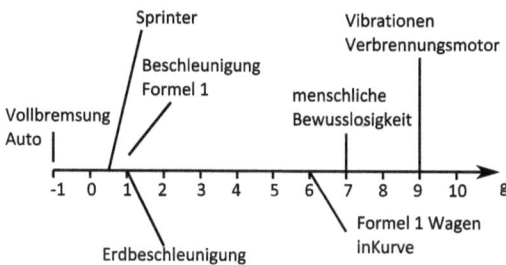

**Abb. 4.29.** Größenordnungen von Beschleunigungen

Gemäß dem 2. Newton'schen Gesetz wird die Beschleunigung durch eine einwirkende Kraft hervorgerufen:

$$\vec{F}(t))m \cdot \vec{a}(t) = m \cdot \frac{d\vec{v}(t)}{dt} = m \cdot \frac{d^2\vec{x}(t)}{dt^2} \qquad (4.36)$$

Kraft und Beschleunigung sind demnach proportional, so dass die Messung einer Beschleunigung auf die Messung einer Kraft zurückgeführt werden kann (wenn die Masse $m$ bekannt ist). Die Trägheit der Masse wird dabei bei Beschleunigungssensoren ausgenutzt .

Kernelement eines Beschleunigungssensors, insbesondere in MEMS Technologie, ist eine seismische Masse . Dabei kann zwischen wegmessenden und spannungsmessenden Sensoren unterschieden werden.

Bei wegmessenden Sensoren ist die seismische Masse über ein elastisches Material an einem festen Gehäuse befestigt. Wird das Gehäuse beschleunigt, so wird durch die Trägheit der seismischen Masse eine Kraft auf das elastische Material ausgeübt und dieses verformt. Diese Verformung bzw. die Auslenkung der seismischen Masse durch die Beschleunigung kann dann mit unterschiedlichen physikalischen Effekten, z.B. kapazitiv oder piezoresistiv, gemessen werden. Abbildung 4.30 zeigt links eine schematische Darstellung einer seismischen Masse $m$, die über einen dünnen und daher elastischen Steg mit dem festen Gehäuse verbunden ist. Erfolgt eine Beschleunigung in vertikaler z-Richtung, so wird sich der elastische Steg durch die Kraft $F_z$ auf die seismische Masse entsprechend verformen. Die auf den Steg aufgebrachten DMS werden auch verformt und die Widerstandsänderung ist so ein Maß für die Beschleunigung. Wegmessende Sensoren können sowohl statische (konstante) als auch dynamische Beschleunigungen messen.

Bei spannungsmessenden Beschleunigungssensoren wird der piezoelektrische Effekt genutzt. Durch die Beschleunigung des Objekts wird eine mechanische Spannung auf den piezoelektrischen Kristall ausgeübt. Der piezoelektrische Effekt wandelt diese Verformung in eine elektrische Spannung um, die von der Auswerteelektronik erfasst wird. Aufgrund der Hochpass-Charakteristik des Piezoelements sind spannungsmessende Beschleunigungssensoren nur für dynamische Beschleunigungen geeignet, nicht für statische.

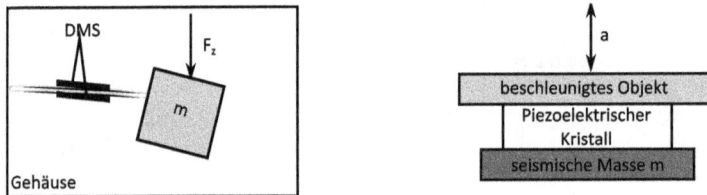

**Abb. 4.30.** Beschleunigungssensoren mit seismischer Masse: Biegebalken mit DMS (links) und piezoelektrischer Kristall (rechts)

### 4.8.1 Wegmessender Beschleunigungssensor

Wegmessende Beschleunigungssensoren auf MEMS Basis verwenden ein Feder-Masse-System, wie beispielhaft in Abbildung 4.31 links dargestellt. Die seismische Masse mit kammförmigen Elektroden ist federnd aufgehängt. Zu beiden Seiten der beweglichen Elektroden stehen feste Elektroden, ebenfalls mit Kammstruktur. Durch die so realisierte Parallelschaltung der durch die festen und beweglichen Elektroden gebildeten Einzelkapazitäten können die beiden Gesamtkapazitäten $C_1$ und $C_2$ erhöht werden.

Wird der Sensor beschleunigt, so wird die Kammstruktur der seismischen Masse linear aus der Ruhelage (Abstand $d$ der Kondensatorplatten) ausgelenkt. Dies führt zu einer Änderung der beiden Kapazitäten $C_1$ und $C_2$, die als Differentialkondensatoren verschaltet sind durch die Auslenkung vergrößert sich die eine Kapazität um $+\Delta C$, wohingegen sich die andere um $\check{}\Delta C$ verringert. Der Einsatz des Differentialkondensators linearisiert das Ausgangssignal und kompensiert Temperatureinflüsse.

Wird der Differentialkondensator als Halbbrücke einer Messbrücke wie in Abbildung 4.31 rechts dargestellt verwendet, so erhält man bei Anlegen einer Wechselspannung $\underline{u}_e$ der Frequenz $\omega$ eine Ausgangsspannung, die linear von der Verschiebung $\Delta d$ abhängt.

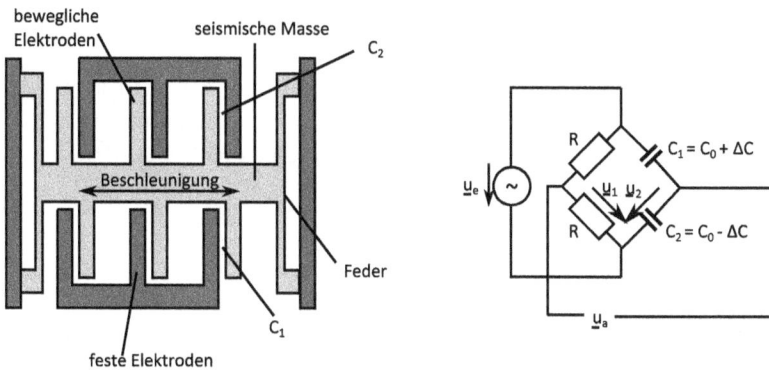

**Abb. 4.31.** Beschleunigungssensor mit Kammstruktur an Differentialkondensatoren (links) und Vollbrücke mit Differentialkondensator als Auswerteschaltung (rechts)

In Ruhelage betragen die Kapazitäten:

$$C_1 = C_2 = \frac{\epsilon A}{d} \tag{4.37}$$

Durch eine Verschiebung der seismischen Masse um $\Delta d$ aus der Ruhelage $d$ ändern sich die Kapazitäten:

$$C_1 = \frac{\epsilon A}{d - \Delta d} \tag{4.38}$$

$$C_2 = \frac{\epsilon A}{d + \Delta d} \tag{4.39}$$

Die Impedanzen der beiden Kapazitäten lauten damit:

$$\underline{Z}_{C1} = \frac{1}{j\omega C_1} = \frac{d - \Delta d}{j\omega\epsilon A} \tag{4.40}$$

$$\underline{Z}_{C2} = \frac{1}{j\omega C_2} = \frac{d + \Delta d}{j\omega \epsilon A} \tag{4.41}$$

Somit ergibt sich für den Spannungsabfall $\underline{u}_2$ am kapazitiven Spannungsteiler:

$$\underline{u}_2 = \underline{u}_e \cdot \frac{\underline{Z}_{C2}}{\underline{Z}_{C1} + \underline{Z}_{C2}} = \underline{u}_e \cdot \frac{\Delta d}{2d} \tag{4.42}$$

Als Ausgangsspannung der kapazitiven Messbrücke ergibt sich:

$$\underline{u}_a = \underline{u}_1 - \underline{u}_2 = \frac{\underline{u}_e}{2} - \underline{u}_e \cdot \frac{\Delta d}{2d} = -\underline{u}_e \cdot \frac{\Delta d}{2d} \tag{4.43}$$

Die Strukturen der Sensorkomponenten wie Federn und Kammstrukturen sind sehr klein, wie bereits in 2.23 dargestellt. Der innere Aufbau eines Beschleunigungssensors ist in Abbildung 4.32 zu erkennen. Der digitale Logik-Chip ist auf den eigentlichen Sensor-Chip montiert. Durch dünne Bonddrähte sind die Chips elektrisch miteinander verbunden. Zudem ist der Logik-Chip mit den Pins des Gehäuses verbunden, um den elektrischen Kontakt zur Außenwelt darzustellen.

Beim 2-achsigen Sensor ist die seismische Masse an den Ecken in x- und y-Richtung federnd gelagert. Die Auslenkungen durch die Beschleunigungen in x- und y-Richtung können dann durch jeweiligen Kammstrukturen detektiert werden.

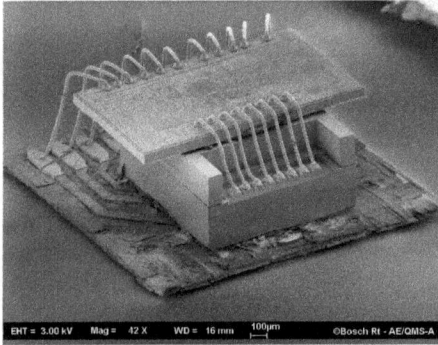

**Abb. 4.32.** Innerer Aufbau eines Beschleunigungssensors mit Chip-on-Chip Montage (mit freundlicher Genehmigung von Bosch Sensortec)

Kapazitive MEMS Beschleunigungssensoren sind intelligente Sensoren, deren Treibe- und Auswerteelektronik im Sensor integriert sind. Aufgrund der mechanischen Geometrie der seismischen Masse ist die Bandbreite von kapazitiven Beschleunigungssensoren auf einige hundert kHz beschränkt, so dass diese Sensoren vor allem für relative langsamere Beschleunigungsänderungen eingesetzt werden.

**Beispiel**

Ein Beispiel für einen 2-achsigen Beschleunigungssensor mit integriertem Dreh-ratensensor ist der 0265005642 der Robert Bosch GmbH, der insbesondere für An-wendungen im Automobil wie ESP entwickelt worden ist [6]. Beschleunigungen in x-und y-Richtung können bis 1.8 g bestimmt werden.

Die Signale der jeweiligen Sensoren werden aufbereitet und per SPI an einen in-ternen Mikrocontroller übertragen. Die Übertragung der Sensordaten an externe Steu-ergeräte erfolgt über eine CAN-Busschnittstelle, so dass der Sensor direkt in ein CAN-Netzwerk eingebunden werden kann.

Um den Sensorcluster (2 Beschleunigungssensoren und ein Drehratensensor) in automotive Anwendungen einsetzen zu können, ist dieser in ein entsprechend dich-tes Gehäuse mit einem 4-poligen Stecker (Masse, Versorgungsspannung, CAN-H und CAN-L) eingebaut (Abbildung 4.33 rechts).

Abbildung 4.33 zeigt die lineare Kennlinie der Beschleunigungssensoren des 0265005642, die die Zuordnung der Beschleunigungswerte zu den über CAN übertra-genen Daten darstellt. Wird der Sensor mit mehr als ±1.8 g beschleunigt, so wird der jeweilige Grenzwert (upper and lower limitation) ausgegeben.

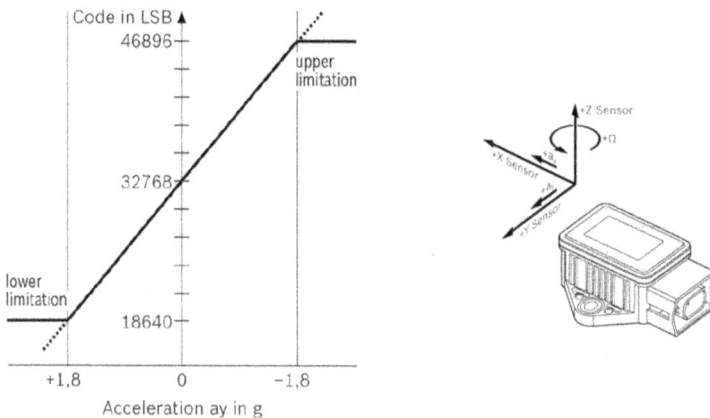

**Abb. 4.33.** Kennlinie des y-Achsen-Beschleunigungssensors vom 0265005642 (links); Lage der sensitiven Achsen sowie Gehäusezeichnung (rechts) [6]

### 4.8.2 Spannungsmessender Beschleunigungssensor

Spannungsmessende Beschleunigungssensoren nutzen den piezoelektrischen Effekt: ein piezoelektrischer Kristall wird mit dem Gehäuse des Sensors verbunden. Auf dem Kristall wird eine Masse befestigt (s. Abbildung 4.30 rechts)). Durch die Trägheit dieser Masse wird durch eine Beschleunigung eine mechanische Spannung auf den piezoelektrischen Kristall ausgeübt, aus der eine elektrische Spannung resultiert. Diese ist ein Maß für die mechanische Spannung und damit für die Beschleunigung.

Aufgrund der Zeitkonstanten der Kapazität mit parallelem internem Widerstand und der damit verbundenen Hochpass-Charakteristik sind piezoelektrische Beschleunigungssensoren für statische Beschleunigungen nicht geeignet sondern werden für dynamische Beschleunigungen mit Frequenzen > 1 Hz eingesetzt. Insbesondere für die Erfassung vom Schwingungen und Vibrationen sind piezoelektrische Beschleunigungssensoren geeignet.

Die primäre elektrische Ausgangsgröße, die Ladung, muss auf jeden Fall verstärkt werden, entweder intern im Sensor oder extern. Dabei ist aufgrund der hohen Ausgangsimpedanz auf eine geeignete Verstärkungsschaltung zur Erzeugung des Ausgangssignals, Ladung oder Spannung, zu achten. Dementsprechend handelt es sich bei piezoelektrischen Beschleunigungssensoren um einfache Wandler bzw. integrierte Sensoren.

Werden piezoelektrische Beschleunigungssensoren als Vibrationssensor eingesetzt, so muss das Sensorsignal durch einen externen Bandpass gefiltert werden, um die relevanten Frequenzanteile der Vibration zu extrahieren.

**Beispiel**
Der Model 705 Accelerometer ist ein piezoelektrischer Beschleunigungssensor der Firma measurement SPECIALITIES[TM] [22]. Der Sensor ist in ein vollgekapseltes TO-5 Gehäuse mit 3 Pins integriert und kann Beschleunigungen bis 4000 g mit einer Empfindlichkeit von minimal 5 $pCg^{-1}$ messen. Die Werte für die Kapazität und den Isolationswiderstand betragen 600 pF bzw. >100 MΩ, so dass sich eine Zeitkonstante von 60 ms ergibt. Die Bandbreite beträgt 8 kHz.

## 4.9 Neigung

Als Neigung wird die relative Lage einer Richtung in Bezug auf die Horizontale bezeichnet, also der Winkel zwischen relativer Lage und Horizontaler. Dies betrifft sowohl die Neigung um die Quer- als auch um die Längsachse, also den Nickwinkel bzw. den Rollwinkel.

Alternativ, und in vielen MEMS-Sensoren so genutzt, wird der Winkel zwischen der Lage und der Lotrechten, also senkrecht zur Horizontalen, gemessen. In diesem

Fall kann das Gravitationsfeld als lotrechte Referenzachse dienen und der Winkel mit geeigneten Sensoren bestimmt werden.

Zwei wichtige Methoden zur Bestimmung der Neigung, die in der Sensorik einge-setzt werden, sind Rotationssensoren und Gravitationssensoren (Tilt-Sensoren). Bei Rotationssensoren wird der Winkel zwischen einer Referenzrichtung und dem Mes-sobjekt bestimmt. Dazu wird zum Beispiel der Sensor mit definierter Richtung (z.B. sensitiver Achse bei einem Hall-Sensor) an einem starren Bezugssystem befestigt. An dem rotierenden bzw. sich neigenden Messobjekt befindet sich entweder eine mecha-nische Kopplung zum Sensor oder eine entsprechende Erregung des Sensors (z.B. Per-manentmagnet). So kann der Winkel relativ zur Referenzachse und damit die Neigung bestimmt werden.

Bei Gravitationssensoren wird kein externes Referenzsystem benötigt, sondern das Gravitationsfeld der Erde wird als Lot verwendet. Durch die Verwendung der Gra-vitationskraft, die senkrecht zur Erdoberfläche gerichtet ist, als Referenz können sehr kleine Sensoren, teilweise in MEMS Technologie, realisiert werden, die unabhängig von der Einbausituation und Einbaulage sind. In beschleunigten Systemen, wie zum Beispiel Autos, überlagern sich die Beschleunigungskraft und die Gravitationskraft, so dass durch geeignete Filtermaßnahmen der Beitrag der Neigung zu extrahieren ist.

So kann das Prinzip der MEMS-Beschleunigungssensoren (s. Kapitel 4.8) für Nei-gungssensoren eingesetzt werden, z.B. als 3-dimensionaler Sensor, der die Beschleu-nigung in alle drei Raumachsen messen kann. Durch die Gravitation wird die seis-mische Masse ausgelenkt und die Auslenkung wird für alle drei Raumrichtungen be-stimmt. Durch das Verhältnis der Auslenkungen zueinander kann dann auf den Nei-gungswinkel zurückgeschlossen werden.

## Beispiel

Ein Beispiel für einen hochintegrierten, intelligenten MEMS-Sensor, der auch als Nei-gungssensor eingesetzt werden kann, ist der MPU-60X0$^{TM}$ der InvenSense Inc [17]. Dieser Sensor hat u.a. drei unabhängige Drehratensensoren und drei unabhängige Beschleunigungssensoren integriert. Die Messbereiche der Beschleunigungssensoren können zwischen 0 – ±2 g und 0 – ±16 g programmiert werden. Dieser Sensor kann zur Neigungsmessung verwendet werden: liegt er zum Beispiel auf einer horizonta-len Fläche, so wird eine Beschleunigung von 1 g in z-Richtung gemessen, in x- und y- Richtung 0 g. Wird der Sensor gekippt um die Querachse geneigt, so variieren die Sensorsignale in x- und z-Richtung mit dem Neigungswinkel $\alpha$:

$$u_x \propto g \cdot \sin(\alpha) \tag{4.44}$$

$$u_y \propto g \cdot \cos(\alpha) \tag{4.45}$$

Die analogen Signale der Sensoren werden messtechnisch im Sensor aufbereitet, digitalisiert und durch einen dedizierten digitalen Signalprozessor (DSP) bearbeitet, gefiltert und ausgewertet. Übertragen werden die Daten über eine I2C-Schnittstelle. Der Sensor befindet sich in einem kleinen 24-Pin Gehäuse mit Abmessungen von nur 4 mm x 4 mm x 0.9 mm. Aufgrund der MEMS Technologie ist der Sensor sehr robust gegen externe Erschütterungen und kann Beschleunigungen bis 10000 g aushalten. Das Blockdiagramm des Sensors ist in Abbildung 4.34 dargestellt.

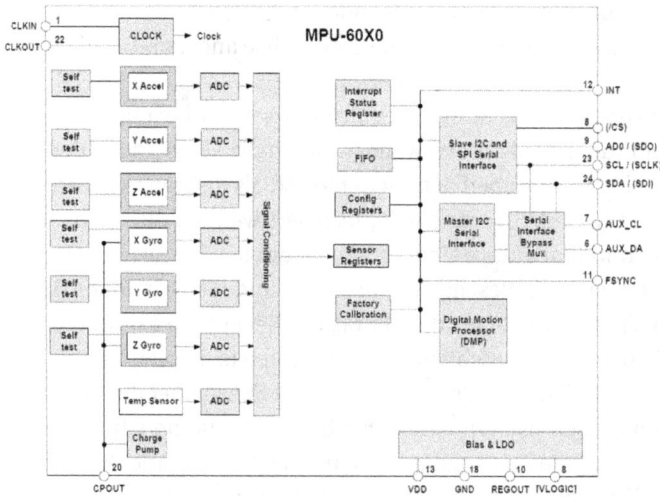

**Abb. 4.34.** Blockdiagramm des Drehraten- und Beschleunigungssensors MPU-60X0™ [17]

Einen anderen physikalischen Effekt nutzen konduktometrische Neigungssensoren. Diese arbeiten nach dem Prinzip der Wasserwaage:

Eine Kammer im Sensor ist mit einer elektrolytischen Flüssigkeit gefüllt. Diese Flüssigkeit weist aufgrund der Erdanziehung eine horizontale Oberfläche auf, unabhängig von der Kammer bzw. der Orientierung. Oberhalb des Elektrolyt befindet sich Luft. Zwei Elektrodenpaare an der Neigungsachse des Sensors erzeugen jeweils ein elektrisches Streufeld (Abbildung 4.35), dessen Amplitude von der angelegten Wechselspannung und der elektrolytischen Leitfähigkeit abhängt. Dabei hängt die elektrolytische Leitfähigkeit insbesondere von der Ionenkonzentration ab.

Wird der Sensor gekippt, verändert sich die Füllhöhe des Elektrolyts über den beiden Elektrodenpaaren, da die Flüssigkeitsoberfläche horizontal bleibt. Dadurch ändern sich die elektrolytische Leitfähigkeit (durch geänderte Anzahl an Ionen über den Elektrodenpaaren) und damit das Streufeld. Die Änderung der elektrolytischen Leitfähigkeit ist demnach ein Maß für den Neigungswinkel des Sensors.

Generell kann mit konduktometrischen Neigungssensoren der Winkel nur in einem gewissen Bereich (bis ca. 30°) gemessen werden, da ab einem gewissen Nei-

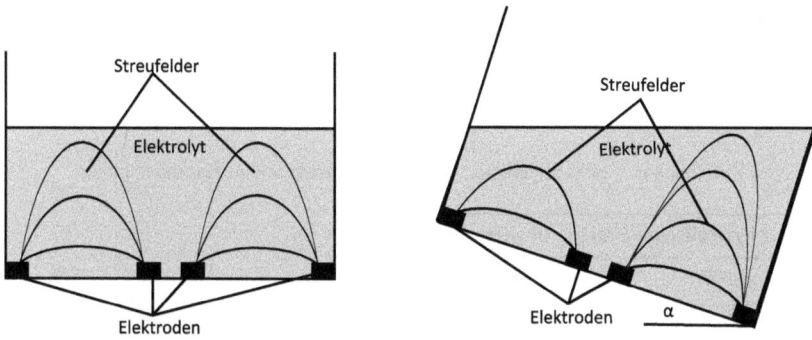

**Abb. 4.35.** Konduktometrisches Messprinzip bei einem Neigungssensor

gungswinkel ein Elektrodenpaar nicht mehr komplett mit dem Elektrolyt bedeckt ist. Aufgrund der Leitfähigkeit des Elektrolyts sind die Signale temperaturabhängig, so dass eine Temperaturkompensation vorgenommen werden muss.

Konduktometrische Neigungssensoren sind intelligente Sensoren, die sowohl die Ansteuer- als auch die Auswerteelektronik integriert haben.

### Beispiel

Die Neigungssensoren der DPL Serie von measurement SPECIALITIES™ können für zwei Achsen den Neigungswinkel in einem Messbereich von bis zu ±30° mit einer Auflösung von 0.001° messen [21]. Ein integrierter Mikrocontroller filtert und linearisiert die Signale, um Vibrationen und Stöße zu unterdrücken. Die Winkeldaten werden digital über eine RS232 Schnittstelle oder analog übertragen. Die Abmessungen dieser Art von Sensoren sind recht groß, da sie prinzipbedingt ein eigenes Gehäuse für die Messeinheit mit dem Elektrolyt benötigen. Im Falle der DPL Serie betragen die Abmessungen 45 mm x 45 mm x 14 mm.

## 4.10 Weg

Der Weg als zentrale geometrische Größe kann sowohl eine interne als auch externe Größe sein. Im ersten Fall sollen Wege innerhalb des Systems gemessen werden, in der Regel mit Hilfe eines positionsgebenden Elements. Als externe Größe wird der Weg als Abstand gemessen, also die Entfernung zwischen Sensor und einem Objekt. Wird nicht nur der Abstand zwischen zwei Punkten gemessen, sondern großflächig der Abstand bestimmt, so können auch die 3D-Konturen von Gegenständen ermittelt und so ein 3D-Abbild erzeugt werden.

Sowohl zur Weg- als auch zur Abstandmessung sind unzählige Sensoren verfügbar, die auf einer Vielzahl von physikalischen Effekten beruhen. Tabelle 4.3 zeigt eine Auswahl an Sensoren und Messprinzipien.

**Tab. 4.3.** Ausgewählte Sensoren bzw. physikalische Effekte zur Weg- und Abstandsmessung

| Messgröße | Physikalischer Effekt | Ungefähre Messstrecken |
| --- | --- | --- |
| Weg | Induktiv | 2 mm – 1 m |
| | Optisch inkrementell | – beliebig |
| | Photoelektrisch | – 10 m |
| | Magnetoresistiv | 25 mm – 8 m |
| | Magnetisch | – beliebig |
| | Potentiometrisch | – 1 m |
| Abstand | Induktiv | 0.1 mm – 50 mm |
| | Kapazitiv | – 20 mm |
| | Optisch (Stereo) | 20 mm – beliebig |
| | Radar | – beliebig |
| | Ultraschall | – 10 m |
| | Time-of-Flight (TOF) | – 50 m |

### 4.10.1 Potentiometrischer Wegsensor

Berührende Sensoren, die auf dem potentiometrischen Prinzip beruhen, sind immer noch wichtige Wegsensoren. Sie verwenden einen Spannungsteiler mit verschiebbarem Abgriff, wie in Abbildung 4.36 links dargestellt. Die beiden Teilwiderstände $R_1$ und $R_2$ des Schleifpotentiometers hängen somit direkt vom zu messenden Weg $x$ ab:

$$R_1 = (1 - x) \cdot R_{ges} \tag{4.46}$$

$$R_2 = x \cdot R_{ges} \tag{4.47}$$

Die Ausgangsspannung $U_a$ ist dann direkt proportional zum Weg $x$:

$$U_a = U_e \cdot \frac{R_2}{R_1 + R_2} = U_e \cdot x \tag{4.48}$$

Dieser lineare Zusammenhang gilt streng genommen nur für einen unbelasteten Spannungsteiler, ansonsten führt die Belastung des Spannungsteilers (Abbildung 4.36 rechts) zu einer Nicht-Linearität des Ausgangssignals:

$$U_a = U_e \cdot \frac{R_2 \cdot R_a}{R_1 \cdot R_2 + R_a \cdot (R_1 + R_2)} \approx U_e \cdot x \tag{4.49}$$

Für ausreichend große Lastwiderstände $R_a$ ($\approx$ Faktor 1000 größer als $R_{ges}$) kann die Kennlinie sehr gut linearisiert werden mit einem Fehler < 0.05%.

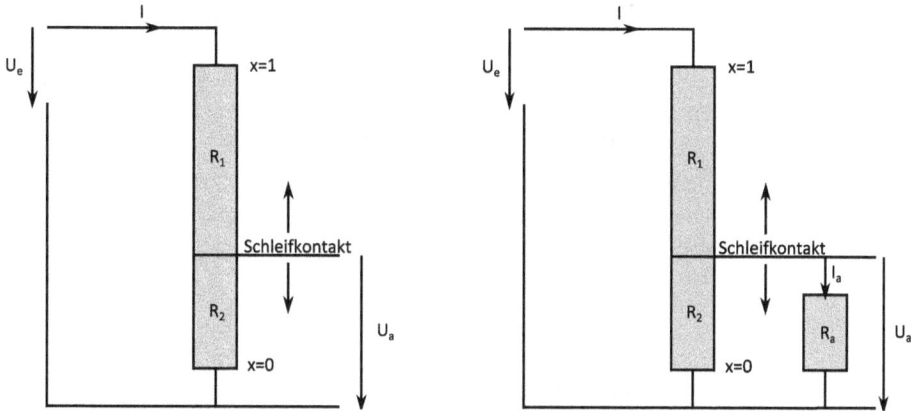

**Abb. 4.36.** Unbelasteter (links) und belasteter (rechts) Spannungsteiler

Neben der Nicht-Linearität des Ausgangssignals kann es, aufgrund des schleifenden Kontakts zwischen Signalabgriff und Widerstand, noch zu Hysterese-Effekten des Ausgangssignals kommen. Je nach mechanischer Steifigkeit des Schleifers und dem Reibungswert zwischen Schleifer und Widerstand wird der Schleifer leicht verformt, wenn er in entgegengesetzte Richtungen bewegt wird, so dass es unterschiedliche Schleifergeometrien gibt (Abbildung 4.37).

**Abb. 4.37.** Schleifergeometrien

Die Auflösung eines potentiometrischen Wegsensors wird insbesondere durch die Auswerteelektronik bestimmt: Je nachdem, mit wie viel Bit ein ADC, der die Ausgangsspannung digitalisieren soll, arbeitet, wird die Auflösung bestimmt. Bei einem 1 m langen Messwiderstand, der an 10 V betrieben wird, misst ein 10-Bit ADC den Weg $x$ mit einer Auflösung von etwa 1 mm ($2^{10}$ = 1024 $\approx$ 1000). Es können, je nach ADC, Auflösungen von bis zu < 1 $\mu$m erreicht werden.

Wird das Temperaturverhalten des Messwiderstands in guter Näherung nur durch seinen linearen Temperaturkoeffizienten $\alpha$ beschrieben, so ist die Ausgangsspannung unabhängig von der Temperatur. In der Realität liegt die Temperaturabhängigkeit unter 5 ppmK$^{-1}$.

Entscheidend für die Funktionalität ist der Kontakt zwischen Schleifkontakt und Widerstandsbahn. Für eine reproduzierbare Winkelmessung muss der Kontaktwiderstand konstant bleiben, d.h. der Verschleiß muss gering bleiben. Dies betrifft z.B. den Verschleiß durch Abnutzung der Kontakte (Reibung) oder durch Korrosion der Kontakte (Feuchtigkeit).

Die Vorteile dieses einfachen Wandlers zur Winkelmessung sind vielfältig, z.B. niedrige Kosten, einfacher Aufbau und Funktionalität, keine Elektronik, hohe Genauigkeit. Nachteile liegen zum Beispiel in dem mechanischen Kontakt (Verschleiß durch Abrieb, Kontaktprobleme durch Vibrationen und Korrosion) und der begrenzten Miniaturisierbarkeit.

### 4.10.2 Magnetischer Wegsensor

Magnetische Wegsensoren verwenden zum Beispiel den Hall- oder AMR-Effekt, um den Weg entlang eines magnetisch kodierten Maßkörpers zu bestimmen. Für diese Art von Wegsensoren werden zwei Komponenten benötigt, ein Sensorelement und der magnetisch kodierte Maßkörper. Der Maßkörper besteht aus einem unterschiedlich permanentmagnetisiertem Material. In der Richtung, in der der Weg gemessen werden soll, sind abwechselnde magnetische Pole (mit Breite $b$, typischerweise 0.5 mm − 10 mm) eingebracht (Abbildung 4.38). So entsteht ein dreidimensionales Vektorfeld der magnetischen Feldlinien, dessen Periode der doppelten Polbreite des Maßkörpers entspricht.

Das Sensorelement besteht zum Beispiel aus zwei in Bewegungsrichtung versetzt angeordneten Hall-Sensoren und gleitet berührungslos in kleinem Abstand über den Maßkörper. Die Sensoren tasten das wechselnd polarisierte Magnetfeld ab und erzeugen daraus ein entsprechendes sinusförmiges Ausgangssignal (Abbildung 4.38). Bewegt sich das Sensorelement um eine doppelte Polbreite des Maßkörpers weiter, so erzeugt jeder Sensor eine vollständige Sinus-Welle als Ausgangssignal. Somit entspricht eine Periode des Ausgangssignals genau einer doppelten Polbreite des Maßkörpers. In dieser Form handelt es sich um einen inkrementellen Wegsensor, da der Weg durch das Verfahren des Sensorelements inkrementell ermittelt wird: Es werden die überfahrenen Pole gezählt, die genauere Position kann dann durch die Lage innerhalb eines Pols bestimmt werden.

Wegen der inkrementelle Messmethode und wegen der Ununterscheidbarkeit der magnetischen Pole muss bei dieser Art Wegsensor sichergestellt werden, dass tatsächlich jeder Pol erfasst wird, ansonsten werden falsche Wege ermittelt. Zusätzlich muss der Sensor nach dem Einschalten, wenn die Information über die genaue Position nicht mehr gespeichert ist, durch eine Referenzfahrt angelernt werden, um die inkrementelle Wegmessung sinnvoll durchführen zu können. Dazu können, auf einer

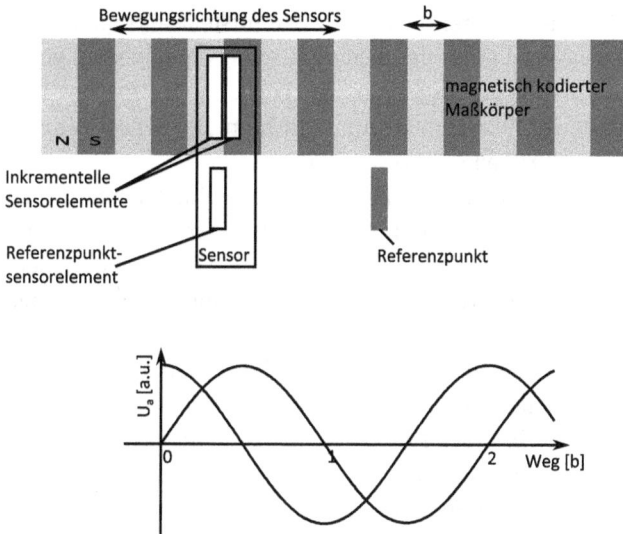

**Abb. 4.38.** Inkrementeller magnetischer Wegsensor mit Referenzpunkt (oben); Ausgangssignale der beiden inkrementellen Sensoren

zweiten Spur, zusätzliche magnetische Referenzmarken in ungleichmäßigen Abständen angebracht werden, die von einem zusätzlichen Sensor detektiert werden. Somit lässt sich durch eine Referenzfahrt zwischen zwei Referenzmarken die Ausgangsposition bestimmen.

Inkrementelle magnetische Wegsensoren können sowohl integrierte als auch intelligente Sensoren sein. Im ersten Fall werden die primären elektrischen Messgrößen (die Sinus-Signale der Hall-Senoren) nur verstärkt und als analoge Spannungsgrößen ausgegeben. Die beiden analogen Ausgangssignale sind phasenverschoben (Abbildung 4.38) und aus dem Vorzeichen der Phasenverschiebung lässt sich die Bewegungsrichtung bestimmen. Die eigentliche Auswertung der Signale findet dann in dem angeschlossenen Steuergerät statt. Im zweiten Fall werden die Signale intern digitalisiert und dann als digitale Pulse oder über eine Busschnittstelle übertragen.

**Beispiel**

Die magnetischen Wegsensoren aus der BML-S1B-Serie von Balluff arbeiten nach dem inkrementellen magnetischen Prinzip, sowohl ohne als auch mit Referenzsensor [3]. Je nach verwendetem Maßkörper kann der Sensor bei einer Bewegungsgeschwindigkeit von bis zu 10 ms$^{-1}$ eine Auflösung von 5 $\mu$m erreichen. Da der Maßkörper für die Funktionalität als Wegsensor sehr wichtig ist und zum Sensorelement passen muss, werden dedizierte Angaben zum Maßkörper und zur Installation der Sensorelemente vorgegeben. Die 90° phasenverschobenen Ausgangssignale der beiden inkrementellen Hall-Sensoren werden über eine differentielle RS422-Schnittstelle als digitale Pulse übertragen. Jeder Flankenwechsel eines der beiden Ausgangssignale stellt einen inkrementellen Zählpuls dar, so dass die angeschlossene Logik durch einfaches Triggern auf die Flanken die Bewegung inkrementell ermitteln kann. Der Sensor kann im Temperaturbereich von -20°C — 80°C eingesetzt werden.

Magnetische Wegsensoren nach dem oben beschriebenen Prinzip können auch als absolut messende Sensoren ausgeführt werden. Dazu muss aber eine Positionsinformation in das magnetische System des Maßkörpers integriert werden. Das bedeutet, dass eine regelmäßige Abfolge von magnetischen Polen in einer Bahn, wie oben beschrieben, nicht ausreichend ist.

Stattdessen können mehrere magnetische Bahnen parallel verwendet werden mit entsprechend vielen Sensorelementen. Die Sensorelemente werden parallel über die Bahnen geführt und tasten diese ab. Die absolute Position ist dann parallel codiert und wird durch die parallelen Sensoren erfasst. Nachteilig an der parallelen Codierung ist die hohe Anzahl an parallelen Spuren und die daraus resultierende breite Bauform des Sensors und Maßkörpers.

Verbreiteter ist eine serielle Codierung der absoluten Position durch eine definierte Abfolge an Polen in einer Bahn. Das Prinzip zeigt Abbildung 4.39. Zusätzlich zu der inkrementellen Messbahn mit regelmäßiger Polanordnung (ausgewertet durch zwei Sensoren) gibt es eine absolute Messbahn mit ungleichmäßiger Verteilung der Pole. Mehrere seriell angeordnete Sensoren (hier vier) erfassen ein Muster, dass eindeutig codiert für eine absolute Position steht. Die Anzahl dieser Sensoren bestimmt die Länge des Maßkörpers, die eindeutig erfasst werden kann.

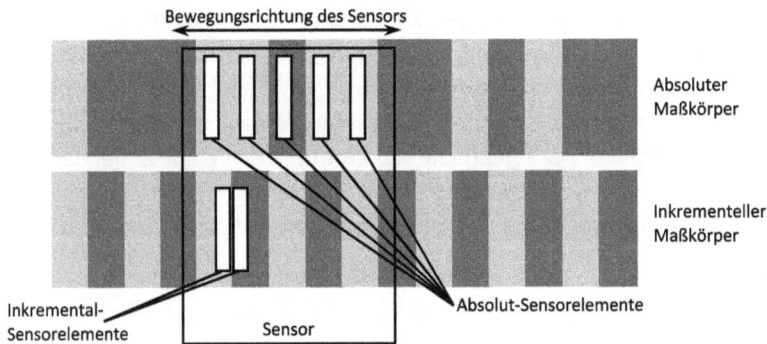

**Abb. 4.39.** Absoluter magnetischer Wegsensor mit absolutem und inkrementellem Maßkörper

## 4.11 Abstand

Abstandssensoren basieren häufig auf dem Prinzip der Wellenausbreitung: Strahlung wird ausgesendet, reflektiert und wieder empfangen. Zusätzlich zum Abstand können viele dieser Sensoren auch die Relativgeschwindigkeit zwischen Sender und reflektierendem Messobjekt bestimmen.

**Tab. 4.4.** Abstandssensoren auf Basis von Wellenausbreitung

| Physikalisches Prinzip | Vorteile | Nachteile |
| --- | --- | --- |
| Sichtbares Licht (Stereokamera) | - Hohe Auflösung<br>- Große Reichweite<br>- Geschwindigkeitsmessung durch Bildfolgen | - Hoher Aufwand für Signalverarbeitung<br>- Umwelteinflüße |
| (Sichtbares) Licht (TOF) | - Signalverarbeitung<br>- Kompaktheit<br>- Schnelle Bilderfassung | - Hintergrundlicht<br>- Gegenseitige Beeinflussung<br>- Mehrfachreflexionen |
| Radar | - 2D-Bild<br>- Reichweite<br>- Durchstahlt Kunststoff<br>- Unempfindlich gegen Umwelteinflüße<br>- Geschwindigkeitsmessung | - Kosten<br>- Hoher Bandbreitenbedarf bei hoher Auflösung |
| Ultraschall | - Preisgünstig Geschwindigkeitsmessung | - Luft als Medium benötigt<br>- Geringe Reichweite<br>- Störanfällig |

### 4.11.1 Ultraschall-Abstandssensor

Abstandssensoren auf Ultraschallbasis arbeiten nach dem Prinzip der Laufzeitmessung von Pulsen (Time-of-Flight) und nutzen den piezoelektrischen Effekt sowohl zur Generierung als auch zum Empfang von Ultraschallpulsen: ein Ultraschallpuls wird ausgesendet, am Messobjekt, dessen Abstand bestimmt werden soll, reflektiert und anschließend wieder empfangen. Aus der Zeit zwischen Aussenden und Empfangen des Pulses kann der Abstand berechnet werden. So können Abstände in der Größenordnung bis zu 10 m bestimmt werden.

Zentrales Element eines Ultraschallsensors ist der Ultraschallwandler (Abbildung 4.40), bestehend aus einem piezoelektrischen Kristall und einer Auskoppelmembran, der sowohl als Sender als auch als Empfänger fungiert.

Über einen Leistungsverstärker wird der piezoelektrische Kristall periodisch angesteuert, so dass dieser seine geometrischen Abmessungen ändert. Dadurch wird die

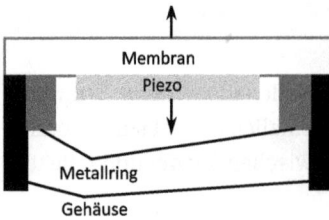

**Abb. 4.40.** Aufbau eines Ultraschall-Sensors

Auskoppelmembran, z.B. eine dünne Aluminium-Membran, zum Schwingen im Frequenzbereich des Ultraschalls angeregt und Ultraschallwellen werden ausgesendet. Die Länge des abgestrahlten Ultraschallpulses ist abhängig von der Anregungsdauer des Kristalls und von der Ausschwingzeit der Membran.

Die Zeit, die die Membran zum Ausschwingen benötigt, bestimmt die sogenannte Blindzeit, da während dieser Zeit kein Echo empfangen werden kann. Die Blindzeit bestimmt damit auch den minimalen Abstand, den das reflektierende Objekt aufweisen muss.

Nach dem Ausschwingen wird die Membran als Empfänger für den reflektierten Puls verwendet. Die Bewegung der Membran wird als Kraft auf den piezoelektrischen Kristall übertragen und somit ein periodisches Spannungssignal in der Größenordnung von $\mu V$ erzeugt. Dieses wird in dem intelligenten Sensor verstärkt und ausgewertet.

Aus der Echolaufzeit $\Delta t$ (Zeitdifferenz zwischen ausgesendetem und empfangenem Puls) und der Schallgeschwindigkeit $c_{Luft}$ kann dann der Abstand $d$ zum Messobjekt bestimmt werden:

$$d = \frac{1}{2} \cdot \Delta t \cdot c_{Luft} \qquad (4.50)$$

Da die Schallgeschwindigkeit temperaturabhängig ist, muss die Lufttemperatur für eine genaue Messung bekannt sein. Dagegen ist die Abhängigkeit der Schallgeschwindigkeit von der Luftfeuchtigkeit sehr klein und vernachlässigbar.

Nachdem der reflektierte Puls empfangen und ausgewertet wurde, kann ein neuer Puls ausgesendet werden. Die Zykluszeit zwischen zwei ausgesendeten Pulsen und damit zwischen zwei Messungen hängt von der verwendeten Ultraschallfrequenz ab. Je größer die Frequenz, desto kleinere Zykluszeiten (< 5 ms) sind möglich. Dagegen sinkt der maximale Abstand, der gemessen werden kann, mit steigender Frequenz, da die Absorption zunimmt (Tabelle 4.5). Zudem hängt der maximale Abstand von den Reflexionseigenschaften des Messobjekts ab, bei schlechter Reflexion sinkt der maximale Abstand, der gemessen werden kann.

Der Öffnungswinkel der ausgesendeten Ultraschallwellen ist stark von der Geometrie des Sensors abhängig und liegt typischerweise im Bereich von einigen Grad.

**Tab. 4.5.** Parameter von Ultraschall-Abstandssensoren

| Frequenz [kHz] | Maximaler Abstand [mm] | Zykluszeit [ms] |
|---|---|---|
| 80 | 6000 | 64 |
| 180 | 2000 | 16 |
| 300 | 600 | 8 |
| 360 | 300 | 4 |

Aufbauend auf der Abstandsmessung kann der Sensor auch zur Bestimmung der Relativgeschwindigkeit zwischen Sensor und Messobjekt verwendet werden. Dazu werden aufeinanderfolgende Abstandsmessungen ($d_1$ und $d_2$) ausgewertet. Beträgt der zeitliche Abstand der Messungen $t_{zyklus}$, so ergibt sich die Relativgeschwindigkeit $v_{rel}$ zu:

$$v_{rel} = \frac{d_2 - d_1}{t_{zyklus}} \tag{4.51}$$

**Beispiel**
Der US300 T/S1 ist ein digitaler Ultraschallsensor der Firma MELTEC Systementwicklung zur Abstands- und Füllstandsmessung [25]. Bei einer Auflösung von 0.1 mm kann ein Messbereich von 0.2 m — 3 m bei einem Öffnungswinkel von 11° erfasst werden. Dabei hängt die maximale Reichweite stark von dem reflektierenden Material und dessen Reflexionseigenschaften ab. Der Sensor ist in einem zylinderförmigen Gehäuse von 80 mm Länge und 30 mm Durchmesser untergebracht. Die Daten werden über einen digitalen Schaltausgang übertragen.

### 4.11.2 Radarsensor

Um größere Abstände als mittels Ultraschallsensor zu erfassen, können Radarsensoren verwendet werden (Radar: Radio Detection And Ranging). Radar nutzt elektromagnetische Wellen im GHz-Frequenzbereich (z.B. 24 GHz oder 77 GHz) zur Bestimmung von Abständen, Geschwindigkeiten sowie Form und Größe von Objekten. Die elektromagnetischen Wellen werden mittels Patch-Antennen ausgesendet und empfangen. Für die Ansteuerung der Antennen zur Aussendung und zum Empfangen der GHz-Strahlung werden spezielle Halbleiter-Bauelemente, z.B. von Infineon Technologies, verwendet.

Das Prinzip des Pulsradars entspricht dem Prinzip des Ultraschallsensors, nur dass elektromagnetische Wellen statt Schallwellen verwendet werden. Der Sender strahlt einen kurzen Puls von GHz-Strahlung ab. Der direkt neben dem Sender platzierte Empfänger empfängt nach einer Laufzeit $\Delta t$ den vom Messobjekt reflektierten Puls, so dass sich mit der Lichtgeschwindigkeit $c_0$ die Entfernung ergibt:

$$d = \frac{1}{2} \cdot \Delta t \cdot c_0 \tag{4.52}$$

Eine Laufzeit von 1 µs entspricht damit einer Entfernung von $d = 150$ m. Eine Geschwindigkeitsmessung ist wiederum durch eine hintereinander durchgeführte Entfernungsmessung und Berechnung der Differenz möglich.

Andere Radarmesstechniken arbeiten mit kontinuierlichen Wellen als Dauerstrichradar (continous wave, cw). So sendet das FMCW-Radar (Frequency Modulated Continous Wave) kontinuierlich GHz-Wellen aus, wobei die Sendefrequenz nach einer festen Zeitabhängigkeit variiert wird. Zum Beispiel wird die Sendefrequenz linear in einer Dreiecksfunktion um einige hundert MHz während einer Periode von einigen Millisekunden geändert (s. Abbildung 4.41).

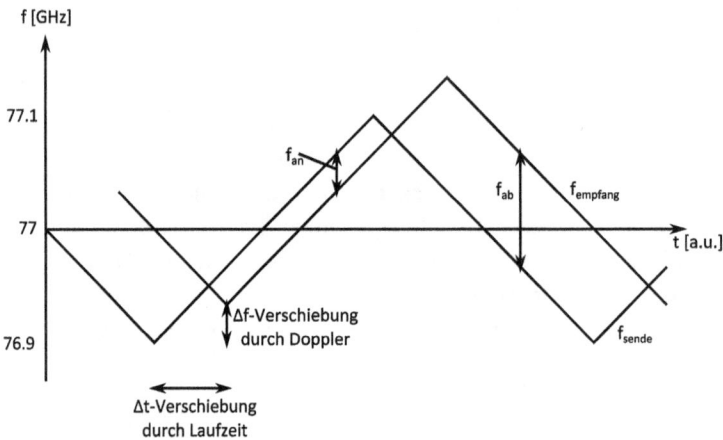

**Abb. 4.41.** FMCW-Radar: Frequenzverschiebung zwischen gesendetem und empfangenen Signal durch Entfernung und Relativgeschwindigkeit

Ist das Objekt, dass die GHz-Strahlung reflektiert, unbewegt, so ist das reflektierte Signal entsprechend der Signallaufzeit verzögert. Es gibt also einen zeitlichen Versatz zwischen Sende- und Empfangsfrequenz: Wird zu einem Zeitpunkt eine Frequenz $f_1$ ausgesendet, so wird gleichzeitig eine andere Frequenz $f_1^*$ empfangen. Aus dieser Frequenzdifferenz $\Delta f_1$ kann, bei Kenntnis der Frequenzmodulationsgeschwindigkeit ($df_{mod}/dt$, z.B. 50 MHz(ms)$^{-1}$), die Laufzeit berechnet werden:

$$\Delta t = \frac{f_1^* - f_1}{\frac{df_{mod}}{dt}} = \frac{\Delta f_1}{\frac{df_{mod}}{dt}} \tag{4.53}$$

Aus der Laufzeit kann dann wieder in gewohnter Weise die Entfernung bestimmt werden:

$$d = \frac{1}{2} \cdot \Delta t \cdot c_0 = \frac{1}{2} \cdot c_0 \cdot \frac{\Delta f_1}{\frac{df_{mod}}{dt}} \tag{4.54}$$

Wenn sich das reflektierende Objekt relativ zum Sensor (Sender und Empfänger) mit Geschwindigkeit $v$ bewegt, so wird die Empfangsfrequenz noch zusätzlich durch den Doppler-Effekt verschoben. Dabei bewirkt der Doppler-Effekt eine Frequenzverschiebung des reflektierten Signals (s. Abbildung 4.41). Der zeitlichen Verschiebung (in Richtung x-Achse) durch die Entfernung wird demnach noch eine Frequenzverschiebung (in Richtung y-Achse) überlagert, so dass bei der Auswertung des empfangenen Signals beide Effekte simultan berücksichtigt werden müssen und zwei unbekannte Größen, $d$ und $v$, zu bestimmen sind.

Effekt der Entfernung $d$:

$$d = \frac{1}{2} \cdot \Delta t \cdot c_0 = \frac{1}{2} \cdot c_0 \cdot \frac{\Delta f_d}{\frac{df_{mod}}{dt}} \tag{4.55}$$

$$\Leftrightarrow \Delta f_d = \frac{2d}{c_0} \cdot \frac{df_{mod}}{dt} \tag{4.56}$$

Doppler-Effekt:

$$f_D = 2 \cdot f_s \cdot \frac{v}{c_0} \tag{4.57}$$

Der Faktor zwei in der Formel des Doppler-Effekts rührt daher, dass der Doppler-Effekt zweimal auftritt, beim Aussenden und bei der Reflexion. Bei einem 77 GHz Radar ergibt sich eine Frequenzverschiebung von gerade einmal $f_D$ = 5130 Hz bei einer Relativgeschwindigkeit von $v$ = 10 ms$^{-1}$ (36 kmh$^{-1}$).

Um die zwei unbekannten Größen zu bestimmen, werden zwei Gleichungen benötigt. Dies kann mittels der Dreiecksmodulation des Sendesignals erreicht werden, da sowohl die ansteigende als auch die fallende Flanke jeweils eigene Gleichungen liefert. Dazu werden die Sende- und Empfangsfrequenzen zu zwei Zeitpunkten gemessen, einmal im steigenden und einmal im fallenden Teil der frequenzmodulierten Welle. Daraus erhält man zwei Frequenzdifferenzen, $\Delta f_{an}$ und $\Delta f_{ab}$ (genauer: die Beträge der Frequenzdifferenzen). Das arithmetische Mittel aus den beiden Frequenzdifferenzen eliminiert den Einfluss des Dopplereffekts und ergibt so den Effekt der Entfernung:

$$\Delta f_d = \frac{\Delta f_{an} + \Delta f_{ab}}{2} \tag{4.58}$$

Die Dopplerfrequenz ergibt sich aus der Hälfte der Differenz der beiden Frequenzdifferenzen:

$$f_D = \frac{|\Delta f_{an} - \Delta f_{ab}|}{2} \tag{4.59}$$

Daraus ergeben sich Abstand $d$ und Relativgeschwindigkeit $v$ zu:

$$v = \frac{c_0 \cdot |\Delta f_{an} - \Delta f_{ab}|}{4 f_s} \qquad (4.60)$$

$$d = \frac{c_0 \cdot (\Delta f_{an} + \Delta f_{ab})}{4 \cdot \frac{d f_{mod}}{dt}} \qquad (4.61)$$

**Beispiel**

Ein Beispiel für einen miniaturisierten, hochintegrierten Radarsensor ist der 502667 Radar-Bewegungsmelder der B+B Thermo-Technik GmbH [4]. Der Sensor arbeitet mit einer Sendefrequenz von 24 GHz bei einer Bandbreite von 6 − 600 Hz. Der Öffnungswinkel beträgt horizontal 80° und vertikal 32° und die Reichweite des Sensors beträgt bis 15 m. Die Elektronik für die Erzeugung und Detektion der Radarwellen ist im Sensormodul integriert, so dass der komplette Sensor Abmessungen von 73 mm x 26 mm x 16 mm aufweist. Dabei arbeitet der Sensor nach dem Doppler-Prinzip, um Bewegungen in Richtung des Sensors zu detektieren. Bei erkannter Bewegung wird ein Schaltausgang über einen open-collector-Ausgang geschaltet, um z.B. ein externes Relais anzusteuern.

### 4.11.3 Optische Sensoren

Optische Sensoren können als einfache Abstandssensoren eingesetzt werden, sie können aber auch zur Bestimmung von 3D-Konturen von Objekten und zur räumlichen Wahrnehmung verwendet werden. Beim Menschen und bei Tieren ist diese optische 3D-Wahrnehmung als Stereosehen durch die Verwendung von zwei optische Sensoren, den Augen, realisiert. Die durch die beiden Augen gewonnenen großen Datenmengen an Informationen werden im Gehirn verarbeitet und, zusammen mit der Erfahrung und dem Erinnerungsvermögen, daraus die Tiefeninformationen berechnet.

Analog zur räumlichen Wahrnehmung bei Mensch und Tier gibt es auch die technische Realisierung von Stereokameras, um 3D-Abbildungen der Umgebung zu erzeugen. Neben dieser passiven Triangulationsmethode gibt es noch weitere Verfahren, räumliche Informationen optisch zu ermitteln, z.B. die aktive Triangulationsmethode oder Time-of-Flight-Methoden (TOF) , s. Abbildung 4.42. Alle diese optischen Methoden nutzen die Eigenschaften des Lichts im Wellenlängenbereich von ca. 400 nm − 1000 nmzur Abstands- bzw. 3D-Messung.

### Stereo-Kamera

Bei der Stereo-Kamera (passive Triangulation) werden, analog zum räumlichen Sehen beim Menschen, zwei Kameras als Sensoren verwendet, die räumlich um einen Abstand $x$ versetzt angeordnet sind (s. Abbildung 4.42 oben). Durch den räumlichen

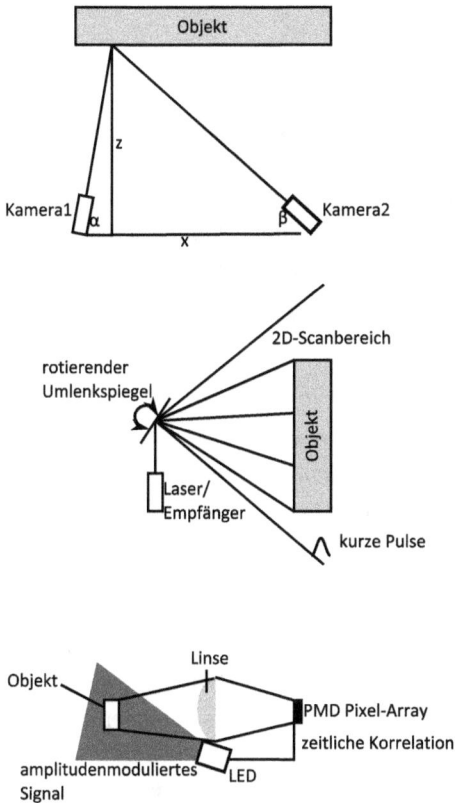

**Abb. 4.42.** Prinzipen der optischen Abstands- bzw. 3D-Messung: Stereo-Kamera (oben); 2D-Laserscanner (Mitte); PMD-Sensor (unten)

Versatz der beiden Kameras wird ein Objekt unter verschiedenen Winkeln beobachtet. Durch eine Korrelation werden typische Objektpunkte in den Bildern der beiden Kameras identifiziert und verglichen. Für die in beiden Bildern identifizierten Punkte werden dann die Winkel bestimmt und daraus der Abstand $z$ bestimmt:

$$z = \frac{x}{\frac{1}{\tan \alpha} + \frac{1}{\tan \beta}} \tag{4.62}$$

Somit kann durch Identifizierung gemeinsamer Punkte die Tiefeninformation (Abstände) der einzelnen Bildpunkte gewonnen und ein 3D-Bild konstruiert werden. Bei diesem Verfahren ist der Rechenaufwand, um die Tiefeninformationen zu erhalten, sehr groß, so dass eine große Rechenleistung der informationsverarbeitenden Einheit benötigt wird. Zudem muss das beobachtete Objekt für die Korrelation der Punkte einen hohen Kontrast und eine gute Ausleuchtung aufweisen.

**Beispiel**

Der ZED Sensor von Stereolabs ist eine Stereokamera, die hochaufgelöste 3D-Bilder im Bereich von 1 m – 15 m aufnehmen kann [33]. Die beiden Kamerasensoren mit je 4 MPixel sind in einem Abstand von 120 mm in einem 175 mm × 30 mm × 33 mm großen Gehäuse untergebracht. Die Kamera kann 15 Bilder pro Sekunde mit eine Auflösung von 2 × 2208 × 1242 Pixeln liefern. Die Bilddaten werden über eine USB3.0 Schnittstelle an die Logikeinheit übertragen. Für diese sind dedizierte Mindestvoraussetzungen an die Rechen- und Speicherleistung vorgegeben (z.B. Dual-Core, 2.4GHz Prozessor, 4BG Ram-Speicher.

**Laserscanner**

In Gegensatz zur passiven Triangulation wird bei der aktiven Triangulation eine Lichtquelle, meist ein Laser, verwendet, die das Objekt punkt- oder streifenförmig beleuchtet. Mehrere optische Sensoren detektieren den Punkt bzw. den Streifen und bestimmen wiederum per Triangulation den Abstand bzw. durch die Verformung des Musters die Geometrie.

Eine andere aktive Möglichkeit ist das Prinzip der Laufzeitmessung, die bei Laserscanner weit verbreitet ist . Das vom Objekt reflektierte Laserlicht wird dabei von einem lichtempfindlichen Sensor detektiert. Die Entfernung des beleuchteten Objektpunkts wird durch eine Laufzeitmessung des reflektierten Strahls durchgeführt, z.B. durch die Aussendung von Lichtimpulsen. So ist eine einfache 1D-Abstandsmessung möglich. Um ein Objekt komplett zwei- oder dreidimensional erfassen zu können, wird der punktförmige Laserstrahl durch geeignete Aktorik, in der Regel Spiegelsysteme, sehr schnell in horizontaler und gegebenenfalls vertikaler Richtung abgelenkt. So kann aus der Laufzeit der reflektierten Strahlen und den geometrischen Informationen über den Strahlweg eine 2D- bzw. 3D-Punktwolke des vermessenen Objekts erzeugt werden.

**Beispiel**

Beim LMS153-10100 der SICK AG handelt es sich um einen 2D-Laserscanner für Außenanwendungen im Temperaturbereich -30°C – +50°C mit einer Reichweite von 18 m [32]. Der Infrarot-Laser mit einer Wellenlänge von 905 nm scannt einen Öffnungswinkel von 270° mit einer Frequenz von 50 Hz. Die Winkelauflösung beträgt dabei 0.5°. Verschiedene digitale Schnittstellen (RS-232, Ethernet, CAN) stehen für die Datenübertragung zur Verfügung. Die Abmessungen des Sensors betragen 105 mm × 102 mm × 162 mm.

**PMD Sensor**

Bei PMD Sensoren (Photonic Mixer Device) handelt es sich um Time-of-Flight Sensoren, die aber, im Gegensatz zu Laserscannern, nicht scannend arbeiten und keine beweglichen Teile aufweisen. Einen schematischen Aufbau zeigt 4.42. Eine Laserdiode sendet einen amplitudenmodulierten Laserstrahl (z.B. 20 MHz Modulationsfrequenz bei einer Laserwellenlänge von 850 nm) aus. Der vom Objekt reflektierte Strahl wird über eine Linsenoptik auf einen Silizium-IC abgebildet. Dieser CCD- oder CMOS-Chip besteht aus einem Array von Pixeln, die jeweils die Phasenverschiebung der Modulation zwischen gesendetem und empfangenen Signal messen und so auf die Entfernung zurückschließen. Jedes Pixel stellt somit einen Abstandssensor dar. Durch die Kenntnis der geometrischen Verhältnisse kann so eine 3D-Abbildung erzeugt werden.

**Beispiel**

Der CamBoard pico$^S$ 71.19k Sensor basiert auf einem 3D Sensor-IC (IRS1010C), der von Infineon Technologies und pmdtechnologies entwickelt wurde [28]. Der Messbereich für diesen Sensor, der z.B. zur Gestenerkennung eingesetzt werden kann, beträgt 20 cm – 100 cm, wobei bei 100 cm eine Tiefenauflösung von unter 6 mm erreicht werden kann. Der Sensor in einem 89 mm × 17 mm × 6 mm kleinen Gehäuse nutzt eine 850 nm LED zur Beleuchtung und erreicht eine Bildauflösung von 160 × 120 Pixeln. Der Öffnungswinkel beträgt in der Horizontalen 82° und in der Vertikalen 66°. Die Bilddaten (maximal 45 3D-Bilder pro Sekunde) werden per USB2.0 oder USB3.0 Schnittstelle übertragen.

### 4.11.4 Näherungsschalter

Bei Näherungsschaltern handelt es sich im Grunde genommen um Abstandssensoren, die mittels eines binären Ausgangs direkt als Schalter, z.B. zur Objekterkennung, eingesetzt werden. So kann eine Objekterfassung berührungslos durchgeführt werden. Grundsätzlich können alle berührungslosen Abstandssensoren (kapazitiv, Ultraschall, Radar, ...) eingesetzt werden. Näherungsschalter werden explizit in der Norm DIN EN 60947-5-2 spezifiziert, um eine Kompatibilität der Sensoren, insbesondere auch im Hinblick auf das Ausgangssignal, zu gewährleisten.

Näherungsschalter bestehen demnach aus einem Sensorelement und einer integrierten Sensorelektronik. Die integrierte Sensorelektronik übernimmt die Signalverarbeitung des Sensorsignals, ermittelt die Abstandsinformation, vergleicht diese mit dem Schwellwert und generiert daraus ein, in der Regel genormtes, binäres Ausgangssignal. Dieses binäre Ausgangssignal signalisiert demnach, ob der Abstand oberhalb oder unterhalb der programmierbaren Schaltschwelle liegt und kann direkt zum Schalten verwendet werden. Der Näherungsschalter wandelt die Meßgröße Abstand in ein binäres elektrisches Schaltsignal um.

**Tab. 4.6.** Sensorarten von Näherungsschaltern

| Sensorprinzip | Objekteigenschaft |
|---|---|
| Induktiv/kapazitiv | Metallische oder nicht metallische Objekte |
| Ultraschall | Objekte mit guten Reflexionseigenschaften |
| Photoelektrisch | Direkte Reflexion der Lichts |
| | oder Unterbrechung eines Lichtstrahls (Lichtschranke) |
| Magnetisch | Magnetische Objekte |

## 4.12 Winkel

Winkelsensoren messen, absolut oder relativ, Winkel und Drehwinkel bei rotierenden Teilen. Im Kapitel 4.3 wurden bereits inkrementelle Drehzahlsensoren eingeführt, die die Winkelgeschwindigkeit inkrementell messen. Daraus kann dann auf den relativen Winkel zurückgerechnet werden, um den sich das Objekt in einer Zeit gedreht hat.

Winkelsensoren können generell durch eine Vielzahl von physikalischen Effekten sowohl berührend als auch berührungslos realisiert werden, s. Tabelle 4.7. Demnach hängt es immer von der Anwendung ab, welches Sensorprinzip eingesetzt wird.

**Tab. 4.7.** Physikalische Effekte für Winkelsensoren

| Messart | Physikalischer Effekt |
|---|---|
| Berührend | Resistiv |
| Berührungslos | Optisch |
| | Magnetisch |
| | Induktiv |
| | Kapazitiv |

### 4.12.1 Berührender Winkelsensor

Berührende Winkelsensoren nutzen den resistiven Effekt in Form eines Schleifpotentiometers aus, analog zur linearen Wegmessung mittels eines Potentiometers: der bewegliche Teil des Systems, dessen Winkel gemessen werden soll, ist über Schleifkontakte mit einer Widerstandsbahn verbunden. Gemäß der Funktion eines Spannungsteilers wird der Spannungsabfall über die effektive Länge der Widerstandsbahn gemessen. Durch die Variation des Winkels ändern sich die effektive Länge $l$ der Widerstandsbahn und damit auch der Messwiderstand linear:

$$R_{mes} = \frac{\rho}{A} \cdot l \tag{4.63}$$

Hat die gesamte Widerstandsbahn eine Länge $L$, so hängt die Ausgangsspannung linear von der effektiven Länge $l$ und damit, wenn die Widerstandsbahn kreisförmig mit Radius $r$ ausgeführt ist, vom Winkel $\alpha$ (in Bogenmaß) ab:

$$U_a = U_0 \cdot \frac{l}{L} = U_0 \cdot \frac{\alpha \cdot r}{\alpha_{max} \cdot r} = U_0 \cdot \frac{\alpha}{\alpha_{max}} \qquad (4.64)$$

Der Winkel $\alpha_{max}$ ist der maximale Winkel, der gemessen werden kann (für $l = L$).

Ebenso wie bei den linearen potentiometrischen Wegsensoren ist für die Funktionalität der Kontakt zwischen Schleifkontakt und Widerstandsbahn entscheidend. Die Vorteile dieses einfachen Wandlers zur Winkelmessung sind vielfältig, z.B. niedrige Kosten, einfacher Aufbau und Funktionalität, keine Elektronik, hohe Genauigkeit. Nachteile liegen zum Beispiel in dem mechanischen Kontakt (Verschleiß durch Abrieb, Kontaktprobleme durch Vibrationen und Korrosion) und der begrenzten Miniaturisierbarkeit.

### 4.12.2 Berührungsloser Winkelsensor

Berührungslose Winkelsensoren beruhen zum Beispiel auf magnetischen Effekten wie dem Hall-Effekt und messen dann den Winkel absolut. Dabei wird die Winkelabhängigkeit der Hall-Spannung ausgenutzt:

$$U_H = \frac{A_H}{d} \cdot I_x \cdot |\vec{B}| \cdot \sin \alpha \qquad (4.65)$$

Hierbei wurde, ohne Beschränkung der Allgemeinheit, die Sensorstromrichtung in x-Richtung gelegt und die Hall-Spannung in y-Richtung gemessen. Damit ist nur die z-Komponente des magnetischen Flusses $\vec{B}$ wirksam und eine Drehung des magnetischen Flusses in der x-z-Ebene führt zu einer sinusförmigen Variation der Hall-Spannung.

Zur Realisierung eines Winkelsensors mittels des Hall-Effekts wird demnach zusätzlich zum eigentlichen Sensorelement (Hall-Sensor) noch ein Erregerelement benötigt, in diesem Fall ein Permanentmagnet. Durch die Drehung des Permanentmagneten relativ zum ortsfesten Sensorelement (oder umgekehrt) wird der Winkel als primäre Messgröße in eine nicht-elektrische Zwischengröße umgewandelt (Variation des magnetische Flusses) und diese dann in die primäre elektrische Ausgangsgröße gewandelt, die sinusförmig von der Messgröße abhängt. Dieses Prinzip ist in Abbildung 4.43 nochmals dargestellt.

Mittels eines einfachen Hall-Sensors kann der Winkel in einem Bereich von $0°$ – $180°$ eindeutig bestimmt werden. Hall-Sensoren sind intelligente Sensoren, die sowohl die Ansteuer- als auch Auswerteelektronik in einem Bauteil integriert haben. Durch ihre Realisierung in MEMS-Technologie bieten sie zudem den Vorteil der Miniaturisierung und der verschleißfreien Messung.

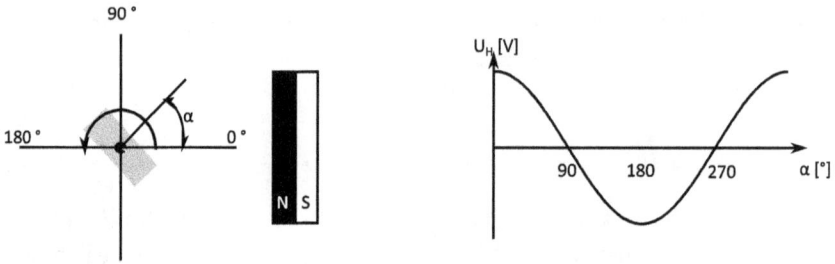

**Abb. 4.43.** Hall-Sensor zur Winkelmessung mit einem Messbereich bis 180°: Drehbares Hall-Sensorelement und fester Erregermagnet (links); Hall-Spannung in Abhängigkeit des Drehwinkels (rechts)

Soll der Winkel für eine komplette Umdrehung eindeutig gemessen werden können, so sind zwei Hall-Sensoren zu verwenden, die um 90° gegeneinander verdreht sind (Abbildung 4.44). Beide Hall-Sensoren liefern ein sinusförmiges Ausgangssignal, wobei das Signal des einen um 90° phasenverschoben zu dem des anderen Sensors ist. Durch Auswertung beider Signale erhält man so eine eindeutige Zuordnung des Winkels in einem Bereich von 0° – 360°.

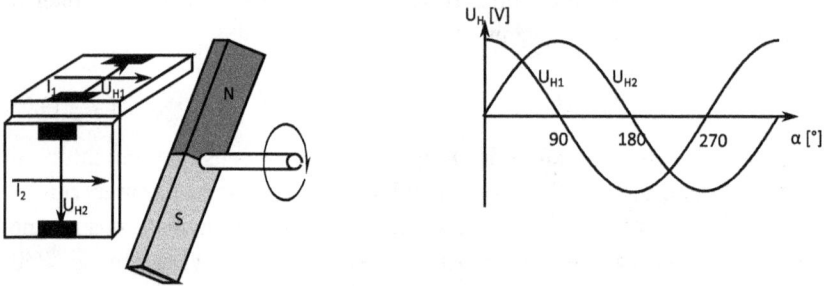

**Abb. 4.44.** Hall-Sensoren zur Winkelmessung mit einem Messbereich bis 360°: Drehbarer Erregermagnet und ortsfeste Sensoren in 90° Anordnung (links); Ausgangssignale der beiden Hall-Sensoren (rechts)

**Beispiel**

Der AS5040 Winkelsensor der austriamicrosystems AG ist ein Winkelsensor auf Basis des Hall-Effekts, der mittels zweier Hall-Elemente einen Winkelbereich von 0° – 360° messen kann [2]. Die Auflösung beträgt dabei 0.35° (1024 Schritte des internen 10-Bit ADC) und es kann mit Winkelgeschwindigkeiten bis 30000 rpm gemessen werden. Die Nullposition des Winkels kann bei diesem Bauteil programmiert werden und die Messdaten können digital, inkrementell oder per Pulsweitenmodulation übertragen werden. Zusätzliche Funktionalitäten detektieren und signalisieren Fehlerfälle wie ein Einbruch der Versorgungsspannung (3.3 V oder 5 V) oder ein Verrutschen des Magneten. Das Bauteil ist, inklusive Sensoren und Elektronik, in einem 5.3 mm x 6.2 mm kleinen SSOP-16 Gehäuse untergebracht.

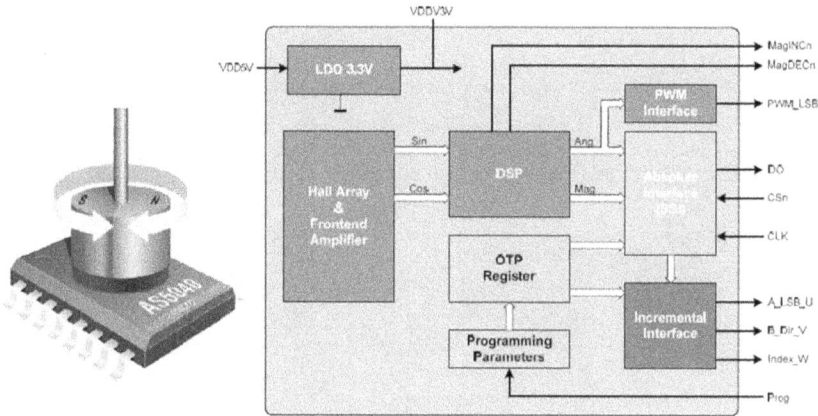

**Abb. 4.45.** Schematische Darstellung der Anwendung des AS5040 (links) und Blockdiagramm (rechts) [2]

Ähnlich wie Winkelsensoren auf Hall-Basis nutzen Winkelsensoren auf AMR-Basis die Winkelabhängigkeit eines physikalischen Effekts, in diesem Fall des anisotropen magnetoresistiven Effekts, und die externe Anregung durch einen Permanentmagneten. In diesem Fall hängt der elektrische Widerstand gemäß $\cos^2$ vom Winkel $\Theta$ ab:

$$\rho(\Theta) = \rho_\perp + \Delta\rho \cdot \cos^2 \Theta \qquad (4.66)$$

Demnach kann ein AMR-Sensor nur Winkel in einem Bereich von $0° - 90°$ eindeutig messen. Im Gegensatz zum Hall-Sensor liegt die sensitive Ebene, in der sich der magnetische Fluss dreht, in der Sensorebene (nicht senkrecht dazu). Um den Messbereich auf eine halbe Umdrehung auszuweiten, werden wieder zwei Sensor-Elemente verwendet, die diesmal um $45°$ gegeneinander versetzt angeordnet sind.

**Beispiel**

Der ADA4571 ist ein Winkelsensor von Analog Devices auf Basis des AMR-Effekts, bei dem 2 um $45°$ gegeneinander versetzte AMR-Sensorelemente sowie die Auswerteelektronik in einem kleinen 8-Pin SOIC Gehäuse integriert sind [1]. Die sin- bzw. cos-förmigen Ausgangssignale der Sensorelemente werden intern aufbereitet und als analoge ratiometrische Spannungssignale ausgegeben, so dass der Winkel in der

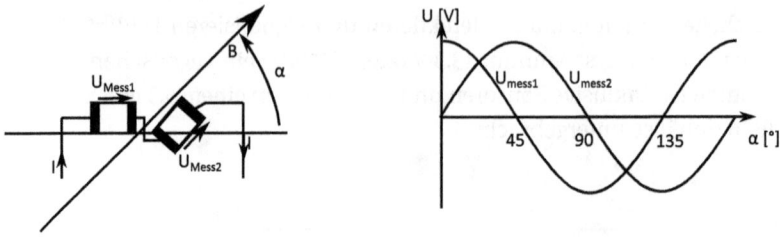

**Abb. 4.46.** Zwei AMR Sensoren in 45°-Anordnung zur eindeutigen Winkelsensierung bis 180°

Ebene mit einem maximalen Fehler von 0.5° für einen Winkelbereich von 0° − 180° gemessen werden kann.

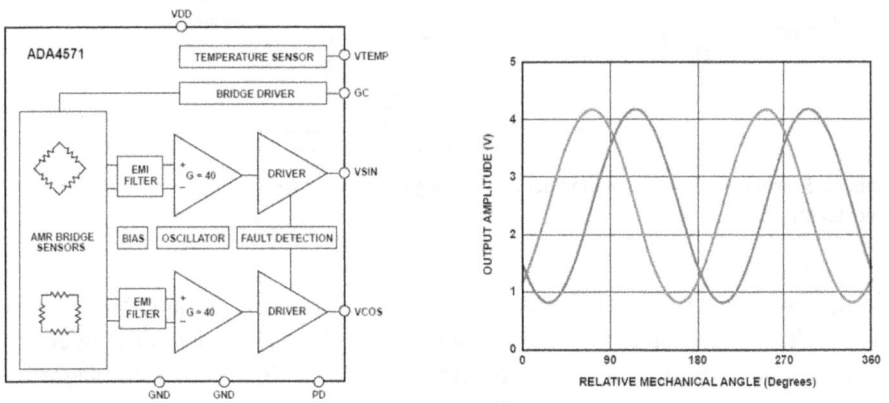

**Abb. 4.47.** Blockdiagramm (links) und Ausgangsspannungen (rechts) des ADA4571 Winkelsensors [1]

## 4.13 Durchfluss

Mit Durchfluss wird der masse- oder volumenbezogene Strom bezeichnet, mit dem sich ein Medium in einen Zeitintervall durch einen Querschnitt bewegt. Dementsprechend werden der Massenfluss (Massenstrom) in $kgs^{-1}$ und der Volumenstrom in $m^3s^{-1}$ angegeben. Dabei hängen Masse $m$ und Volumen $V$ über die Dichte $\rho$ des Mediums zusammen:

$$\rho = \frac{m}{V} \tag{4.67}$$

Die Dichte eines Mediums ist temperaturabhängig: in der Regel wird die Dichte bei höheren Temperaturen kleiner, da sich das Medium ausdehnt. Ausnahme sind Medien mit einer sogenannten Dichteanomalie wie zum Beispiel Wasser.

Durchflusssensoren sind Sensoren, die den Durchfluss eines flüssigen oder gasförmigen Mediums durch einen Querschnitt, z.B. den eines Rohres, messen. Es existieren viele unterschiedliche Methoden, den Durchfluss zu bestimmen. Eine wichtige Methode ist das Prinzip der Anemometer, die die Geschwindigkeit einer Strömung lokal messen und daraus den Durchfluss bestimmen. Aufgrund der Temperaturabhängigkeit der Dichte wird dabei zwischen Volumenflusssensoren und Massenflusssensoren unterschieden.

### 4.13.1 Volumenfluss-Sensor

Volumenflusssensoren messen entweder indirekt das durchströmende Volumen (z.B. Ovalradzähler) oder als Anemometer die Fließgeschwindigkeit $v$ des flüssigen oder gasförmigen Mediums. Der Volumenfluss $Q_V$ ergibt sich dann aus der Geschwindigkeit $v$ und der Querschnittsfläche $A$:

$$Q_V = v \cdot A \qquad (4.68)$$

Sensoren, die die Fließgeschwindigkeit bestimmen, beruhen z.B. auf dem Zusammenhang zwischen Fließgeschwindigkeit und der Ablösefrequenz von Wirbeln hinter einem umströmten Hindernis (Kármánsche Wirbelstraße) . Diese Wirbel sind gegenläufig und verlaufen versetzt zueinander. Dementsprechend bilden sich lokale Druckdifferenzen aus, die durch geeignete Sensorelemente erfasst werden können. Die Messgröße Volumenstrom wird so in die nicht elektrische Zwischengröße Druck (bzw. Druckdifferenz) und dann in die primäre elektrische Größe umgewandelt. Entscheidend bei dieser Methode ist der Einbau des Hindernisses in der Volumenstrom und die Platzierung des Sensorelements. Daher werden die Elemente direkt in ein Rohrstück integriert, dass dann in die ursprüngliche Leitung eingebaut wird.

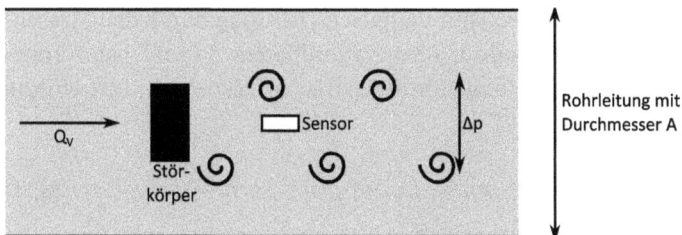

**Abb. 4.48.** Volumenflusssensor auf Basis der Kármánschen Wirbelstrasse

**Beispiel**

Bei den elektronischen Volumenstromsensoren der Reihe FTSxDL der TA Elektronische Steuerungsgerätegesellschaft handelt es sich um Vortex-Durchflussmesser auf Basis der Kármánschen Wirbelstraßen [34]. Die Ablösefrequenz der Wirbel wird durch ein piezoelektrisches Plättchen im Volumenstrom hinter dem Hindernis bestimmt und elektronisch durch einen Mikrocontroller ausgewertet. Somit befinden sich keine beweglichen Teile im Strömungskanal. Es handelt sich um intelligente Sensoren, die die Messdaten des Volumenstroms im Messbereich von 2 - 150 lmin$^{-1}$ sowie der Temperatur im Bereich -40°C – +125°C über eine digitale Schnittstelle übertragen.

### 4.13.2 Massenfluss-Sensor

Der Massenfluss $Q_M$ ergibt sich aus der Geschwindigkeit $v$, der Querschnittsfläche $A$ und der Dichte $\rho$ des Mediums:

$$Q_M = \rho \cdot v \cdot A = \rho \cdot Q_V \tag{4.69}$$

Es kann demnach aus einem bekannten Volumenstrom der Massenstrom nur berechnet werden, wenn die Dichte bekannt ist. So muss die Änderung der Dichte von Luft, z.B. auf Grund von Temperaturschwankungen oder einer Höhenlage, durch zusätzliche Temperatur- und Drucksensoren bestimmt werden.

Um direkt den Massenfluss detektieren zu können, werden thermische Anemometer eingesetzt. Diese Hitzdraht- oder Heißfilm-Anemometer bestimmen direkt den Massenfluss, ohne den Volumenfluss kennen zu müssen. Dazu wird ein Gleichgewicht zwischen zugeführter elektrischer Leistung und durch den Massenstrom abgeführter thermischer Leistung eingestellt.

An einem stromdurchflossenen Leiter mit Widerstand $R$ fällt eine elektrische Leistung ab:

$$P_{el} = I_{heiz}^2 \cdot R \tag{4.70}$$

Diese elektrische Leistung führt zu einer Erwärmung des Leiters um $\Delta T$. Wird der Leiter von einem Medium überströmt, so wird thermische Leistung durch den Massenstrom abgeführt. Diese ist proportional zur Temperaturdifferenz $\Delta T$ und dem Wärmeleitwert $\lambda$. Im Gleichgewichtsfall sind zugeführte elektrische Leistung und abgeführte thermische Leistung gleich:

$$I_{heiz}^2 \cdot R = c_1 \cdot \lambda \cdot \Delta T \tag{4.71}$$

Der Wärmeleitwert ist abhängig vom Massenfluss $Q_M$, der über den Leiter strömt und kann näherungsweise dargestellt werden als:

$$\lambda = \sqrt{Q_M} + c_2 \tag{4.72}$$

Die Konstante $c_2$ berücksichtigt die Wärmeverluste bei nicht-strömendem Medium ($Q_M = 0$). Somit ergibt sich für den Zusammenhang zwischen Heizstrom und Massenfluss:

$$I_{heiz} = \sqrt{\frac{c_1 \cdot \Delta T \cdot \left(\sqrt{Q_M} + c_2\right)}{R}} \qquad (4.73)$$

Bei konstantem Heizstrom stellt sich demnach eine Temperaturdifferenz $\Delta T$ ein, die von dem Massenstrom $Q_M$ abhängt und somit ein Maß für $Q_M$ ist. Wird dagegen der Heizstrom so geregelt, dass eine konstante Temperaturdifferenz von $\Delta T$ gehalten wird, so ist $I_{heiz}$ ein Maß für den Massenstrom.

Im Sensor wird der elektrische Leiter als Draht oder Leiterbahn in den Massenstrom eingebracht. Dadurch umströmt immer nur ein kleiner Teil des Gesamt-Massenstroms das lokal messende Sensorelement. Es muss daher darauf geachtet werden, dass der gemessene Teilmassenstrom repräsentativ für den Gesamtfluss ist, um Letzteren bestimmen zu können. Daher wird auch bei thermischen Massenfluss-sensoren das Sensorelement direkt in ein Rohrstück integriert, damit die Strömungs-verhältnisse bekannt sind und durch eine Kalibrierung berücksichtigt werden können. So kann der kalibrierte Sensor direkt in ein Rohr- oder Leitungssystem integriert werden.

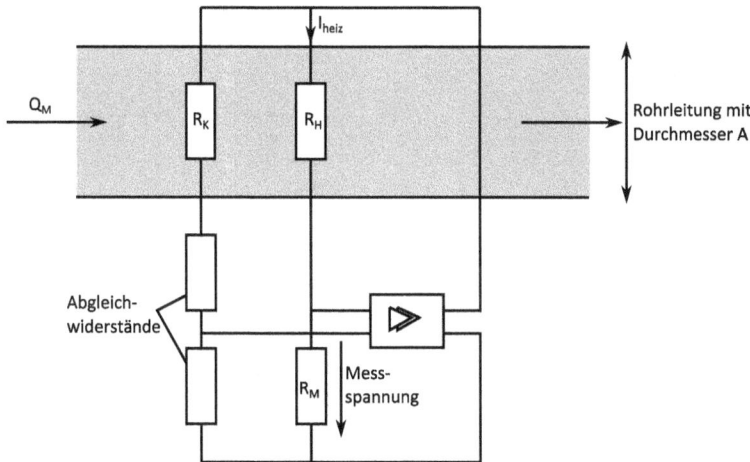

**Abb. 4.49.** Prinzipieller Aufbau eines Hitzdraht-Anemometers: Brückenschaltung mit nicht-beheiztem Kompensationswiderstand $R_K$ zur Regelung auf eine konstante Temperatur durch Regelung des Heizstroms $I_H$ durch den Heizwiderstand $R_H$

**Beispiel**

Der Massenflusssensor HFM5 der Robert Bosch GmbH nutzt das Prinzip des Heißfilm-Anemometers zur Bestimmung des Massenstroms (s. Abbildungen 4.50 und 4.51) [8] . Der eigentliche MEMS Sensor ist ein Strömungsrohr inte-griert. Ein kleiner Teil der Luftströmung wird über das mikromechanische Sensorelement, eine Kombination von einem zentralen Heizelement und zwei temperaturabhängigen Widerständen, geführt. Der Heizstrom beträgt weniger als 100 mA. Die temperaturabhängigen Widerstände sind so symmetrisch um das Heizelement angeordnet, dass der Massenstrom zunächst den ersten Messwiderstand, dann das Heizelement und anschließend den zweiten Messwiderstand überstreicht. So werden die beiden temperaturabhängigen Widerstände unterschiedlich gekühlt, und die Temperaturdifferenz zwischen diesen Beiden ist ein Maß für den Massenstrom.

Durch die Strömungsgeometrie über das Sensorelement und die Verwendung von zwei Temperatursensoren ist es zudem möglich, die Strömungsrichtung zu bestimmen. Es können Massenströme bis zu 1200 kgh$^{-1}$ gemessen werden, die als Spannungssignal $U_A$ ausgegeben werden. Zusätzlich ist ein NTC-Temperatursensor integriert, der einen Messbereich von -40°C bis +120°C hat. Die Auswerteelektronik ist mit in den Sensor integriert, es handelt sich um einen integrierten Sensor.

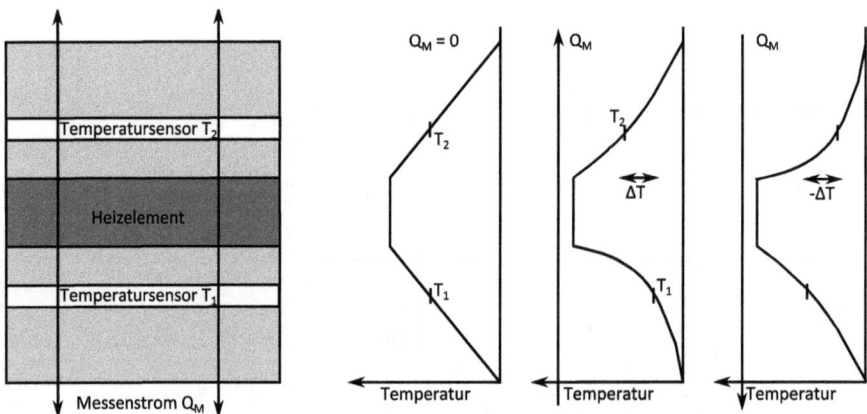

**Abb. 4.50.** Aufbau des Massenflusssensors HFM5 (links); Temperaturprofile in Abhängigkeit vom Massenstrom und Richtung des Massenstroms (rechts)

## 4.14 Feuchte

Feuchtesensoren messen den Wassergehalt in Materialien, sowohl festen und flüssigen als auch gasförmigen. Generell beeinflusst der Feuchtegehalt die physikalischen

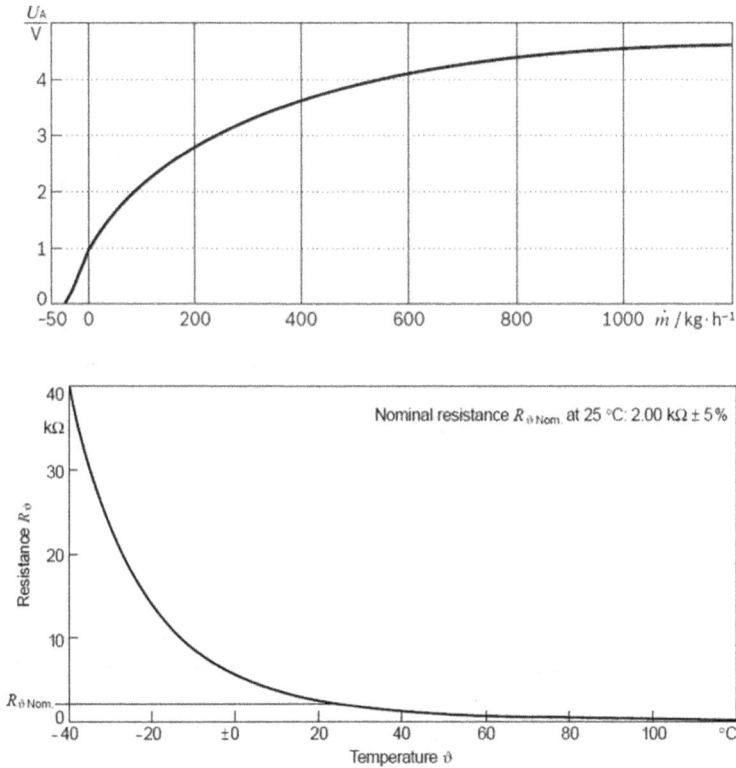

**Abb. 4.51.** Ausgangskennlinie des Massenstromsensore (oben) und des Temperatursensors (unten) vom Massenflusssensor HFM5 [8]

Eigenschaften eines Materials, z.B. Gewicht, Dichte, elektrische Leitfähigkeit. Diese Änderung der physikalischen Eigenschaften können Feuchtesensoren nutzen: die Messgröße (Feuchte) wird in eine nicht-elektrische oder elektrische Zwischengröße (z.B. Gewicht, Leitfähigkeit) gewandelt, die dann wiederum mit geeigneten physikalischen Methoden in die primäre elektrische Ausgangsgröße gewandelt wird.

Aufgrund der Vielzahl an durch die Feuchte beeinflussten Eigenschaften eines Materials gibt es zahlreiche Realisierungen von Feuchtesensoren. Daher hängt die Wahl der geeigneten Messmethode von vielen Faktoren ab, z.B. Art des Messobjekts (fest, flüssig, gasförmig), Art der Bindung des Wassers, physikalische Eigenschaften des Messobjekts, Probenmenge und –geometrie. Dementsprechend kommen Methoden wie Spektroskopie, Thermogravimetrie (Wäge-Trocknungs-Methode) oder chemische Methoden zum Einsatz.

Bei Gasen kann die Feuchte als relative Feuchte in Prozent (% r.F.) oder als absolute Feuchte (Gramm $H_2O$ pro Kubikmeter Luft, $gm^{-3}$) angegeben werden. Insbesondere die Luftfeuchte ist eine in vielen Anwendungen wichtige Messgröße .

Dabei gibt die absolute Feuchte $F_{abs}$ diejenige Masse an $H_2O$ an $(m_{H_2O})$, die in einem bestimmten Luftvolumen $V_{Luft}$ enthalten ist:

$$F_{abs} = \frac{m_{H_2O}}{V_{Luft}} \qquad (4.74)$$

Die maximale Wassermenge $m_{H_2O,max}$, die bei einer Temperatur in einem Luftvolumen enthalten sein kann, ist die Sättigungsfeuchte $F_{sat}$:

$$F_{sat}(T) = \frac{m_{H_2O,max}}{V_{Luft}} \qquad (4.75)$$

So kann 1 m$^3$ Luft bei 25°C 25 g Wasser aufnehmen, die Sättigungsfeuchte beträgt demnach $F_{sat}$ = 25 gm$^{-3}$.

Die relative Feuchte $F_{rel}$ bei einer Temperatur ist dann das Verhältnis von absoluter Feuchte zu Sättigungsfeuchte:

$$F_{rel}(T) = \frac{F_{abs}}{F_{sat}(T)} \cdot 100\% \qquad (4.76)$$

Bei 60 % relativer Feuchte sind demnach 15 gm$^{-3}$ pro m$^3$ Luft enthalten.

Luft-Feuchtesensoren können kapazitiv aufgebaut werden und die Änderung der elektrischen Eigenschaften des Dielektrikums in Abhängigkeit der Feuchte nutzen. Dazu wird ein hygroskopisches Dielektrikum eingesetzt, das die Feuchtigkeit aus der Luft binden kann. Unter Einfluss der Luftfeuchte ändern sich die Dielektrizitätskonstante $\epsilon_r$ und damit die Kapazität des Kondensators. $\gamma$-$Al_2O_3$ ist ein elektrischer Isolator, der sich auf Grund seiner hygroskopischen Eigenschaften und seiner porösen Struktur als feuchteempfindliches Dielektrikum eignet.

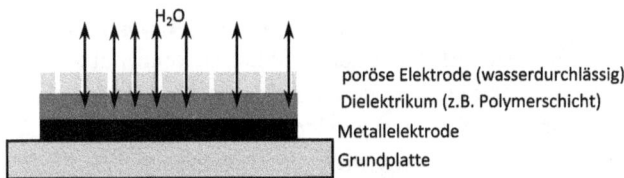

**Abb. 4.52.** Aufbau eines kapazitiven Feuchtigkeitssensors

Die Kapazitätsänderung kann mittels geeigneter Schaltung, z.B. einer kapazitiven Vollbrücke oder einem Schwingkreis, gemessen werden (Abbildung 4.53). Einer der vier Kondensatoren ist feuchteempfindlich und die Kapazität ändert sich in Abhängigkeit von der Luftfeuchte um $\Delta C$. Die Brücke wird durch eine Wechselspannung (z.B. 100 kHz) angeregt und ist für $\Delta C$ = 0 F abgeglichen. Die Ausgangsspannung $U_a$ ist dann gleich Null. Somit ist die Ausgangsspannung $U_a$ nur noch von der Kapazitätsänderung $\Delta C$ des feuchteempfindlichen Kondensators abhängig. $U_a$ wird gleichgerichtet und verstärkt und ist somit ein Maß für die Luftfeuchte. Kapazitive Feuchtesensoren können als einfache Wandler oder als intelligente Sensoren realisiert werden.

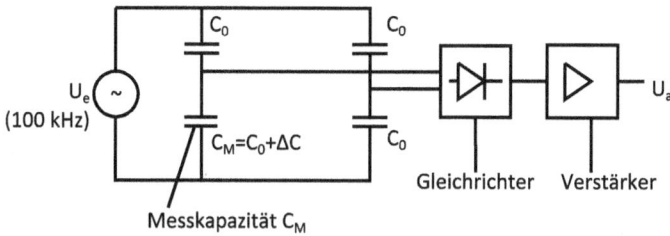

**Abb. 4.53.** Kapazitive Vollbrücke zur Feuchtigkeitsmessung

**Beispiel**

Der HTU20D ist ein Feuchtesensor von measurement SPECIALTIES$^{TM}$, der zur Messung der relativen Feuchte und der Temperatur verwendet werden kann und auf dem kapazitiven Prinzip beruht [23]. Die relative Feuchte kann im Bereich 0 % – 100 % mit einer Auflösung von 0.04 % gemessen werden. Die Temperatur kann mit einer Auflösung von 0.01°C im Bereich -40°C -– 125°C gemessen werden. Die Auflösung kann dabei für beide Sensorelemente programmiert werden. Der Sensor kann direkt über eine I2C-Schnittstelle mit einem Mikrocontroller verbunden werden.

Das kleine DFN-Gehäuse des Sensors (3 mm x 3 mm x 0.9 mm) weist auf der Oberseite eine Öffnung auf, durch die die feuchte Luft zum Messkondensator gelangen kann. Optional kann der Sensor mit einer luftdurchlässigen Schutzkappe auf dieser Öffnung versehen werden, um ein Eindringen von Schmutz und Wasser zu verhindern.

## 4.15 Optisch

Zur Messung von sichtbarem Licht (Wellenlängenbereich 380 nm -– 780 nm) werden optische Sensoren verwendet, die auf dem photoelektrischen Effekt, zumeist in Halbleitern wie Silizium, basieren. Dabei werden pn-Übergänge beleuchtet. So können Photonen mit ausreichend großer Energie, größer als die Bandlücke des Halbleiters, Elektron-Loch-Paare erzeugen. Die Anzahl der Elektron-Loch-Paare hängt von der Anzahl der Photonen und damit von der Beleuchtungsstärke ab. Der dadurch entstehende Photostrom bzw. die Leerlaufspannung werden gemessen: durch die Raumladungszone des pn-Übergangs werden die freien Ladungsträger, die in der Sperrschicht

OPERATING RANGE

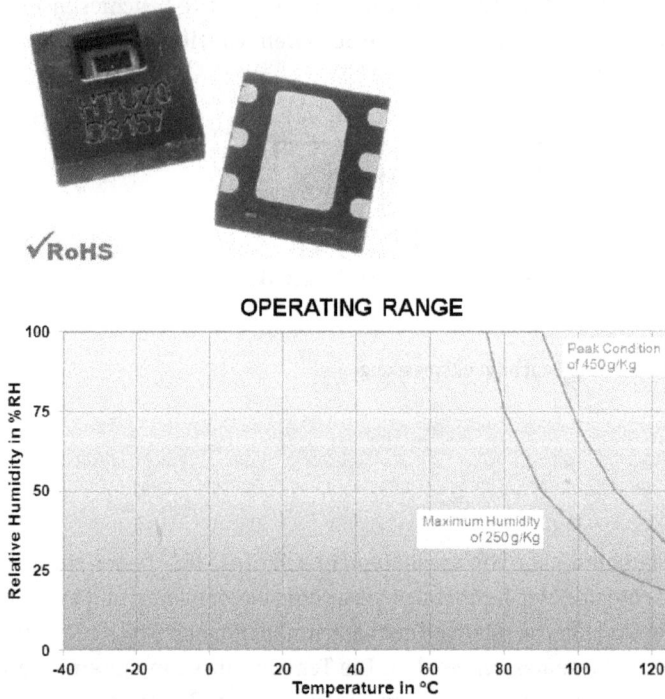

**Abb. 4.54.** Gehäuse des HTU20D mit Öffnung für die Feuchtigkeit (oben); Abhängigkeit des maximalen Messbereichs von der Temperatur (unten) [23]

durch den inneren Photoeffekt generiert werden, beschleunigt und getrennt, so dass die Rekombination verhindert wird und ein Driftstrom fließt.

Optische Sensoren wie Photodioden oder Phototransistoren messen so den Momentanwert des Lichtstroms (die Anzahl an Photonen) und geben Ausgangssignale aus, die diesen Momentanwert abbilden. Integrierende Sensoren dagegen wie CCD- oder CMOS-Sensoren (Charge Coupled Device bzw. Complementary Metal-Oxide-Semiconductor) messen den Lichtstrom über einen Zeitraum, so dass das Ausgangssignal der Gesamtzahl der Photonen in diesem Zeitraum entspricht.

Optischen Sensoren weisen eine charakteristische Abhängigkeit der Empfindlichkeit von der Wellenlänge auf, wie in Abbildung 4.55 beispielhaft dargestellt. So liegt die maximale Empfindlichkeit von Silizium-Photodioden bei etwa 850 nm -- 900 nm. Aufgrund der spektralen Empfindlichkeit sind optische Sensoren per se nicht farbselektiv, sie können nur die Helligkeitswerte für ihren kompletten Spektralbereich ermitteln. Sollen Farben unterschieden und Farbinformationen erhalten werden, so sind geeignete Filter zu verwenden, die vor die optischen Sensoren gesetzt werden. Verbreitet sind dabei, insbesondere bei flächigen Sensoren, RGB-Filter, die auf den

Grundfarben Rot, Grün und Blau basieren. Durch die farbselektive Messung der drei Grundfarben kann auf die wirkliche Farbe zurückgeschlossen werden.

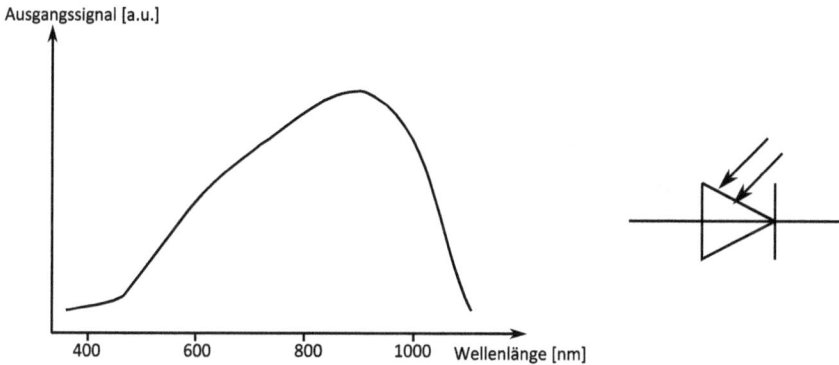

**Abb. 4.55.** Spektrale Empfindlichkeit eines optischen Sensors (links); Schaltungssymbol einer Fotodiode (rechts)

### 4.15.1 Photodiode und Phototransistor

Photodioden nutzen die Abhängigkeit des Sperrstroms von der Beleuchtungsstärke. Dazu wird die Photodiode in Sperrrichtung betrieben. Die angelegte Sperrspannung vergrößert die Raumladungszone des pn-Übergangs, wodurch sich die Sperrschichtkapazität verringert. Dies ermöglicht sehr kurze Schaltzeiten der Photodiode, Grenzfrequenzen liegen im 10 MHz Bereich.

Maßgebend für den Sperrstrom ist die Beleuchtungsstärke (Photonendichte), die in lux (lx) gemessen wird. Bei einer definierten spektralen Zusammensetzung des Lichts (Normlicht) entspricht eine Beleuchtungsstärke von 1000 lx einer eingestrahlten Leistung von $4.76\,\mathrm{mWcm^{-2}}$. In Abhängigkeit der Beleuchtungsstärke nimmt dann der Sperrstrom linear zu. Dabei liegt die Größenordnung der Photoströme in nA- bzw. μA-Bereich.

Kennwerte von Photodioden sind die zulässige Sperrspannung, die spektrale Photoempfindlichkeit (welcher Strom fließt bei welchen Beleuchtungsstärken und Wellenlängen des Lichts) sowie der Spektralbereich, in dem die Photodiode messen kann.

### Beispiel
Die Photodiode BPW21R von Vishay Intertechnology, Inc. ist eine Silizium-Photodiode mit einer spektralen Empfindlichkeit im Bereich 380 nm – 750 nm [37]. Die spektrale Empfindlichkeit wird durch einen in den Sensor integrierten Filter an die Empfindlich-

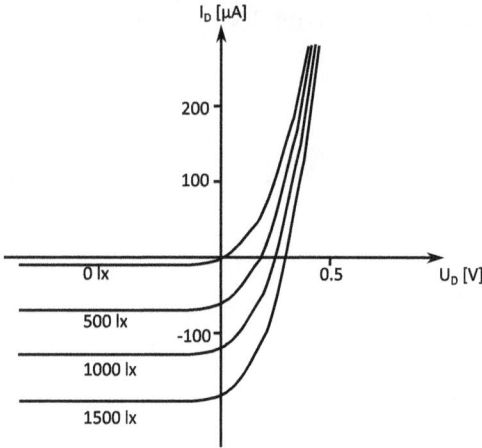

**Abb. 4.56.** Beispielhafte Kennlinie einer Photodiode in Abhängigkeit der Beleuchtungsstärke

keit des menschlichen Auges angepasst. Die Empfindlichkeit liegt typischerweise bei 9 nA pro lux. Die maximale Sperrspannung beträgt 10 V und die Sperrschichtkapazität hängt stark von der Sperrspannung ab.

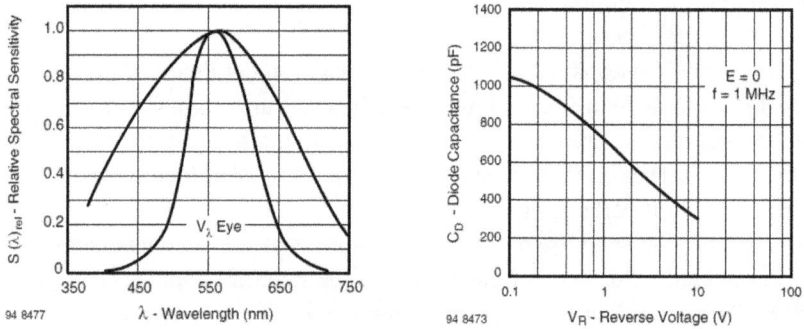

**Abb. 4.57.** Photodiode BPW21R: Spektrale Empfindlichkeit der Diode im Vergleich zum menschlichen Auge (links); Kennlinie der Kapazität (rechts) [37]

Beim Phototransistor handelt es sich um einen Bipolartransistor, entweder vom npn- oder pnp-Typ. Die in Sperrrichtung gepolte Kollektor-Basis Diode des Transistors wirkt als Photodiode, so dass durch den Sperrstrom, der vom Lichteinfall auf den pn-Übergang abhängt, die Ansteuerung des Transistors realisiert wird. Durch die Stromverstärkungseigenschaften des Transistors (Verstärkungsfaktor $B$, Größenordnung 100 – 1000) wirkt der Phototransistor wie ein Verstärker, so dass sie wesentlich empfindlicher sind als Photodioden. Der Kolloktorstrom als Maß für die Beleuch-

tungsstärke liegt damit um den Verstärkungsfaktor *B* höher als für eine vergleichbare Photodiode.

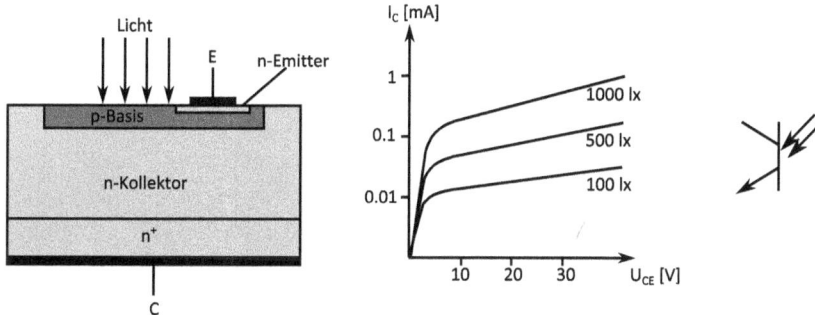

**Abb. 4.58.** Phototransistor: Aufbau (links); Kennlinie (Mitte); Schaltsymbol (rechts)

### 4.15.2 CCD und CMOS

Integrierende optische Sensoren wie CCD- oder CMOS-Sensoren nutzen auch Photodioden, um freie Ladungsträger zu erzeugen.

Bei CCD-Sensoren werden aber, im Gegensatz zu einfachen Photodioden, die Ladungen während eines Zeitraums in dem lichtempfindlichen Bereich akkumuliert und gespeichert. Nach dieser Zeitspanne werden die gesammelten Ladungen dann in einen lichtunempfindlichen Teil transferiert und dort dann ausgewertet, indem mittels eines Ladungsverstärkers ein Spannungssignal erzeugt wird. Die Anzahl der Ladungen ist dann ein Maß für die integrierte Beleuchtungsstärke.

Speicherelement bei CCD-Sensoren ist ein MOS-Kondensator, der aus einer Metal-Oxide-Semiconductor-Struktur besteht. Dazu wird auf einen Halbleiter wie Silizium zunächst ein isolierendes Oxid ($SiO_2$) und anschließend eine Metallisierung als Elektrode aufge-bracht. Durch das Anlegen einer positiven Spannung an der Elektrode bildet sich unter der Isolierung eine positive Raumladungszone aus. Bei Lichteinfall, durch die Vorderseite (bei durchsichtiger Elektrode) oder durch die Rückseite, entstehen freie Ladungsträgerpaare. Die Elektronen sammeln sich in der Raumladungszone, können dort nicht rekombinieren oder abfließen und werden so gespeichert.

Um die akkumulierten Ladungen nach der Belichtung auslesen zu können, werden sie in benachbarte, nicht lichtempfindliche MOS-Kondensatoren verschoben. Dazu wird an diesen Transferkondensator eine höhere Spannung angelegt und die Ladungen werden so aus dem lichtempfindlichen Bereich heraus verschoben. Anschließend kann die Ladungsmenge, die ein Maß für die integrierte Beleuchtungsstärke ist, ausgewertet werden, z.B. mittels eines Ladungsverstärkers und nachfolgendem ADC.

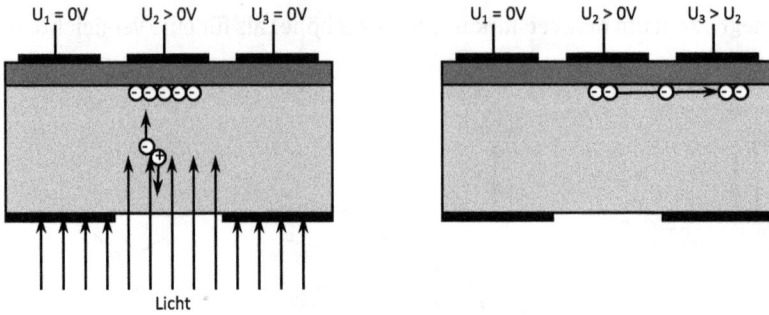

**Abb. 4.59.** Auslesen eines MOS-Kondensators durch Ladungstransfer in benachbarten Transferkondensator

Dieses Prinzip des Ladungstransports und Auswertung ist Basis von CCD-Sensoren. Dabei werden dann viele Speicher- und Transferkondensatoren in 2-dimensionale Sensorarrays zusammengeschaltet, um einen flächigen Sensor aufzubauen. Jeder aktive Speicherkondensator entspricht dann einem Pixel. In der schematischen Darstellung eines solchen Sensor-Arrays (Abbildung 4.60) werden die gesammelten Ladungen aus den lichtempfindlichen Speicherelementen spaltenweise in benachbarte Transferelemente geschoben. Von dort werden sie schrittweise nach unten verschoben, über ein Schieberegister seriell ausgegeben und anschließend ausgewertet. Während dieses Datentransfers sind die lichtempfindlichen Sensorelemente weiterhin aktiv und messen parallel die Beleuchtungsstärke.

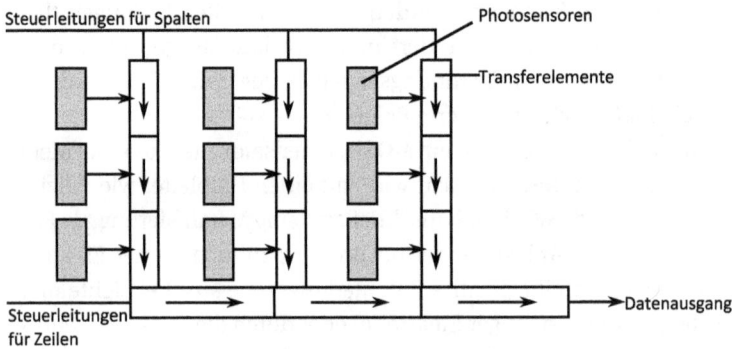

**Abb. 4.60.** CCD-Sensor: 2-dimensionales Array von Speicher- und Transferelementen

CMOS-Sensoren nutzen die Entladung einer vorgeladenen Kapazität durch den Sperrstrom einer Photodiode, um die Beleuchtungsstärke zu messen. Dabei sind die einzelnen Pixel über Zeilen- und Spaltenleitungen ansteuerbar, so dass, im Gegensatz zu CCD-Sensoren, bei denen die Daten nur komplett seriell ausgelesen werden können, jedes Pixel einzeln ausgelesen werden kann.

Das grundsätzliche Prinzip von CMOS-Sensoren zeigt Abbildung 4.61. Die Kapazität $C_D$ wird über den Transistor $T_3$ vorgeladen. Bei Belichtung der Photodiode wird der Kondensator, abhängig von der Belichtungsstärke, entladen. Beim Auslesen wird die Restladung des Kondensators mittels des Transistors $T_1$ in eine Ausgangsspannung gewandelt.

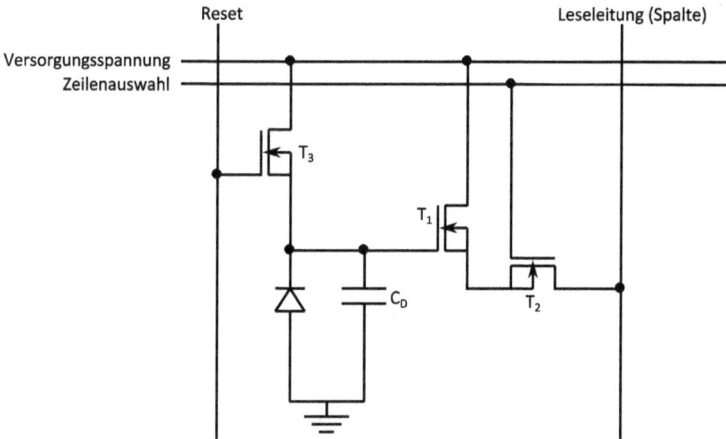

**Abb. 4.61.** Schematischer Aufbau eines Pixels eines CMOS-Sensors

Um bei flächigen CCD oder CMOS-Sensoren, die aus einer rechteckigen Matrix von lichtempfindlichen Sensoren bestehen, Farbinformationen zu erhalten, wird vor jede einzelne Zelle ein Farbfilter in einer der Grundfarben Rot, Grün oder Blau (RGB) auf-gebracht. Ein weit verbreiteter Filter auf RGB-Basis ist die sogenannte Bayer-Matrix . Diese besteht aus einer schachbrettartigen Anordnung von Farbfiltern, wobei die Hälf-te der Filter grün ist und jeweils 25 % blau bzw. rot (Abbildung 4.62). Unter jedem Filter befindet sich ein photosensitives Sensorelement. Jeweils 4 Filter bzw. Sensorelemente werden zu einem Pixel (Abbildung 4.62 rechts) zusammengefasst. Aus den farbselek-tiven Information der einzelnen Sensorelemente eines Pixels kann dann die Farbe des empfangenen Lichts berechnet werden.

## Beispiel
Der TC281 ist ein CCD-Bildsensor von Texas Instruments mit einer aktiven Fläche von 8 mm x 8 mm [35]. Auf dieser Fläche sind 1000 x 1000 Pixel mit einer Pixelgröße von 8 µm x 8 µm angeordnet. Das serielle Shift-Register schiebt die Sensordaten mit ei-ner maximalen Datenrate von 40 MHz aus dem Sensor. Die Empfindlichkeit beträgt typischerweise 240 mVlx$^{-1}$.

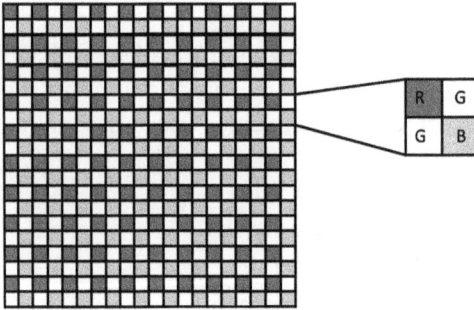

**Abb. 4.62.** Flächiger Bildsensor mit RGB-Farbfilter (Bayer-Matrix) sowie Filteranordnung pro Pixel

## 4.16 Chemisch

Wie bereits in Kapitel 3.12 erwähnt, gibt es, u.a. abhängig von der chemischen Messgröße, eine Vielzahl an Realisierungsmöglichkeiten für chemische Sensoren. Hier soll eine lambda-Sonde als Beispiel für einen chemischen Sensor verwendet werden, die auf dem potenziometrischen Prinzip beruht.

Die lambda-Sonde wird in Kraftfahrzeugen eingesetzt, um den Restsauerstoffgehalt im Abgas zu bestimmen. Aus diesem Gehalt kann dann auf das Verbrennungsluftverhältnis $\lambda$ (Verhältnis der für die Verbrennung im Motor zur Verfügung stehenden Luftmasse zur stöchiometrisch benötigten Luftmasse) geschlossen werden. Die für eine vollständige Verbrennung von 1 kg Diesel-Brennstoff benötigte stöchiometrische Luftmasse beträgt 14.5 kg. $\lambda = 1$ bedeutet damit, dass Luft für die Verbrennung genau im stöchiometrischen Verhältnis zur Verfügung steht. Bei $\lambda < 1$ herrscht Luftmangel (fettes Luft/Kraftstoff-Gemisch), $\lambda > 1$ bedeutet einen Überschuss an Luft.

In Abbildung 4.63 ist der schematische Aufbau einer lambda-Sonde dargestellt. Sie besteht aus 2 Halbzellen, wobei in der einen Halbzelle ein hoher Partialdruck an Sauerstoff (Luftseite) und in der anderen durch das Abgas ein niedriger Partialdruck herrscht. Die Luftseite dient so als Referenz. Weiterhin besitzt sie zwischen den beiden Halbzellen eine Zirkoniumdioxid-Membran (Elektrolyt), die mit zwei porösen Platin-Elektroden und einem Spannungssensor verbunden ist.

Aufgrund der unterschiedlich herrschenden Partialdrücke wird ein Partialdruckausgleich, ausgehend von Luft, angestrebt. Da das Zirkoniumdioxid-Elektrolyt aufgrund einer Yttrium-Dotierung für Luft undurchlässig ist, wird die Luft zunächst an der porösen Platin-Elektrode ionisiert:

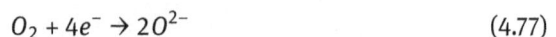

$$O_2 + 4e^- \rightarrow 2O^{2-} \tag{4.77}$$

Die entstehenden Sauerstoff-Ionen sind nun in der Lage durch das Kristallgitter des Elektrolyten zu diffundieren. An der zweiten porösen Platin-Elektrode erfolgt dann die Neutralisation der Ionen:

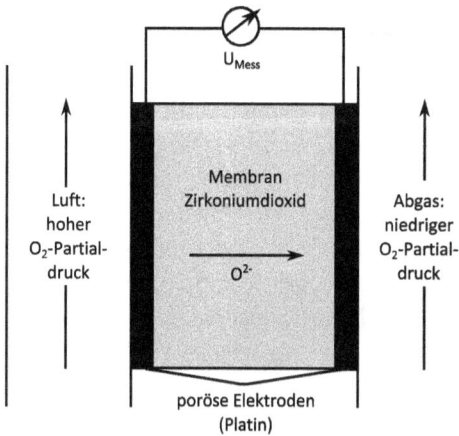

**Abb. 4.63.** Schematischer Aufbau einer lambda-Sonde

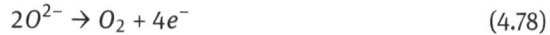

$$2O^{2-} \rightarrow O_2 + 4e^- \qquad\qquad (4.78)$$

Gemäß der Nernst'schen Gleichung kann dann eine Spannung gemessen werden, die von der Sauerstoffkonzentration abhängt.

**Beispiel**

Der Breitband-lambda-Sensor LSI 4.9 von Bosch kann das Verbrennungsluftverhältnis $\lambda$ in einem weiten Bereich von 0.65 bis $\infty$ (reine Luft) messen [10]. Dabei kann der Sensor, der im Abgasstrang von Diesel- oder Benzin-Kraftfahrzeugen eingebaut wird, kurzzeitig Temperaturen bis 1030 °C aushalten. Der Sensor hat einen 6-poligen Stecker, der für Anwendungen im Kraftfahrzeug geeignet ist. Über einen externen Widerstand können zwei unterschiedlichen Messbereiche ausgewählt werden, das Ausgangssignal ist ein analoger Strom im mA-Bereich.

# 5 Informationsverarbeitende Systeme

Informationsverarbeitende Systems sind zentrale Komponenten von modernen technischen Systemen. In den digitalen Logikeinheiten wie Mikroprozessor, Mikrocontroller oder SPS (Speicherprogrammierbare Steuerung) werden Informationen und Daten gesammelt, verarbeitet und ausgetauscht sowie resultierende Aktionen generiert.

Um diese komplexen Aufgabe innerhalb eines Systems erfüllen zu können, müssen die Logikkomponenten zahlreiche anwendungsspezifische Schnittstellen und Komponenten aufweisen. Dazu gehören Schnittstellen zu Sensoren, Aktoren und anderen Logikeinheiten über Bussytemen ebenso wie unterstützende Funktionen wie Spannungsversorgungen.

Die zusätzlichen Komponenten, Schnittstellen und Module können entweder intern innerhalb der digitalen Einheit realisiert werden (wie in weitem Maße bei Mikrocontrollern) oder extern, wie es bei Mikroprozessoren umgesetzt wird. Speicherprogrammierbare Steuerungen bieten eine gewisse Modularität, um die benötigten Komponenten um eine zentrale Recheneinheit herum aufbauen zu können.

Bei einer Vielzahl von modernen mechatronischen oder regelungstechnischen Systemen handelt es sich um sogenannte eingebettete Systeme (embedded systems). Das bedeutet, dass eine Recheneinheit, z.B. ein Mikrocontroller, die Steuer- oder Regelungsfunktionalitäten oder die digitale Signalverarbeitung übernimmt, die notwendig sind, um eine Funktionalität des Systems darzustellen. Dabei sind diese eingebetteten Systeme so in das Gesamtsystem integriert, dass sie nach außen hin nicht als Recheneinheit in Erscheinung treten. Für den Nutzer sind diese Systeme nicht sichtbar, sondern nur die daraus resultierende Funktionalität. Beispiele für eingebettete Systeme finden sich in allen technischen Anwendungsbereichen, z.B. in Waschmaschinen, der Unterhaltungselektronik oder in Fahrerassistenzsystemen im Auto wie dem Antiblockiersystem (ABS) oder dem elektronischen Stabilitätsprogramm (ESP).

Eingebettete Systeme sind häufig konkret auf den jeweiligen Anwendungsfall angepasst. Dabei wird die Funktionalität so auf die Hard- und Software aufgeteilt, dass eine möglichst optimierte Lösung für die Anwendung mit ihren Anforderungen realisiert wird. Optimiert bezieht sich dabei auf alle technischen, gesetzlichen und wirtschaftlichen Anforderungen:

- Lastenheft und Spezifikation
- Normen und Gesetze
- Platzbedarf
- Energie- und Speicherbedarf
- Modularität und Flexibilität
- Echtzeitfähigkeit

- Betriebssicherheit
- Zuverlässigkeit
- Kosten

Die Hardware von eingebetteten Systemen muss alle benötigten Komponenten und Schnittstellen zur Verfügung stellen. Die eigentliche Funktionalität wird dann, auf dieser Hardware aufbauend, durch die Software realisiert. Das bedeutet, dass die Entwicklung und der Einsatz von eingebetteten Systemen eine enge Verzahnung von Hard- und Software erfordert.

Zwei informationsverarbeitende Systeme, Mikrocontroller und speicherprogrammierbare Steuerung, sollen hier kurz vorgestellt werden, da sie zentrale Komponenten vieler mechatronischer bzw. automatisierungstechnischer Systeme sind und sowohl Sensordaten empfangen und auswerten als auch über Bussysteme kommunizieren können.

## 5.1 Mikrocontroller

Mikroprozessoren, wie sie in PCs zu finden sind, bieten eine hohe Rechenleistung und damit eine große Verarbeitungsgeschwindigkeit für die Software und Programme. Viele Anwendungen, insbesondere komplexe eingebettete Systeme, benötigen aber neben der reinen Rechenleistung noch weitere Komponenten wie integrierten Speicher, Schnittstellen als Aus- oder Eingang oder Steuerungs- und Kommunikationskomponenten.

Bei Mikrocontrollern ($\mu$C) handelt es sich um Mikroprozessoren, die um zusätzliche Hardware-Komponenten erweitert sind, wie in Abbildung 5.1 dargestellt. Die zusätzlichen Hardware-Komponenten sind so weit wie möglich auf einem Bauteil vereint und dienen dazu, zusätzliche Funktionalitäten zur Verfügung zu stellen. Das Beispiel in Abbildung 5.1 zeigt einen Mikrocontroller als zentrale Komponente einer Heizungsregelung. Neben der eigentlichen Recheneinheit, der CPU (Central Processing Unit) sind Peripheriekomponenten in dem $\mu$C integriert, um die Funktionalität mit einem Bauteil realisieren zu können.

In den integrierten Speichern können dynamische Daten (RAM, Random Access Memory) wie Messdaten oder statische Daten (Flash-Speicher) wie Programmcode oder Parametrisierungsdaten abgespeichert werden. Ein zusätzlicher externer Speicher ist nicht notwendig.

Mittels einer Busschnittstelle kann der $\mu$C mit anderen Komponenten, z.B. bei einer kompletten Gebäudeautomatisierung, kommunizieren. An den Analog-Digital-Wandler (ADC) wird der analoge Temperatursensor angeschlossen und digitale Pins des $\mu$C dienen als Schaltereingang oder -ausgang. Ein externes LCD Display wird über ein entsprechendes Hardware-Modul angesprochen. Zusätzliche Systemfunktionalitäten wie Takterzeugung, Interrupt- und Reset-Handling sind ebenfalls integriert.

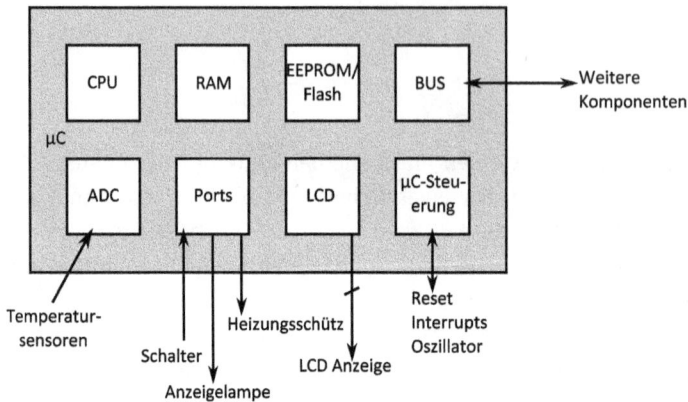

**Abb. 5.1.** Komponenten eines Mikrocontrollers für eine exemplarische Heizungssteuerung

Wie an dem einfachen Beispiel zu erkennen ist, hängt die Einsatzmöglichkeit eines μC sehr davon ab, wie die vorhandenen CPU und HW-Komponenten zur Applikation passen. Weitere Anforderungen an einen μC in einer Applikation sind:

- Gehäuse (Pin-Anzahl, Bauform, Größe)
- Speichergröße
- Taktfrequenz
- Leistungsaufnahme
- Zuverlässigkeit

Typische HW-Komponenten eines Mikrocontrollers sind:
- CPU :
  Zentrale Recheneinheit, 8-/16-/32-/64-Bit Prozessorkern, evtl. mehrere CPUs zur Realisierung von Multi-Core Rechnern mit höherer Leistung oder Redundanz
- RAM (Random Access Memory) :
  Flüchtiger, reversibler Datenspeicher, insbesondere als Arbeitsspeicher genutzt, Inhalt geht beim Abschalten der Betriebsspannung verloren
- ROM (Read-Only-Memory) :
  Nicht-flüchtiger, nicht-reversibler Speicher, z.B. für Start-Up Code oder Programmcode; Code wird direkt beim Halbleiter-Herstellungsprozess in den Mikrocontroller integriert
- EEPROM (Electrically Erasable Programmable Read Only Memory) oder Flash-Speicher :
  Nicht-flüchtiger, reversibler Speicher für Programmcode oder Daten
- Busschnittstelle:
  Hardware-Implementierung der Protokollschichten von Bussystemen wie CAN
- Analog-Digital-Wandler, ADC:
  Digitalisierung von analogen Spannungen (z.B. Sensorsignale)

- Timer Module :
  Spezielle HW-Module für Zähler, Zeitgeber, Pulsgeneratoren oder Pulsweitenmodulation für zeitabhängige Steuerungen oder Sensorsignalübertragungen
- DMA (Direct Memory Access): Modul zum internen direkten Datenaustausch zwischen an-deren Modulen des $\mu$C, um die CPU vom Datentransfer zu entlasten
- Digitale Ports:
  Ein- oder Ausgänge für digitale Signale; meist ist die Ein- oder Ausgangscharakteristik programmierbar (z.B. Ausgang mit open-drain oder push-pull Charakteristik)
- Analoge Ports:
  Analoge Ein- oder Ausgänge, die intern über einen Multiplexer mit dem internen ADC bzw. DAC (Digital-Analog-Wandler) verbunden sind
- Takterzeugung:
  Zur Erzeugung des Arbeitstakts des Mikrocontrollers (z.B. 200 MHz) und weiterer Taktsignale (z.B. für den Watchdog) stehen meist mehrere interne und externe Taktgeber (z.B. externer Quarzoszillator) zur Verfügung; der Taktgeber kann entsprechend der Funktionalität konfiguriert werden
- Spannungsversorgung:
  Moderne Mikrocontroller arbeiten häufig nicht nur mit einer Spannung, sondern intern mit mehreren Spannungspegeln; so können die Ports für die Verbindung zur Außenwelt auf 5 V arbeiten und die innere Digitallogik läuft, um die Leistungsaufnahme zu reduzieren, nur auf 3.3 V oder bei noch kleineren Spannungen; die unterschiedlichen Spannungspegel können entweder extern zugeführt werden oder werden intern aus nur einer externen Spannung generiert
- Spannungsüberwachung:
  Dient dazu, die Versorgungsspannung zu überwachen und bei Über- oder Unterschreiten von Grenzwerten den Mikrocontroller in definierte Zustände zu versetzen
- Watchdog :
  Mittels des Watchdogs ist es möglich, die Software auf korrekten Programmablauf zu überwachen
- Interrupt-Handling:
  Für Ereignissteuerung stehen Programmunterbrechungen, Interrupts, zur Verfügung; diese können aus externen Quellen (über Ports), aus internen Quellen oder von der Software generiert werden; das Interrupt-Handling beinhaltet die Ablaufsteuerung, die Priorisierung und das Maskieren von Interrupts
- Reset-bzw. Startup-Modul:
  Nach dem Einschalten der Versorgungsspannung bzw. nach einem Reset (intern oder extern) durchläuft der Mikrocontroller verschiedene Phasen (z.B. Spannungsstabilisierung, Anschwingen des Oszillators), die in korrekter zeitlicher Abfolge durchlaufen werden müssen, um sicher und definiert die Programmabarbeitung starten zu können

Dementsprechend gibt es eine Vielzahl von Mikrocontrollern, die sich bei gleicher CPU nur in der Anzahl und der Typen der HW-Module, des Pin-Anzahl, dem Gehäuse, usw. unterscheidet (s. Abbildung 5.2). Vorteile dieses sogenannten Familienkonzepts sind z.B. eine große Flexibilität bei der Auswahl eines μC, die Skalierbarkeit (z.B. Speichergröße), die Optimierung an die technischen und wirtschaftlichen Anforderungen der Anwendung.

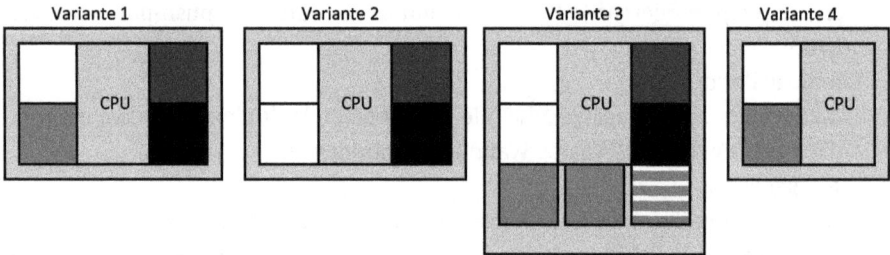

**Abb. 5.2.** Mikrocontroller-Varianten mit jeweils gleicher CPU und unterschiedlichen HW-Modulen

Ein Beispiel für eine μC-Familie ist die RL78-Familie von Renesas Electronics[1]. Die CPU für alle Bauteile dieser Familie ist ein 16Bit CISC Prozessor (CISC: Complex Instruction Set Computer). Je nach Anwendungsgebiet und Funktionalitäten wird die Familie noch in zahlreiche Untergruppen eingeteilt. Abbildung 5.3 zeigt die Bauteile der RL78/G13 Untergruppe, die insbesondere für Industrieanwendungen oder Unterhaltungselektronik mit einem Fokus auf geringen Stromverbrauch eingesetzt werden kann[2]. Parameter der Abbildung sind: die internen Speichergrößen (Flash-Speicher auf der vertikalen Achse (16 – 512 kB), RAM-Speicher in den Feldern (2 -– 32 kB)) sowie die Anzahl der Pins der Gehäuse. Des Weiteren unterscheiden sich die Bauteile in den vorhandenen Peripheriekomponenten wie Anzahl der ADC-Kanäle, Kommunikationsschnittstellen (I2C, SPI, LIN) oder Timer-Module.

Die Auswahl eines geeigneten Mikrocontrollers wird grundsätzlich durch die Anwendung geben. Weiter Kriterien für die Auswahl eines geeigneten Mikrocontrollers, die sich auch teilweise gegenseitig beeinflussen bzw. auch ausschließen, sind:
- Datenbreite (8-/16-/32-/64-Bit)
- Taktfrequenz
- Speicherarten und –größen
- Benötigte Peripheriekomponenten
- Stromverbrauch (sowohl im Betrieb als auch im Ruhezustand)

---

1 http://www.renesas.eu/
2 http://www.renesas.com/products/mpumcu/rl78/rl78g1x/rl78g13/index.jsp

| Flash (kB) | 20 Pins | 24 Pins | 25 Pins | 30 Pins | 32/36 Pins | 40 Pins | 44/48 Pins | 52/64 Pins | 80/100 Pins | 128 Pins |
|---|---|---|---|---|---|---|---|---|---|---|
| 512 | | | | | | | 32k | 32k | 32k | 32k |
| 384 | | | | | | | 24k | 24k | 24k | 24k |
| 256 | | | | | | | 20k | 20k | 20k | 20k |
| 192 | | | | | | 16k | 16k | 16k | 16k | 16k |
| 128 | | | | 12k | 12k | 12k | 12k | 12k | 12k | |
| 96 | | | | 8k | 8k | 8k | 8k | 8k | 8k | |
| 64 | 4k | 4k | 4k | 4k | 4k | 4k | 4k | 4k | | |
| 48 | 3k | 3k | 3k | 3k | 3k | 3k | 3k | 3k | | |
| 32 | 2k | 2k | 2k | 2k | 2k | 2k | 2k | 2k | | |
| 16 | 2k | 2k | 2k | 2k | 2k | 2k | 2k | | | |

**Abb. 5.3.** RL78/G13 $\mu$C-Lineup von Renesas Electronics, Größe des internen RAM ist in den Ovalen aufgeführt

- Gehäuseform
- Spannungsversorgung
- Entwicklungswerkzeuge/Tools für Programmierung, Debugging
- Preis

## 5.2 Speicherprogrammierbare Steuerung

Bei einer speicherprogrammierbaren Steuerung (SPS, auch programmable logic controller, PLC) handelt es sich um eine digitale Einheit, die in der Automatisierungs- und Anlagentechnik als informationsverarbeitendes Element zur Steuerung oder Regelung einer Anlage oder Maschine eingesetzt wird. Entsprechend der Funktionalität als zentrales Logikelement eines regelungstechnischen Systems weist eine SPS neben einem Rechenkern ($\mu$P oder $\mu$C) Ein- und Ausgänge für Sensoren bzw. Aktoren und Busschnittstellen zum Datenaustausch mit anderen Einheiten oder übergeordneten Instanzen auf. Eine interne Recheneinheit wie ein $\mu$P oder ein $\mu$C arbeitet das Anwenderprogramm ab, das über eine Programmierschnittstelle auf die Recheneinheit geladen werden kann. Zusätzlich kann die SPS noch weitere Funktionalitäten wie die Ansteuerung eines Mensch-Maschine-Interfaces (MMI; auch HMI, Human-Machine-Interface) zur Visualisierung zur Verfügung stellen.

Da die Funktion durch das Anwenderprogramm festgelegt wird, kann die SPS mit ihren Schnittstellen flexibel und universell eingesetzt werden und verschiebt die Funktionalität der Steuerungstechnik in Richtung digitaler Datenverarbeitung.

Gegenüber einer verbindungsorientierten Steuerung, bei der jede Änderung der Steuerungsfunktionalität einen Eingriff in die Hardware bedeutet, bietet eine SPS zahlreiche Vorteile:

- Flexibilität
- Geringer Platzbedarf
- Hohe Zuverlässigkeit
- Geringere Kosten
- Möglichkeit zur Vernetzung
- Fehlerdiagnose

Auf dem Markt für SPS gibt es zahlreiche Hersteller wie Siemens, Beckhoff oder Bosch Rexroth. Die Systeme unterschiedlicher Hersteller sind in der Regel zueinander nicht kompatibel.

Einen schematischen Aufbau der Struktur einer Automatisierungstechnik mittels SPS zeigt Abbildung 5.4. Der Aufbau ist stark an die grundlegenden Aufgaben eines regelungstechnischen Systems bzw. der Automatisierungstechnik angelehnt. Zentrales Element von modernen SPS ist eine leistungsfähige Zentraleinheit (CPU). Hier wird das Anwenderprogramm abgearbeitet und die übrigen, separat aufgebauten Baugruppen der SPS und Komponenten wie ein MMI (Mensch-Maschine-Interface) gesteuert.

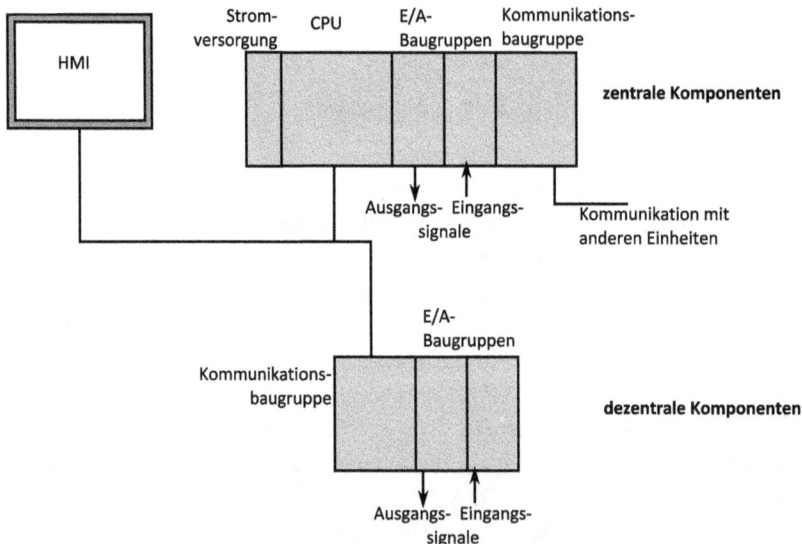

**Abb. 5.4.** Schematischer Aufbau einer modularen SPS

Die CPU beinhaltet, ähnlich wie ein normaler PC, den Prozessor (oder mehrere Prozessoren zur Leistungssteigerung oder für Redundanz) oder Mikrocontroller und Speicherelemente (z.B. RAM, ROM, Flash-Speicher) zur Speicherung von Anwenderprogramm, Firmware und Daten. Der Rechenkern ist in der Regel echtzeitfähig, so dass die Steuerungs- und Regelalgorithmen der Anwendung in Echtzeit abgearbeitet werden.

In der Spannungsversorgungseinheit werden aus der Versorgungsspannung, typischerweise 24 V DC im industriellen Umfeld, die intern benötigten Spannungen erzeugt, z.B. 5 V für die CPU.

Digitale E/A Baugruppen ermöglichen das Einlesen bzw. die Ausgabe von digitalen Signalen. Eingänge werden häufig über Optokoppler galvanisch von den Prozesssignalen entkoppelt. Die Spannungspegel für die Erkennung von logischen ‚0' und ‚1' sind klar definiert. Die Ausgänge werden durch Halbleiterbauelemente wie Transistoren und Triacs oder durch Relaisausgänge realisiert.

Analoge Eingangsbaugruppen enthalten Analog-Digital-Wandler zur Umsetzung der analogen Signale, z.B. Sensorsignale, in ihre digitale Repräsentation. Die Auflösung der ADCs kann unterschiedlich sein (z.B. 8/10/12-Bit). Wandlungszeiten liegen unterhalb von 100 ms.

Analoge Ausgangsbaugruppen wandeln mittels Digital-Analog-Wandlern (DAC) digitale Ausgangswerte in analoge Signale um.

Kommunikationsbaugruppen dienen zur Kommunikation mit anderen SPS, Komponenten wie MMI oder mit Komponenten der dezentralen Peripherie. Die Kommunikation findet dabei über Bussysteme wie PROFIBUS oder CAN statt.

Es gibt unterschiedliche Möglichkeiten, die Hardware einer SPS zu realisieren, z.B. als Einzelgerät oder modulare Baugruppe. Im ersten Fall kann die SPS klein und kompakt realisiert werden, der zweite Fall ermöglicht eine hohe Flexibilität und Erweiterbarkeit.

# 6 Sensorschnittstellen

Die von den Sensoren ermittelten Daten, direkte analoge Messwerte oder bereits be-
arbeitete und digitalisierte Daten, müssen an eine Recheneinheit wie Mikroprozessor
oder Mikrocontroller transferiert werden. Hierfür weisen Sensoren Schnittstellen auf,
über die Signale übertragen werden können. Die Recheneinheit weist eine entsprechende Gegenstelle auf, die die Daten empfängt. Diese Schnittstelle zur Datenkommunikation zwischen Sensor und Recheneinheit kann auf verschiedene Weisen realisiert
werden, analog oder digital, seriell oder parallel. Um den Anschluss der unterschiedlichen Sensoren an Recheneinheiten möglichst einfach und flexibel zu halten, sind
die Schnittstellen standardisiert.

## 6.1 Analoge Schnittstellen

Analoge Signale werden in Form von Spannung, Strom, Frequenz oder Pulsweite übertragen, da diese Größen einfach zu übertragen sind. Dabei ist darauf zu achten, welche
Auflösung über die analoge Schnittstelle erreicht werden kann und wie groß die Entfernung zwischen Sensor und Recheneinheit maximal sein kann. Wird z.B. das Signal
in Form einer Spannung übertragen, so führt der Spannungsabfall auf der Übertra-
gungsstrecke zu einem Fehler, was die maximale Reichweite der Spannungsübertra-
gung auf mehrere Meter begrenzt. Eine Stromschnittstelle dagegen kann auch Signale
über mehrere Kilometer übertragen.

Die gemessenen Werte des Sensors werden bei analogen Schnittstellen eindeutig
auf ein analoges Signal abgebildet, z.B. in Form einer linearen Kennlinie. Für die Verarbeitung und Auswertung des Signals in der Recheneinheit muss allerdings bekannt
sein, um welchen Sensor es sich handelt, da in dem analogen Signal keinerlei Informationen übertragen werden, um welche Messgröße es sich handelt. Die Recheneinheit kann also aus dem analogen Signal nicht feststellen, ob z.B. eine Temperatur oder
ein Druck gemessen wurde. Ist diese Kennlinie bekannt, so kann die Recheneinheit
aus dem analogen Signal einfach auf den Wert der gemessenen Größe zurückrechnen.

Bei analogen Schnittstellen handelt es sich um Punkt-zu-Punkt Verbindungen,
d.h. jeder Sensor ist über die Schnittstelle separat mit der Recheneinheit verbunden.
Es müssen also so viele analoge Schnittstellen wie Sensoren vorhanden sein.

### 6.1.1 Spannungsausgang

Wie der Name schon aussagt ist die Ausgangsgröße des Spannungsausgangs eine
Spannung, die proportional zur Messgröße ausgegeben wird. Der Ausgangswertebe-

reich der Spannung kann variieren, liegt aber häufig zwischen 0 V und 10 V bzw. der Versorgungsspannung.

Der Vorteil dieses Analogausgangs liegt in der einfachen Signalauswertung durch ein nachgeschaltetes digitales System. Je nach Eingangsspannungsbereich der digitalen Einheit bzw. des ADC kann das Spannungssignal direkt digitalisiert und verarbeitet werden. Eventuell muss es, wenn der Ausgangsspannungsbereich des Sensors größer ist als der Eingangsspannungsbereich des ADC, mittels eines Spannungsteilers angepasst werden. Bei der Anpassung ist auf ein lineares Verhalten zu achten, um eine Verfälschung des Signals zu vermeiden.

Ein Nachteil des einfachen Spannungsausgangs besteht darin, dass das Ausgangssignal durch den Widerstand der Leitung verfälscht wird. Um den Spannungsabfall durch die Leitung gering zu halten, sind kurze Leitungen zu verwenden. Des Weiteren kann es durch Masseversatz beim Sensor (hervorgerufen durch den Betriebsstrom des Sensors über einen Widerstand in der Masseleitung) zu einer Verschiebung des Ausgangssignals kommen. Auch können Schwankungen in der Versorgungsspannung des Sensors oder des ADC zu einem nicht-korrekten Messergebnis führen: Steigt die Versorgungsspannung des Sensors an, so steigt auch das Ausgangssignal an, obwohl sich der Messwert nicht geändert hat. Der ADC, mit separater, ungestörter Spannungsversorgung, misst eine größere Spannung und interpretiert diesen Wert als größeren und damit falschen Messwert.

Den Einfluss von Störungen der Spannungsversorgung kann durch einen ratiometrischen Spannungsausgang vermieden werden. Das ratiometrische Signal verhält sich proportional zur Versorgungsspannung, d.h. das Verhältnis von Ausgangssignal zur Versorgungsspannung bleibt, unabhängig von der Versorgungsspannung, konstant und der Messwert wird so einem Prozentsatz der Versorgungsspannung zugeordnet. Aufgrund der digitalen Auswertung der analogen ratiometrischen Ausgangsspannung wird in der Regel mit einer Versorgungsspannung von 5 V gearbeitet. Der Ausgangsspannungsbereich kann dann, je nach Realisierung des Ausgangs, limitiert werden, z.B. auf 5 % – 95 % der Versorgungsspannung (0.25 V – 4.75 V). So können auch Fehlerfälle detektiert werden.

Realisiert werden kann ein ratiometrischer Spannungsausgang zum Beispiel durch einen einfachen Spannungsteiler oder durch eine Wheatstone'sche Brücke (Abbildung 6.1) : Die Brücke wird mit einer Versorgungsspannung $U_0$ versorgt und die Spannung zwischen den Mittelpunkten der Brückenzweige mittels eines ADC gemessen. Die Ausgangsspannung $U_S$ ist dann:

$$U_S = (U_1 - U_2) = \left( \frac{R_2}{R_1 + R_2} - \frac{R_4}{R_3 + R_4} \right) \cdot U_0 \tag{6.1}$$

Die Ausgangsspannung ist also direkt proportional zur Versorgungsspannung.

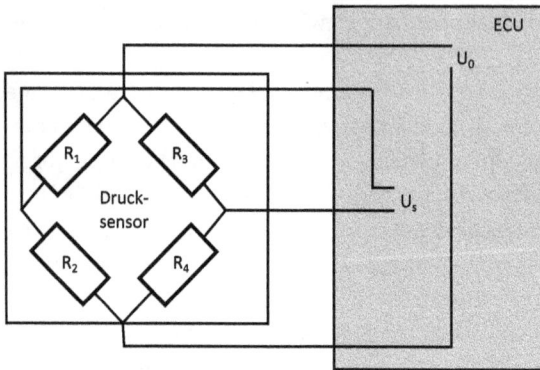

**Abb. 6.1.** Wheatstone'sche Brücke als ratiometrischer Spannungsausgang

### 6.1.2 Stromausgang

Der Sensor gibt einen Strom aus, unabhängig vom Widerstand und damit vom Spannungsabfall der Anschlussleitung. Daher kann ein Stromausgang bei nahezu beliebig langen Leitungen eingesetzt werden.

### 6.1.3 Zweidraht-Schnittstelle

Bei der einfachen Zweidraht-Schnittstelle wird nur Versorgungsspannung und Masse an den Sensor angeschlossen. Die Messelektronik des Sensors hat einen kleinen Eigenverbrauch, der als minimaler Strom fließt. Darauf wird dann das Signal als zusätzlicher Strom moduliert, so dass aus der Messung des Stroms auf das Signal zurückgeschlossen werden kann. Ein Standard für die Zweidraht-Schnittstelle definiert einen Signalbereich von 4 mA – 20 mA. Die Sensorelektronik darf also nur einen maximalen Eigenbedarf von 4 mA aufweisen. Der Messwert wird dann als Strom zwischen 4 und 20 mA kodiert, d.h. bei minimalem Messwert werden 4 mA, bei maximalem Messwert 20 mA ausgegeben. Die Messung des Stroms erfolgt entweder direkt mit einem Strommessgerät oder über einen Messshunt (Messwiderstand). Letzteres wird insbesondere bei eingebetteten Systemen verwendet, da der Spannungsabfall über den Messshunt, als Maß für den Strom und damit das Messsignal, von einem ADC digitalisiert und von der Recheneinheit verarbeitet werden kann.

Die Zweidraht-Schnittstelle stellt eine einfache und kostengünstige Verbindung für einen Sensor mit geringem Verdrahtungsaufwand dar, da nur zwei Leitungen verwendet werden. Durch die Verwendung von verdrillten Kabeln kann sie robust gegen EMV-Einflüsse (Elektromagnetische Verträglichkeit) realisiert werden. Durch die Beschränkung des Ausgangsstroms, wie im Falle der 4 mA – 20 mA Schnittstelle, können Fehlerfälle wie ein Leitungsbruch (Strom < 4 mA) oder ein Kurzschluss (Strom > 20 mA) erkannt werden.

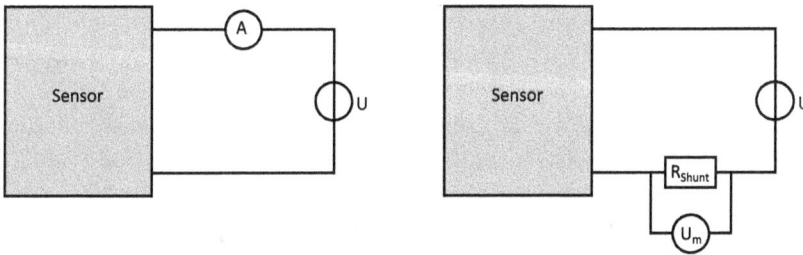

**Abb. 6.2.** Strommessung an Zweidrahtschnittstelle: direkt mittels Strommessgerät (links) oder indirekt durch Spannungsmessung über Messshunt (rechts)

Abgesehen von der Übertragung des Messwerts durch das analoge Stromsignal kann die Schnittstelle auch als pulsweitenmodulierte Schnittstelle betrieben und Informationen durch die Variation der Pulsweite übertragen werden (s. auch Kapitel 6.1.6) . Dazu wird der Strom nur zwischen zwei definierten Werten, z.B. $I_L$ = 7 mA und $I_H$ = 14 mA, variiert. So werden zwei diskrete Zustände (logisch low bzw. high) realisiert und Pulse mit variabler Breite übertragen, in die die Information kodiert ist.

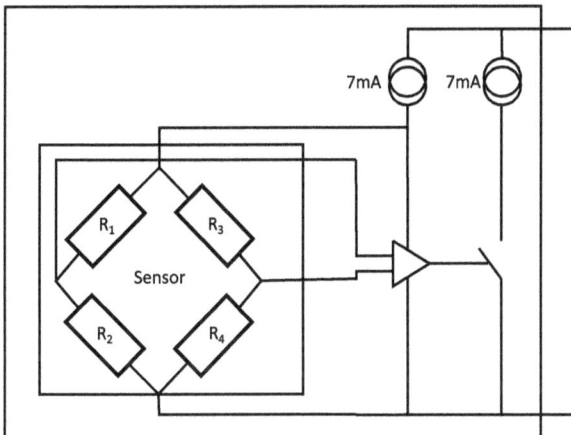

**Abb. 6.3.** Zweidraht-Schnittstelle für PWM-Betrieb mit 7/14 mA

## 6.1.4 Dreidraht-Schnittstelle

Bei der Dreidraht-Schnittstelle weist der Sensor, zusätzlich zu den Versorgungsanschlüssen, noch einen Stromausgang auf, an den ein Messshunt angeschlossen ist. Hierdurch entfällt die Beschränkung des Eigenverbrauchs wie bei der Zweidraht-Schnittstelle. Der Messshunt am Stromausgang dient wiederum der Strom-Spannungswandlung, um den Messwert direkt an einen ADC geben zu können. Stromwerte von 0 – 20 mA stellen einen Standard dar, wobei, wegen der Kompatibilität zur Zweidraht-Schnittstelle, auch ein eingeschränkter Bereich von 4 – 20 mA möglich ist.

Wenn der Stromausgang, wie in Abbildung 6.4 dargestellt, als open-collector oder open-drain Ausgang realisiert wird, so muss zusätzlich ein externer Pull-up-Widerstand (z.B. in der ECU) an den Ausgang angeschlossen werden. Ist der Ausgangstransistor ausgeschaltet, so zieht dieser Pull-up-Widerstand das Ausgangssignal auf den Pegel der Versorgungsspannung (high-Level). Ein eingeschalteter Transistor zieht dagegen das Ausgangssignal auf Masse. So lassen sich die Sensorsignale als PWM-Signal übertragen.

Vorteil der Dreidrahtschnittstelle sind, dass der Eigenverbrauch (z.B. für Hilfsenergien in Sensor) nicht beschränkt ist, dass die Möglichkeit zum PWM-Betrieb gegeben ist und dass dabei die Flanken durch den externen Pull-up-Widerstand eingestellt werden können (z.B. aus EMV-Gründen). Nachteilig ist ein höherer Verdrahtungsaufwand.

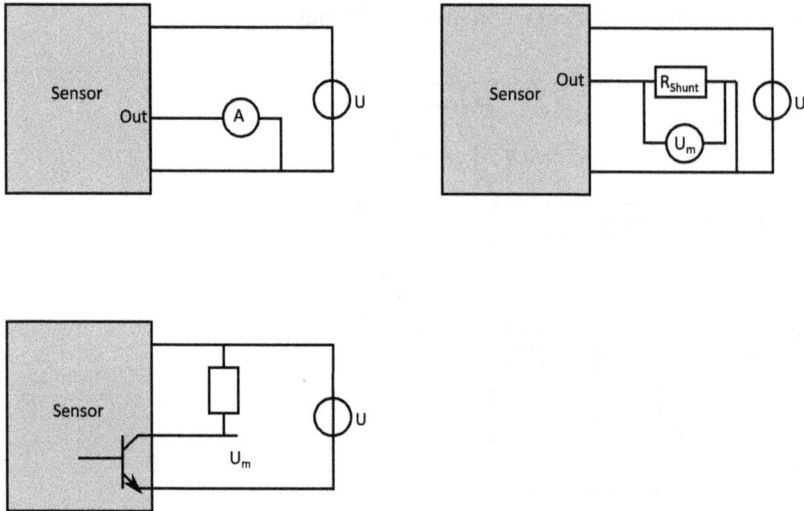

**Abb. 6.4.** Dreidraht-Schnittstellen: direkte Strommessung (oben links), indirekt über Spannungsmessung (oben rechts) und open-collector Ausgang mit externem Pull-up-Widerstand

### 6.1.5 Vierdraht-Schnittstelle

Die Vierdraht-Schnittstelle ist eher eine Messmethodik als eine wirkliche Schnittstelle, die insbesondere für die Messung von passiven Elementen wie Widerstandsthermometern verwendet wird.

Bei der Messung des Widerstands eines Temperatursensors lässt sich dieser Wert nicht vom Widerstand der Anschlussleitungen unterscheiden, sondern es wird der Gesamtwiderstand gemessen. Im besten Fall ist der Widerstand der Anschlussleitungen genau bekannt und der zu messende Widerstand kann so aus dem Gesamtwiderstand ermittelt werden. Allerdings sind selbst in diesem Fall Änderungen der Leitungswiderstände durch Temperatur oder Abnutzung von Steckkontakten nicht kompensierbar.

Das Problem der Leitungswiderstände wird bei der Vierdraht-Methode umgangen, die auf der Trennung von Versorgungs- und Messleitungen basiert. Der Messstrom wird durch das eine Versorgungsleiterpaar über den Widerstand geleitet. Der Spannungsabfall über dem Widerstand wird stromlos durch das zweite Messleiterpaar durchgeführt. Abhängig von den Verbindungspunkten, an denen sich die beiden Leiterpaare treffen, kann der Beitrag des Versorgungsleiterpaares zum gemessenen Widerstand minimiert werden. Durch diese Messtechnik können auch kleine Signale mit sehr hoher Auflösung gemessen werden.

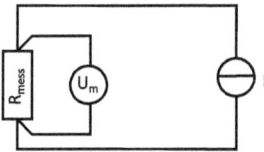

**Abb. 6.5.** Vierdraht-Schnittstelle

### 6.1.6 Pulsweitenmodulation

Die Schnittstelle mit Pulsweitenmodulation steht in gewisser Hinsicht zwischen analogen und digitalen Schnittstellen. Wertemäßig wird ein Signal mit zwei Zuständen, high und low (oder logische ‚0' und ‚1'), als Puls übertragen. Das Signal ist also wertediskret. Zeitlich wird das Signal in einer Pulsform übertragen, wobei die Frequenz der Pulse konstant ist und die Breite des Pulses, also die high-Phase, variiert wird. Das Signal ist demnach zeitkontinuierlich.

Abbildung 6.6 stellt PWM Signale als Spannungssignale mit unterschiedlichen Pulsdauern dar, die Frequenz ist für alle Pulsdauern gleich. Der logischen ‚1' entspricht hier eine Spannung von 5 V, der logischen ‚0' entsprechen 0 V. Diese Signalpegel sind typisch für Anwendungen, die mit digitalen Einheiten wie Mikrocontrollern arbeiten. Die zu übertragenden Informationen sind in der Pulsdauer dekodiert und können vom Empfänger einfach wieder dekodiert werden. In dem Beispiel in Abbildung 6.6 sind PWM-Signale dargestellt, die drei unterschiedliche dezimale Werte zwischen 0 und 255 repräsentieren. Das erste Signal hat eine Pulsdauer von 25 % der Periodendauer, das entspricht einem Dezimalwert von 64. Das zweite PWM-Signal mit

einer Pulsdauer von 50 % stellt eine dezimale 127 dar und das dritte Signal mit 75 %
Pulsdauer repräsentiert eine 191.

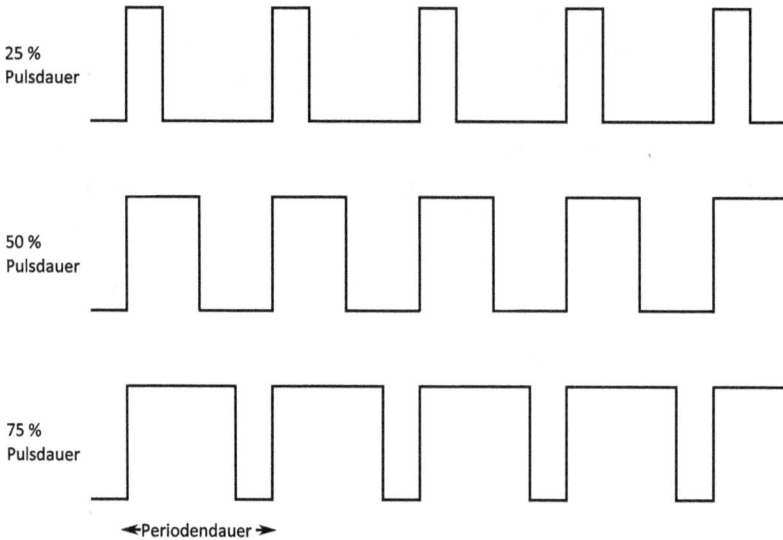

**Abb. 6.6.** Pulsweitenmodulation (PWM), Darstellung der Werte 64, 127 und 191 (von oben nach unten)

Das Verfahren der Pulsweitenmodulation wird, abgesehen von der Übertragung von
Informationen, in vielen technischen Anwendungen zur Steuerung verwendet. Dazu
nutzt man das glättende Tiefpassverhalten einer Kapazität oder Induktivität, um das
zweiwertige Signal, das eine Information trägt, wieder in einen analogen Wert zu wandeln und damit direkt ein System zu steuern. So kann z.B. die effektive Spannung über
einer Last durch die Pulsweite variiert werden.

Ein Vorteil der Pulsweitenmodulation liegt in der relativ einfachen Realisierung
von Sender und Empfänger. Auf Sensorseite kann der PWM-Generator leicht mittels
eines analogen Komparators oder direkt aus einer digitalen Schaltung realisiert werden. Auf Empfängerseite kann das PWM-Signal leicht digital empfangen und dekodiert werden. Dazu sind in vielen Recheneinheiten wie Mikrocontrollern bereits spezielle Timer-Module implementiert, die eine PWM-Funktionalität zur Verfügung stellen. Mittels dieser Module können direkt Frequenz und Pulsbreite ermittelt und so die
Signalinformationen dekodiert werden. Zudem bietet das Verfahren die Möglichkeit,
analoge Signale über lange Leitungen zu übertragen, bei denen der Spannungsabfall
zu groß wäre und das analoge Signal zu stark verfälschen würde.

Nachteil der Pulsweitenmodulation sind die namensgebenden Rechteckpulse.
Die Erzeugung von steilen Flanken benötigt eine große Anzahl an Oberwellen, die
sich negativ auf die EMV Eigenschaften auswirken können. Abhilfe kann mittels zu-

geschalteter Kapazitäten erreicht werden, allerdings auf Kosten der Flankensteilheit, die dadurch abflacht. Hier ist in der Anwendung ein Kompromiss zu erreichen. Zudem muss das Übertragungsmedium eine entsprechend hohe Bandbreite aufweisen, damit sich die Flanken des PWM-Signals nicht abflachen und so die Information, die in der Pulsweite kodiert ist, verfälscht wird. Dies wäre mit einem Übertragungsfehler gleichbedeutend.

## 6.2 Digitale Schnittstellen

Analoge Schnittstellen bieten, wie im vorigen Abschnitt dargestellt, eine einfache Möglichkeit, Sensorsignale und damit Messwerte zu übertragen. Diese Schnittstellen finden sich bei einfachen Wandlern und bei integrierten Sensoren.

Im Zuge der zunehmenden Digitalisierung von Systemen werden allerdings zunehmend intelligente Sensoren eingesetzt, die die analogen Signale bereits aufbereiten, digitalisieren und verarbeiten können. Da die Messdaten schon im Sensor digitalisiert werden, ist es sinnvoll, die Daten digital an die zentrale Logikeinheit zu übertragen. Wie schon in Kapitel 2.4.6 dargestellt, bieten intelligente Sensoren zahlreiche Vorteile. Auch die Vorteile der daraus resultierenden digitalen Datenübertragung sind vielfältig:

Die Störsicherheit der Kommunikation ist höher als im analogen Fall und damit wird die Fehleranfälligkeit bei der Übertragung reduziert. Zusätzlich können Methoden zur Fehlererkennung implementiert werden. Abgesehen von den reinen Messdaten können auch andere Parameter zur Logikeinheit transferiert werden. So kann eine Diagnose über die korrekte Funktionalität des Sensors durchgeführt werden. Auch kann die Kommunikation bidirektional stattfinden, d.h. dass nicht nur Daten vom Sensor übertragen werden, sondern dass auch Daten zum Sensor übermittelt werden können. Dies ermöglicht eine Parametrisierung und Programmierung des Sensors. Durch busfähige digitale Schnittstellen können die Sensordaten direkt über das Bussystem an mehrere Busteilnehmer übermittelt werden. Durch diese Vernetzung stehen die Sensordaten so gleichzeitig mehreren Systemen mit unterschiedlichen Funktionalitäten zur Verfügung. Dies ist auch bei verteilten Systemen, wenn eine Funktionalität auf mehrere logische Einheiten verteilt ist, notwendig. Somit bietet sich durch die Vernetzung die Möglichkeit, viele Sensoren zu ganzen Sensornetzwerken zu verknüpfen.

Nachteile der digitalen Schnittstellen liegen in dem Aufwand, der sowohl technisch, z.B. durch (spezielle) Übertragungsmedien oder eine große Komplexität des Bussystems, als auch kommerziell anfällt. Auch muss die Übertragungsgeschwindigkeit der Daten beachtet werden. Bei analogen Schnittstellen liegen die Daten, abhängig von der konkreten Schnittstelle und Beschaltung, sehr schnell bei der übergeordneten Logikeinheit an. Je nach Anwendung kann die Einheit auch ohne Digitalisierung eine Reaktion auslösen, z.B. durch die Verwendung von Interrupts. Dadurch können, insbesondere in zeitkritischen Anwendungen, schnelle Reaktionszeiten garantiert werden. Als Beispiel hierfür kann ein Airbag-System dienen: wenn das Signal des Drucksensors einen Zusammenstoß signalisiert muss die Auslösung des Airbags durch die ECU innerhalb weniger Millisekunden erfolgen. Über eine analoge Schnittstelle gelingt dies, aufgrund der kleinen Entfernung, einfach. Wird aber ein intelligenter Sensor mit einer digitalen Schnittstelle verwendet, so kann die Zeit für die Digitalisierung der Daten, der digitalen Übertragung und der Dekodierung im Steuergerät zu lang sein, um die zeitkritische Anforderung erfüllen zu können.

Digitale Schnittstellen gibt es in großer Zahl und unterschiedlicher Ausprägung im Hinblick auf Komplexität, Bandbreite, Übertragungsmedium, usw. Neben einigen Sensor-spezifischen Schnittstellen wie SENT, PSI5 oder IO-Link werden auch Standardbussysteme wie CAN oder I2C als digitale Sensorschnittstelle eingesetzt.

Die genauere Beschreibung von digitalen Schnittstellen, die für die Sensorik wichtig sind, findet im folgenden Abschnitt unter dem Oberbegriff Bussysteme statt, auch wenn es sich nicht bei allen digitalen Schnittstellen tatsächlich um Busse handelt. Dennoch können viele grundlegende Eigenschaften von digitalen Schnittstellen im generellen Zusammenhang mit Bussystemen eingeführt werden.

## 6.3 Bussysteme

Wie bereits aus dem generellen Aufbau von mechatronischen oder regelungstechnischen Systemen zu erkenne ist, spielt der Austausch von Informationen innerhalb der Systeme oder zwischen Systemen und Komponenten, z.B. Sensoren, eine zentrale Rolle. Es entstehen so Netzwerke von Systemen, die über ein Transportmedium Informationen austauschen. Der Bedarf an Kommunikation nimmt zudem mit zunehmender Komplexität der realisierten Funktionalitäten und der zunehmenden Vernetzung von Systemen und Sensoren rasant zu.

Je nach Anforderung an den Datenaustausch, wie Datenrate, Fehlertoleranz oder Transportmedium, kommen unterschiedliche Kommunikationssysteme zum Einsatz. Hier haben sich digitale Bussysteme durchgesetzt, bei denen zwei oder mehrere Teilnehmer über ein gemeinsames Transportmedium miteinander verbunden sind. Bussysteme finden sich in allen Anwendungsbereichen, in den Informationen ausgetauscht werden:

- PCs
- Telekommunikation
- Mechatronische Systeme
- Automatisierungstechnik
- Automobilsysteme
- Gebäudeautomatisierung

Die technischen Realisierungsmöglichkeiten und Eigenschaften von Bussysteme und digitalen Schnittstellen sind sehr vielfältig, ebenso wie die Anzahl der Bussysteme sehr groß ist. Daher werden zunächst generelle Eigenschaften von Bussystemen vorgestellt, auf die die meisten digitalen Schnittstellen und Bussysteme aufbauen. Anschließend wird eine Auswahl an Schnittstellen und Bussen anhand dieser generellen Eigenschaften und ihrer jeweiligen Ausprägung eingeführt. Dabei können nicht alle Eigenschaften der Busse inklusive aller Spezialfälle detailliert ausgearbeitet werden, dafür sei auf die entsprechenden Standards verwiesen. Die Auswahl umfasst weit verbreitete Standardbusse wie SPI, CAN oder Ethernet, aber auch beispielhaft Busse bzw. digitale Schnittstellen für spezielle Anwendungen wie IO-Link für die Automatisierungstechnik oder SENT und PSI5 für die Sensorik.

### 6.3.1 Generelle Eigenschaften

### 6.3.1.1 ISO-OSI-Referenzmodell

Informationen werden generell durch (digitale) Daten repräsentiert. Diese Daten als konkrete technische Darstellung der abstrakten Information werden dann bei der Kommunikation als physikalische Signale übertragen. Bei der Realisierung von Kommunikation geht es daher darum, wie abstrakte Informationen in Daten und dann in physikalische Signale umgewandelt werden und umgekehrt. Als einfaches Beispiel für diese Umwandlung von einer abstrakten Ebene in eine konkrete und zurück kann die menschliche verbale Kommunikation dienen (s. Abbildung 6.7)

Der erste Gesprächspartner möchte einen Gedanken (abstrakte Information) verbal übertragen. Der Gedanke wird zunächst in einen Kontext gepackt und dann durch einen grammatikalisch korrekten Satz dargestellt. Anschließend wird der Satz in eine Abfolge von Buchstaben umgewandelt. Diese Sequenz von Buchstaben wird dann mittels des Sprachwerkzeugs (Zunge) als physikalische Repräsentation, eine Abfolge von Schallwellen in dem Übertragungsmedium Luft, übertragen. Der zweite Gesprächsteilnehmer (und auch der erste) empfängt die Schallwellen, dekodiert daraus die Buchstabensequenz, bildet den grammatikalisch korrekten Satz und extrahiert die Informationen. Es sind also zahlreiche unterschiedliche Teilaufgaben für die Kommunikation zu bearbeiten.

Grundsätzlich kann die Kommunikation in Modellen beschrieben werden, da sich das Schema des Anlaufs der Kommunikation auch für unterschiedliche Systeme oft ähnelt: Anwendungsdaten als Repräsentation von Informationen sollen von einem Sender kontrolliert über ein physikalisches Medium derart übertragen werden, dass ein (oder mehrere) Empfänger die Daten des physikalischen Mediums wieder in Anwenderdaten bzw. Informationen umwandeln kann. Ziel der Modelle ist es, die komplexe und aus zahlreichen Teilaufgaben bestehende Aufgabe der Datenkommunikation übersichtlich aufzuteilen, darzustellen und zu standardisieren. Zudem sollen die Teilaufgaben soweit abstrahiert werden, dass sie unabhängig voneinander sind. So soll es z.B. auf Anwendungsebene möglichst irrelevant sein, welche Eigenschaften das physikalische Übertragungsmedium hat. Andererseits ist für die unterste Schicht der

| Technische Kommunikation | Menschliche Sprache |
|---|---|
| Geräteprofile | Redewendungen |
| Kommunikationsprofil | Grammatik |
| Übertragungsschicht | Alphabet |
| Physikalische Schicht | Medium |

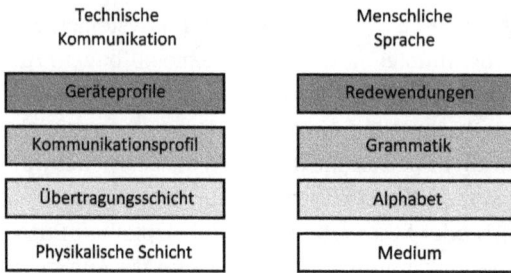

**Abb. 6.7.** Abstrakte Ebenen der menschlichen Kommunikation im Vergleich zur technischen Kommunikation

Inhalt der übertragenen Daten nicht wichtig, sondern diese Schicht behandelt einen reinen Datenstrom.

Eines dieser Modelle ist das ISO-OSI-Referenzmodell (International Standardisation Organisation – Open System Interconnection), das die Kommunikation in einem Schichtenmodell abstrahiert (Abbildung 6.8).

Im ISO-OSI-Referenzmodell wird die komplette Funktionalität der Kommunikation abstrakt auf 7 Schichten aufgeteilt. Jede dieser 7 Schichten übernimmt eine genau definierte Teilaufgabe der Kommunikation, wobei die konkrete Realisierung und Implementierung der Schicht nicht definiert sind sondern vom jeweiligen Kommunikations- bzw. Bussystem abhängen. Auch müssen nicht zwingend alle 7 Schichten für ein Bussystem implementiert werden. So beschreibt der Standard des CAN-Busses nur die Schichten 1 und 2. Der Abstraktionsgrad nimmt dabei von oben nach unten ab. In der obersten Schicht stehen die Daten im Anwendungsformat zur Verfügung, auf der untersten Schicht, liegen diese Daten, zusammen mit zusätzlichen Daten aus den darüber liegenden Schichten, als reiner Bitstrom vor.

Sollen Daten übertragen werden, so werden diese nach den Protokollen der jeweiligen Schichten bearbeitet. Die Datenübertragung beginnt im Sender bei der höchsten implementierten Schicht (z.B. Schicht 7). Die Protokolle der einzelnen Schichten versehen die von der darüber liegenden Schicht weitergereichten Daten mit den nötigen Steuer- und Protokollbefehlen und reichen sie dann weiter nach unten. Nach der Schicht 1 verlassen die Daten (inklusiver aller Steuer- und Protokollinformationen der oberen Schichten) den Sender und werden über das Übertragungsmedium versendet.

Beim Empfänger ist die Reihenfolge der Abarbeitung der Schichten umgekehrt. Die Steuer- und Protokollinformationen werden in der jeweiligen Schicht wieder entfernt und die so extrahierten Daten an die darüber liegende Schicht weitergereicht, bis in der höchsten Schicht die Daten wieder in der ursprünglichen Form vorliegen.

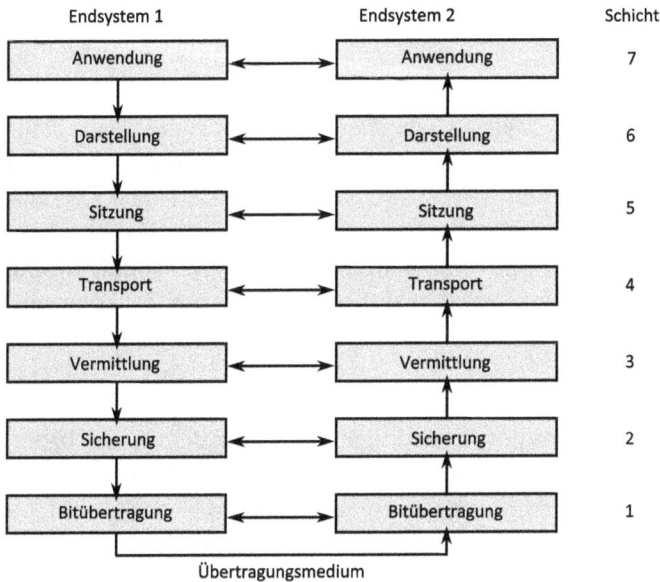

Abb. 6.8. ISO-OSI-Referenzmodell

## Anwendungsorientierte Schichten 7 – 5

- Schicht 7:
  Die Anwendungsschicht ist die oberste Schicht des ISO-OSI-Referenzmodells und stellt die Funktionalität zur Verfügung, mit der ein Nutzer oder Computerprogramm auf die unteren Schichten der Kommunikation zugreifen kann, also die Dateneingabe und Ausgabe.
- Schicht 6:
  Dies ist die sogenannte Darstellungsschicht. Sie setzt systemabhängige Daten der Schicht 7, wie z.B. Formatierungen oder verwendeten Zeichensatz, in eine unabhängige Form um, die dann von darunterliegenden Schichten verwendet werden kann. Zudem werden unter Umständen auch Funktionalitäten wie Ver- und Entschlüsselung oder Komprimierung der Daten hier vorgenommen.
- Schicht 5:
  Die Sitzungsschicht verwaltet die sogenannten Sitzungen, d.h. die organisierte Nutzung des Transportsystems in Form von logischen Kanälen. Dazu werden z.B. Dienste zum Auf- und Abbau von Sitzungen bereitgestellt und es wird überwacht, ob es einen Ausfall der Transportverbindung, also des Datenaustausches, gibt.

**Übertragungsorientierte Schichten 4 – 1**

– Schicht 4:

In der Transportschicht wird die Kommunikation zwischen einzelnen Prozessen (z.B. Programmen) der jeweiligen Teilnehmer beschrieben. Sie stellt dafür logische Kanäle für den Datentransport zur Verfügung. Dazu werden die Daten der nächsthöheren Ebene in transportierbare Datenpakete definierter Länge zerlegt. Weitere Funktionalitäten dieser Schicht sind z.B. die Adressierung der Teilnehmer, der Auf- und Abbau von Verbindungen, Fehlerkorrektur, Multiplexing verschiedener Datenströme auf einen Kanal (Übertragungsweg). Die Transportschicht trennt gewissermaßen die anwendungsorientierten Schichten von der eigentlichen Übertragung.

– Schicht 3:

Die Vermittlungsschicht ist hauptverantwortlich für das Ankommen der Datenpakete am Zielort. Dabei bestimmt sie den optimalen Weg durch das Netzwerk, falls mehrere physikalische Übertragungswege zur Verfügung stehen (z.B. im Internet über unterschiedliche Server). Das beinhaltet die Kontrolle der Auslastung der Netzes, um eine Überlastung des Netzwerks zu vermeiden. Zudem werden die von Schicht 4 zur Verfügung gestellten Datenpakete derart gepackt bzw. ausgepackt, dass sie von der darunter liegenden Datenverbindungsschicht verarbeitet werden können. Je kleiner ein Netzwerk ist, desto wahrscheinlicher ist der Wegfall dieser Schicht.

– Schicht 2:

Die Sicherungsschicht legt die konkreten Datenformate für die Übertragung fest und regelt den konkreten Zugriff auf das Übertragungsmedium (Protokoll). Zudem übernimmt sie häufig die Sicherung der von der physikalischen Schicht abstrahierten Datenpakete, d.h. die Datensicherung der physikalischen Übertragung. Dazu werden die Daten aus den höheren Schichten in Blöcke (frames) aufgeteilt und verpackt. Durch Fehlererkennungs- und Korrekturverfahren wie CRC (Cyclic Redundancy Check) oder Paritäts-Bits kann zudem die korrekte Übertragung beim Empfänger überprüft werden. Je nach Kommunikationssystem kann Schicht 2 sehr unterschiedlich ausgeprägt sein.

– Schicht 1:

Die unterste Schicht ist die Bitübertragungsschicht. Sie definiert das Übertragungsmedium und seine elektrischen, optischen und mechanischen Eigenschaften wie z.B. elektrische Signale bei kabelgebundenen Übertragungen, optische Signale bei Lichtleitern oder elektromagnetische Wellen bei drahtlosen Übertragungen.

Untereinander kommunizieren die Schichten über genau definierte Schnittstellen, um Daten der jeweiligen Nachbarschichten auszutauschen. Dabei kommen von Schicht zu Schicht zusätzliche Daten (Overhead) zu den ursprünglichen Anwendungsdaten dazu, die Informationen der jeweiligen Schichten enthalten. Der tatsächlich physikalisch übertragene Bitstrom ist demnach wesentlich länger als die Bit-Repräsentation der reinen Anwendungsdaten, s. Abbildung 6.9.

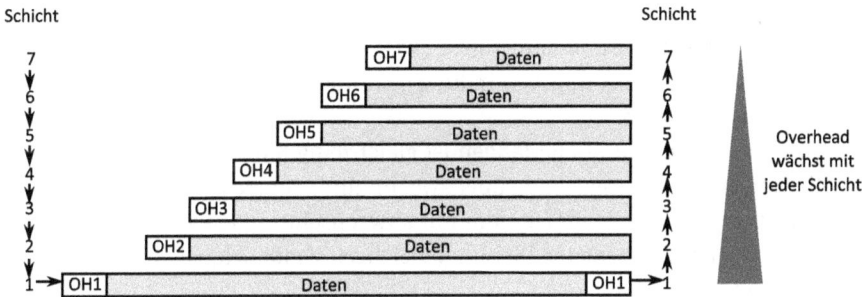

**Abb. 6.9.** Telegramme mit Daten und Overhead (OH) im ISO-OSI-Referenzmodell

### 6.3.1.2 Grundlegende Merkmale von Bussystemen

Für die Beschreibung von Bussystemen sind einige grundlegende Merkmale wesentlich:

- Übertragungsrate (Datenübertragungsrate):
  Die Menge an digitalen Daten in Bit oder Byte pro Sekunde, die in einem Zeitintervall übertragen werden kann (z.B. 1 Mbit/s beim high-speed CAN). Beträgt die Dauer der Übertragung eines Bits $t_{Bit}$, so ist die Übertragungs- oder Bitrate:

$$f_{Daten} = \frac{1}{t_{Bit}} \tag{6.2}$$

- Übertragungszeit :
  Zeit, die bei einer gegebenen Übertragungsrate für die Übertragung der gewünschten Datenmenge benötigt wird (z.B. 116 μs für die Übertragung einer 8-Byte Nachricht (mit Overhead ca. 116 Bit Länge) über high-speed CAN)
- Latenzzeit :
  Gesamte Verzögerungszeit bei der Datenübertragung, vom Absenden der Daten beim Sender bis zur Verarbeitung der Daten im Empfänger; neben der Übertragungszeit wird die Latenzzeit auch maßgeblich von der Busbelegung und dem Durchlaufen der Schichten im ISO-OSI-Referenzmodell (s. Kapitel 6.3.1.1) bestimmt
- Bus-Pegel (Spannungspegel):
  Physikalische Realisierung der logischen Zustände ‚0' und ‚1' (bzw. dominant und rezessiv) auf dem Übertragungsmedium

- Dominanter/Rezessiver Buspegel :
  Der dominante Buspegel (z.B. ‚0‘ im Falle des CAN-Bus) überschreibt bei einem gleichzeitigen Zugriff von zwei Busteilnehmern den rezessiven Pegel (‚1‘ im Falle des CAN-Bus).
- Voll-/Halb-Duplex :
  Unterscheidung, ob die Kommunikation zwischen Teilnehmern über eine gemeinsame, bidirektionale Leitungsverbindung oder über zwei unidirektionale Verbindungen realisiert wird.
  Voll-Duplex: Senden und Empfangen ist gleichzeitig möglich, gleichzeitiger Datenfluss in zwei Richtungen, z.B. über zwei unidirektionale Leitungen
  Halb-Duplex: jeder Teilnehmer kann nur abwechselnd senden oder empfangen, Datenfluss jeweils nur in eine Richtung gleichzeitig möglich, z.B. über eine bidirektionale Leitung
- Protokoll :
  Mit Protokoll wird das vollständige und eindeutige Regelwerk für die Buskommunikation bezeichnet, s. auch Schicht 2 des ISO-OSI-Referenzmodells. Dies beinhaltet zum Beispiel, welche Zeichenfolgen für die Kommunikation verwendet werden dürfen und welche Bedeutung diese Zeichenfolgen haben, wie die Daten und der Overhead aufgebaut sind.
- Paralleler/serieller Bus:
  Beim parallelen Bus werden mehrere Datenbits (z.B. 8 Bit Busbreite) parallel auf separaten Leitungen übertragen. Dafür müssen entsprechend viele parallele Datenleitungen zur Verfügung gestellt werden.
  Bei seriellen Bussen werden die Daten bitweise hintereinander über eine Leitung übertragen.
- Adressierungsverfahren :
  Durch die Art der Adressierung wird beschrieben, wie der Empfänger von gesendeten Daten identifiziert werden kann, wenn bei einem Bussystem alle Teilnehmer jede Botschaft empfangen.
  Bei einer teilnehmerorientierten Adressierung weisen alle Busteilnehmer eine eindeutige Identifikation (Adresse) auf. Die versendeten Daten enthalten dann im vom Protokoll vorgesehenen Feld die Adresse des Teilnehmers, für den die Daten bestimmt sind (und in der Regel auch die Adresse des Senders). Somit können einzelne Teilnehmer adressiert werden. Sollen Daten an mehrere Empfänger gleichzeitig versendetet werden, können spezielle Adressen existieren, die diesen Broadcast-Betrieb ermöglichen.
  Im Gegensatz dazu werden bei einer nachrichtenorientierten Adressierung die Daten (bzw. deren Inhalt) durch eine Kennung (Identifier) eindeutig identifiziert. Alle Busteilnehmer empfangen die gesendeten Daten und entscheiden dann selbst anhand des Identifiers, ob die Daten für sie relevant sind und vom Teilnehmer verwendet werden sollen.

Weitere wichtige Merkmale, die ein Bussystem charakterisieren, sind in Abbildung 6.10 dargestellt. Diese Charakteristika beinhalten z.B. die Art der Verknüpfung der Teilnehmer (Topologie), die Regeln der Kommunikation (Protokoll) und das Übertragungsmedium als physikalische Realisierung und werden im Folgenden dargestellt.

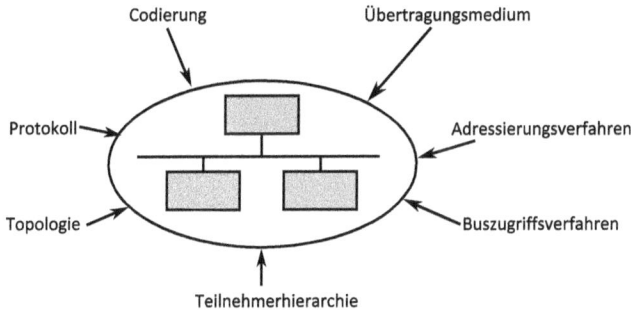

**Abb. 6.10.** Grundlegende Merkmale von Bussystemen

### 6.3.1.3 Topologien

Teilnehmer, die innerhalb eines Netzwerks Informationen austauschen, können in unterschiedlichen Topologien zusammengeschlossen werden . Dabei bezeichnet die Topologie eines Netzwerks die geometrische oder logische Anordnung der Busteilnehmer. Welche Topologie in für welches Netzwerks eingesetzt wird, hängt von Anwendung und Anforderung des Netzwerks ab. Wichtige Topologien sind die Punkt-zu-Punkt Verbindung (Zweipunktverbindung), und die Linien-, Baum- Ring- oder Sternstruktur.

### Punkt-zu-Punkt Topologie

Die Punkt-zu-Punkt Verbindung oder Zweipunktverbindung stellt die einfachste Möglichkeit einer Vernetzung dar. Genau zwei Teilnehmer sind direkt miteinander verbunden. Werden jeweils zwei Teilnehmer eines größeren Netzes mittels Zweipunktverbindungen verbunden, so entsteht ein vermaschtes Netz. In einem vermaschten Netzwerk mit $n$ Teilnehmern muss jeder Teilnehmer $(n-1)$ Schnittstellen haben. Die Anzahl der Verbindungsleitungen $n_{VL}$ steigt schnell mit der Anzahl der Busteilnehmer gemäß des Binomialkoeffizienten aus $n$ Teilnehmern und 2 Teilnehmern pro Verbindung:

$$n_{VL} = \binom{n}{2} \qquad (6.3)$$

Bei $n = 5$ Teilnehmern im vermaschten Netzwerk werden $n_{VL} = 10$ Verbindungsleitungen benötigt.

Vorteile:

- Direkte Verbindung
- Hohe, deterministische Übertragungsrate
- Leicht erweiterbar
- Störungs- und abhörsicher
- Leichte Fehlersuche beim Ausfall eines Teilnehmers oder einer Verbindung

Nachteile:

- Bei größeren Netzen großer Verbindungsaufwand
- Bei größeren Netzen hohe Kosten
- Keine zentrale Verwaltung
- Erweiterbarkeit begrenzt durch Anzahl der Schnittstellen pro Teilnehmer

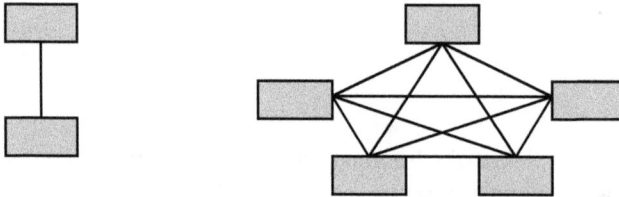

**Abb. 6.11.** Punkt-zu-Punkt Topologien mit 2 (links) bzw. 5 Teilnehmern

**Ring- und Linientopologie**

Ein Spezialfall der Zweipunktopologie stellt die Ringtopologie dar, bei der jeweils zwei Busteilnehmer so miteinander verbunden sind, dass ein geschlossener Ring entsteht. Die Daten werden jeweils vom Sender ausgehend von Teilnehmer zu Teilnehmer gesendet, bis sie beim Empfänger ankommen. Im Falle eines Ausfalls von einem Teilnehmer oder einer Verbindung fällt das gesamte Netz aus, wenn keine Gegenmaßnahmen getroffen werden. Wenn z.B. die Daten in beide Richtungen übertragen werden können, so kann eine defekte Stelle umgangen werden. Durch ein geeignetes Buszugriffsverfahren (s. Kapitel 6.3.1.5) muss sichergestellt werden, dass jeweils nur ein Busteilnehmer Daten sendet. Es werden pro Teilnehmer 2 Schnittstellen und für $n$ Teilnehmer des Netzwerks $n$ Verbindungsleitungen benötigt.

Vorteile:
- Aufbau aus Zweipunktverbindungen, große Entfernungen zwischen den Teilnehmern möglich
- Garantierte Übertragungsbandweite trotz großer Teilnehmerzahl
- Gleichmäßiger Zugriff für alle Teilnehmer
- Konzeptionell einfach

Nachteile:
- Ausfall eines Teilnehmers/einer Verbindung kann zum Netzausfall führen
- Lange Laufzeiten der Daten zu Empfängern, die durch viele Zwischenteilnehmer vom Sender entfernt sind
- Hoher Verkabelungsaufwand
- Unflexibel bei Erweiterungen

Ist der Ring nicht geschlossen sondern an einer Stelle offen, so entsteht eine Linientopologie . Hierbei ist die Möglichkeit, den Ausfall des Netzwerks wegen eines Verbindungsfehlers zu kompensieren, nicht mehr gegeben. Die Anzahl der Leitungen verringert sich auf $(n - 1)$.

Vorteile:
- Sehr einfach aufzubauen

Nachteile:
- Ausfall eines Teilnehmers/einer Verbindung führt zum Netzausfall
- Lange Laufzeiten der Daten zu Empfängern, die durch viele Zwischenteilnehmer vom Sender entfernt sind
- Hoher Verkabelungsaufwand
- Unflexibel bei Erweiterungen

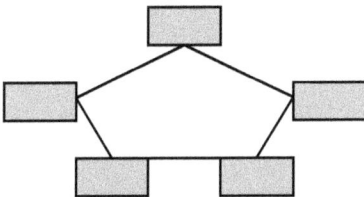

**Abb. 6.12.** Ringtopologie; ist eine Verbindung unterbrochen oder nicht vorhanden, handelt es sich um eine Linientopologie

**Bustopologie**

Bei der Bustopologie sind alle Teilnehmer an eine gemeinsame Busleitung angeschlossen, über die sie kommunizieren. An die gemeinsame Leitung werden die Teilnehmer über kurze Stichleitungen angeschlossen. Dadurch wird der Verkabelungsaufwand gering gehalten. Jeder Teilnehmer muss nur eine Schnittstelle aufweisen und es wird nur eine Verbindungsleitung, plus $n$ kurze Stichleitungen, benötigt.

Da alle Busteilnehmer über eine gemeinsame Leitung kommunizieren muss sichergestellt werden, dass immer nur ein Teilnehmer sendend auf die Leitung zugreift. Dies ist durch ein geeignetes Buszugriffsverfahren (s. Kapitel 6.3.1.5) zu gewährleisten. Alle nicht sendenden Teilnehmer empfangen die Daten und müssen entscheiden, ob diese Daten jeweils für sie relevant sind.

Bei einer großen Länge der gemeinsamen Busleitung kann es zu Reflexionen an den Leitungsenden kommen, wenn die Leitungslänge nicht mehr vernachlässigbar klein zur übertragenen Wellenlänge ist. Die Reflexionen können die Signalqualität erheblich beeinflussen und stören. Daher muss die Busleitung entweder an beiden Enden mit dem Wellenwiderstand abgeschlossen werden, um Reflexionen zu vermeiden, oder die maximale Leitungslänge muss begrenzt werden, z.B. auf 10 % der Wellenlänge. Zudem hängt die maximale Übertragungsrate von der Leitungslänge ab. Im einfachsten Fall stellt die Leitung ein RC-Glied mit Zeitkonstante $\tau = R \cdot C$ dar (Vereinfachung: vernachlässigbarer Induktivitäts- und Leitwertbelag). Damit ein Empfänger eine Änderung des Signalpegels auf der Busleitung, der durch einen sendenden Teilnehmer hervorgerufen wird, sicher erkennen kann, vergeht demnach eine gewisse Zeit $\Delta t = x \cdot \tau$. Der Faktor x hängt von den Spannungspegeln ab, ab der ein Wert erkannt wird. Wird eine logische ‚1' z.B. bei 95 % des maximalen Spannungswerts erkannt, so beträgt x = 3, da nach $\Delta t = 3 \cdot \tau$ der Spannungswert bei 95 % liegt. Wird die Leitung verlängert, so steigt der Widerstands- und Kapazitätswert der Leitung und die Zeitkonstante $\tau$ und damit auch $\Delta t$ werden größer.

Damit wird die maximale Frequenz, mit der sich das Signal ändern darf, und damit die Übertragungsrate beschränkt auf:

$$f_{max} \leq \frac{1}{\Delta t} \tag{6.4}$$

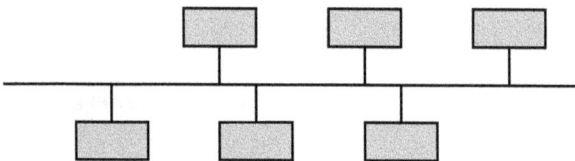

**Abb. 6.13.** Bustopologie mit gemeinsamer Busleitung und kurzen Stichleitungen

Vorteile:
- Geringe Anzahl von Kabeln
- Einfache Struktur
- Leicht erweiterbar durch Anschluss neuer Teilnehmer über Stichleitungen an die Busleitung
- Ausfall eines Teilnehmers führt nicht zu einem Ausfall des kompletten Netzwerks

Nachteile:
- Bandbreite wird auf viele Busteilnehmer aufgeteilt
- Unterbrechung einer Leitung beeinträchtigt eventuell mehrere Teilnehmer bzw. einen Teil des Netzwerks
- Begrenzte Übertragungsrate
- Begrenzte Anzahl von Teilnehmern

**Sterntopologie**
Die Busteilnehmer sind mit einer Zweipunktverbindung an einen zentralen Teilnehmer verbunden . Je nach Art des Zentralelements können zwei Möglichkeiten unterschieden werden:
- Das Zentralelement leitet Signale vom Sender einfach zum richtigen Empfänger weiter (Hub). Je nachdem, ob die Signale dabei aufbereitet werden oder nicht, handelt es sich um einen aktiven bzw. passiven Hub.
- Das Zentralelement steuert und verwaltet die komplette Kommunikation

Vorteile:
- Zentrale Überwachung und Verwaltung möglich
- Ausfall eines Teilnehmers (außer des zentralen Teilnehmers) hat keine Auswirkung auf das übrige Netzwerk
- Leicht erweiterbar (solange der zentrale Teilnehmer freie Schnittstellen hat)

Nachteile:
- Komplettausfall des Netzwerks bei Ausfall des zentralen Teilnehmers
- Hoher Verkabelungsaufwand (entsprechend der Anzahl an nicht-zentralen Teilnehmern)

**Baumtopologie**
Die Baumtopologie ist eine hierarchische Topologie, bei der mehrere Netze in Stern- oder Linientopologie miteinander verbunden sind. So können auch größere Netzwerke aus kleineren lokalen Subnetzen aufgebaut werden, die durch Verteiler (Switches)

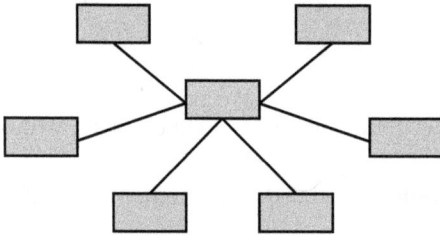

**Abb. 6.14.** Sterntopologie

verbunden werden.

Vorteile:
– Ausfall eines Endgeräts (nicht Verteiler) beeinträchtigt nicht das übrige Netzwerk
– Gute Erweiterbarkeit
– Größe

Nachteile:
– Ausfall eines Verteilers trennt das gesamte Subnetz ab
– Kommunikation zwischen Subnetzen evtl. über viele Verteiler bzw. den hierarchisch höchsten Teilnehmer
– Hohe Latenzzeiten

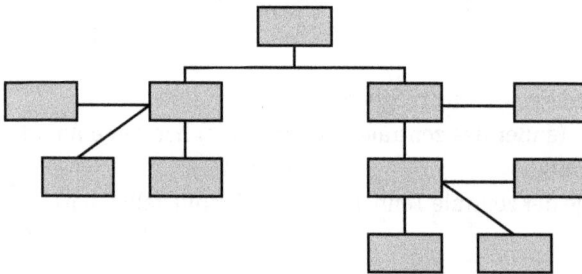

**Abb. 6.15.** Baumtopologie

Die hier vorgestellten Topologien können natürlich auch zu Netzwerken mit gemischten Topologien kombiniert werden. Abbildung 6.16 zeigt ein solches Netzwerk. Über eine Bustopologie sind drei Teilnehmer miteinander verbunden, die jeweils wiederum Teil eines Netzwerks mit Ring-, Linien- bzw. Sterntopologie sind. Wenn es sich bei den Teilnetzwerken um unterschiedliche Bussysteme handelt, so müssen die drei Teilnehmer, die an zwei Bussystemen verbunden sind, eine Umsetzung vom einen auf das andere Bussystem vornehmen. Solche Teilnehmer werden als Gateways bezeichnet.

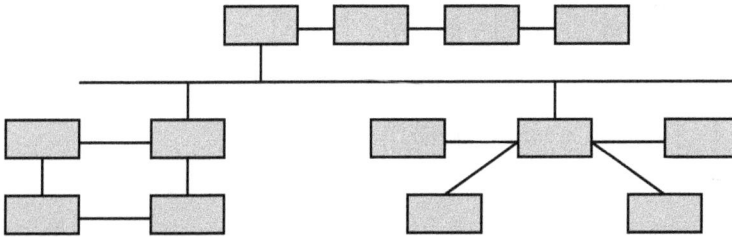

**Abb. 6.16.** Gemischte Topologie

### 6.3.1.4 Bushierarchien

Teilnehmer eines Bussystems können dahingehend unterschieden werden, ob sie selbständig auf den Bus zugreifen dürfen oder nur auf Aufforderung durch einen anderen Busteilnehmer. Im ersten Fall spricht man von einem Master, im zweiten Fall von einem Slave. Ein Bus-Master darf selbständig auf den Bus zugreifen und koordiniert zudem den Datenaustausch zwischen den Busteilnehmern, sei es weiteren Mastern oder Slaves. Bus-Slaves dürfen nur nach Aufforderung durch einen Bus-Master auf den Bus zugreifen.

Im einfachsten Fall besteht der Bus aus einem Master und mehreren Slaves (Master-Slave). Da nur der Master den Buszugriff koordiniert, kann der Buszugriff zentral durch den Master gesteuert werden. Es sind keine dedizierten Regeln für die Buszuteilung bzw. Buszugriffsverfahren notwendig.

Besteht der Bus aus mehreren Mastern und Slaves, handelt es sich um eine Multi-Master-Multi-Slave Hierarchie . Die Slaves dürfen wiederum nur auf Anforderung von einem Master auf den Bus zugreifen. Da alle Master selbständig auf den Bus zugreifen dürfen, muss der Buszugriff durch entsprechende Buszugriffsverfahren geregelt werden (s. Kapitel 6.3.1.5).

Weist der Bus keine Slaves auf, so handelt es sich um eine reine Multi-Master Hierarchie. Auch hierbei muss der Buszugriff durch geeignete Buszugriffsverfahren geregelt werden.

### 6.3.1.5 Buszugriffsverfahren

Wie in den vorigen Abschnitten dargestellt muss in unterschiedlichen Bustopologien und -hierarchien der Zugriff auf den Bus bzw. die Busleitung koordiniert werden, d.h. es muss genau definiert sein, welcher Busteilnehmer wann und wie auf den Bus zugreifen darf . Dabei gibt es zahlreiche verschiedene Verfahren für die Erlangung von Zugriffsrechten (Arbitrierung) . Grundsätzlich lässt sich unterscheiden, ob der Buszugriff nach zentraler oder dezentraler Zuteilung gesteuert wird (z.B. Master-Slave oder Token Passing), zeitlich gesteuert wird (TDMA, Time Division Multiple Access) oder nach Bedarf geschieht (CSMA, Carrier Sense Multiple Access). Bei den beiden letz-

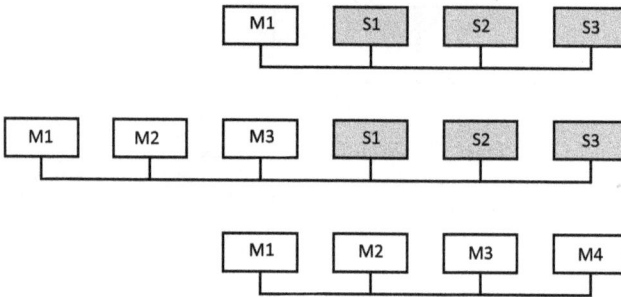

**Abb. 6.17.** Bushierarchien: Master-Slave (oben), Multi-Master-Multi-Slave (Mitte), Multi-Master (unten)

ten Möglichkeiten bedeutet das Multiple Access, dass sich mehrere Busteilnehmer das Übertragungsmedium selbständig nach definierten Regeln aufteilen.

Bei den gesteuerten Zuteilungen, logisch wie zeitlich, handelt es sich um deterministische Zugriffsverfahren, da die Buszuteilung klar definiert ist. Das bedeutet, dass der Sender vor jedem Sendebeginn eindeutig bestimmt ist. Wenn die maximale Zeit einer Übertragung begrenzt ist (z.B. durch eine maximale Datenlänge, die bei einem Sendevorgang übertragen wird), so kann die maximale Zeitdauer, bis die Daten übertragen sind, aus der Reihenfolge der Sender und der maximalen Datenlänge berechnet werden. Systeme mit solchen Zugriffsverfahren sind a priori echtzeitfähig.

Teilen sich die Busteilnehmer das Übertragungsmedium selbständig auf, so ist der Sender vor jedem Sendebeginn nicht eindeutig bestimmt. Es kann zu Kollisionen kommen, wenn mehrere Teilnehmer gleichzeitig auf das Übertragungsmedium zugreifen wollen. In diesem Falle muss die Kollision aufgelöst werden und maximal ein Sender kann mit dem Buszugriff fortfahren. Die übrigen Sender müssen ihre Übertragung auf einen späteren Zeitpunkt verschieben. Dadurch kann die maximale Zeit, bis zu der Daten übertragen werden, nicht mehr bestimmt werden. Daher sind nicht deterministische Buszugriffsverfahren in der Regel nicht echtzeitfähig.

**Master-Slave**
Der übergeordnete Bus-Master steuert den Datenaustausch zwischen dem einem Master und den Slaves . Slaves dürfen nur nach Aufforderung des Masters auf den Bus zugreifen und antworten unmittelbar auf die Anforderung des Masters. Die Aufforderung der Slaves erfolgt oft zyklisch, das sogenannte Polling . Da der Master alle Zugriffe zentral steuert, kann er mögliche Priorisierungen von Slaves einfach durch die Zugriffsreihenfolge und –häufigkeit realisieren.
Vorteile:
- Einfache Planung, da der Master Zugriffe zentral steuert
- Deterministischer Zugriff auf Slaves, das Bussystem ist echtzeitfähig

Nachteile:
- Ineffizient wegen des Pollings (wenn Slaves keinen Sendebedarf haben)
- Keine direkte Kommunikation zwischen Slaves
- Ausfall des Masters ist gleichbedeutend mit einem Ausfall des Gesamtsystems

## Token-Bus

In diesem Multi-Master-Bus , bei dem jeder Master die Buszuteilung übernehmen kann, gibt es spezielles Zeichen, das Token. Der Master, der das Token hat, darf auf den Bus zugreifen. Nach dem Ende der Datenübertragung oder nach einer definierten Maximalzeit gibt der Master den Token an einen fest vorgegebenen Nachfolger weiter. Der letzte Master reicht den Token wiederum an den ersten Master weiter, so dass ein logischer Ring für den Token entsteht.
Vorteile:
- Deterministisches Verfahren durch vordefinierte Zuordnung von Token-Reihenfolge, Zugriffszeiten und Übertragungsdauern

Nachteile:
- Fällt ein Master aus, bricht die Kommunikation des Netzes zusammen
- Keine direkte Kommunikation zwischen den Slaves

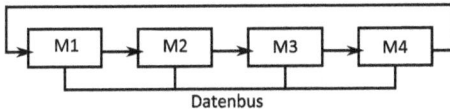

**Abb. 6.18.** Token-Bus; Pfeile stellen die logische Weiterleitung des Tokens dar

## Token-Passing

Das Token Passing ist eine Kombination aus einfachem Token und Master-Slave Verfahren bei Multi-Master-Multi-Slave Hierarchien. Am Bus befinden sich neben mehreren Mastern auch mehrere Slaves. Die Buszugriffssteuerung erfolgt wie beim Token-Bus. Der Master, der den Token hat, kann nach dem Master-Slave Verfahren auf den Bus zugreifen. Die Weiterreichung des Tokens zwischen den Mastern ist analog zum Token-Bus.

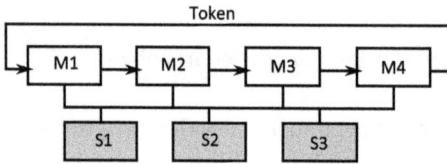

**Abb. 6.19.** Token-Passing; Pfeile stellen die logische Weiterleitung des Tokens dar

### Time Division Multiple Access (TDMA)

Beim TDMA Verfahren (oder Zeitmultiplexverfahren) wird jedem Busteilnehmer zyklisch ein fester Zeitabschnitt zur Übertragung auf der Busleitung zugeordnet. Somit steht jedem Teilnehmer in jedem Zyklus eine definierte Zeit für den Buszugriff zur Verfügung. Jeder Teilnehmer hat dadurch eine konstante Datenübertragungsrate, die dem jeweiligen Anteil an der Zykluszeit entspricht. Nachteilig ist, dass ein Zeitabschnitt ungenutzt bleibt, wenn der zugehörige Busteilnehmer keinen Buszugriff durchführt und so die Übertragungsrate reduziert wird. Voraussetzung für das TDMA Verfahren ist, dass alle Busteilnehmer synchron mit der gleichen Zeit laufen.

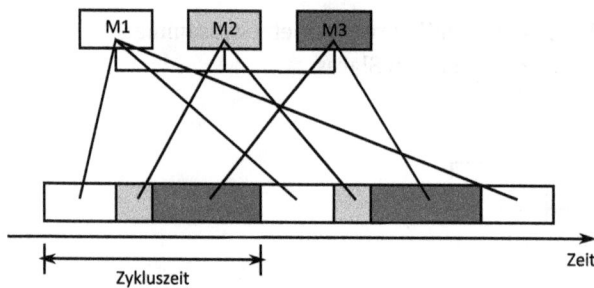

**Abb. 6.20.** TDMA Verfahren für einen Bus mit 3 Mastern

Vorteile:
- Kurze, konstante Zykluszeit
- Geringer Protokoll-Overhead

Nachteile:
- Zeitliche Synchonisierung der Teilnehmer notwendig
- Geringe Flexibilität

### Carrier Sense Multiple Access (CSMA)

Statt durch zentrale Zuteilung oder Zeitsteuerung konkurrieren beim CSMA Verfahren alle gleichberechtigten Bus-Master asynchron und nach Bedarf um das Zugriffsrecht auf den Bus (multiple access). Dazu beobachten alle Bus-Master die Busleitung (carrier sense). Wenn der Bus frei ist, also gerade kein anderer Teilnehmer sendend auf den Bus zugreift, darf ein neuer Zugriff auf den Bus gestartet werden. Dabei ist zu beachten, dass aufgrund der Signallaufzeiten auf der Busleitung ein Busteilnehmer einen freien Bus erkennen kann, obwohl ein (weiter entfernter) Busteilnehmer bereits sendet. Kollisionen gehören daher zum normalen Betrieb bei CSMA. Um Kollisionen erkennen zu können, müssen die gesendeten Daten eine bestimmte Mindestlänge haben, die sich aus der Signalausbreitungsgeschwindigkeit und der Übertragungsrate ergibt. Starten zwei oder mehrere Master gleichzeitig einen Buszugriff, so kommt es zu einer Kollision. Je nachdem, wie diese Kollision aufgelöst wird, können zwei wichtige Verfahren unterschieden werden:

- CSMA/CD (Collision Detection)
  Wenn beim CSMA/CD Verfahren eine Kollision erkannt wird, stellen alle sendenden Busteilnehmer den Sendevorgang ein. Dazu sendet der Sender, der die Kollision zuerst detektiert hat, ein spezielles Signal. Wenn die anderen Sender dieses Signal empfangen, dann brechen sie ihre Übertragung ab. Jeder Sender startet dann nach einer zufälligen Sendeverzögerung seine Übertragung neu. Konnte eine Übertragung ohne Kollisionserkennung beendet werden, so gilt die Übertragung als erfolgreich.
  Je größer die Anzahl der Busteilnehmer ist, desto höher ist die Wahrscheinlichkeit von Kollisionen.
  Vorteile:
  - Viele gleichberechtigte Busteilnehmer
  - Alle Teilnehmer empfangen gleichzeitig dieselben Daten
  - Einfaches Hinzufügen neuer Teilnehmer
  Nachteile:
  - Geringe Effizienz und Übertragungsrate bei hohen Datenaufkommen, wenn viele Kollisionen auftreten
  - Übertragung nicht deterministisch
  - Nicht echtzeitfähig
- CSMA/CR (Collision Resolution)
  Beim CSMA/CR-Verfahren gibt es eine Bitarbitrierung, um Kollisionen zu erkennen, aufzulösen und zu beheben. Durch die Bitarbitrierung kann eine Priorisierung der zu sendenden Daten erreicht werden.
  Wenn der Bus frei ist (Pegel entspricht dem rezessiven Zustand) kann ein Teilnehmer eine Übertragung starten. Während des Sendens beobachtet der Sender den Bus weiterhin. Sobald der gelesene Buspegel nicht seinem gesendeten Pegel entspricht, wird eine Kollision erkannt. Der Teilnehmer stellt seinen Sendevorgang ein. Es setzen sich bei gleichzeitigen Sendeversuchen also die Daten durch, deren Anfang möglichst viele dominante Bits aufweist. Dadurch lässt sich eine Priorisierung der Daten erreichen:

Daten mit einer höheren Priorität bekommen möglichst kleine Identifier an den Anfang der Daten. Damit setzen sich diese bei Kollisionen durch und werden bevorzugt gesendet. Der Arbitrierungsprozess mit drei Busteilnehmern ist am Beispiel eines CAN Arbitrierungsprozesses in Abbildung 6.21 dargestellt. Die CAN Daten (CAN Frame) beginnen alle mit einem Start-Of-Frame Bit (dominanten Pegel, logisch ‚0‘), der signalisiert, dass der Teilnehmer einen Sendevorgang starten will. Es folgt ein 11-Bit Identifier in absteigender Anordnung (Bit 10 zuerst; LSB first, Least Significant Bit), der zum einen die nachfolgenden Daten identifiziert (nachrichtenorientierte Adressierung), zum anderen die Priorisierung ermöglicht. Je kleiner der Identifier, desto höher die Priorisierung.

Alle drei Teilnehmer fangen im Beispiel gleichzeitig (und mit gleicher Frequenz) an zu senden und beobachten dabei parallel den Bus. Die logische ‚1‘ ist der rezessive Pegel, die logische ‚0‘ der dominante Pegel. Die ersten Bits sind bei allen drei Sendern gleich und alle drei Master senden. Beim Bit 5 des Identifiers bemerkt Teilnehmer 2, dass er eine rezessive ‚1‘ senden will, auf dem Bus aber eine dominante ‚0‘ anliegt. Dadurch registriert dieser Teilnehmer, dass noch andere Teilnehmer gleichzeitig mit höherer Priorität senden und stellt das Senden seiner Daten ein. Die beiden anderen Teilnehmer konkurrieren immer noch um den Bus und erst beim Bit 2 des Identifiers stellt Teilnehmer 1 das Senden ein, da sich die höher priore Nachricht von Teilnehmer 3 an dieser Stelle durchsetzt.

Kollisionen führen demnach nicht für alle Teilnehmer zu einer Verzögerung des Buszugriffs, der Teilnehmer mit der höchsten Priorität setzt sich durch und kann annähernd verzögerungsfrei auf den Bus zugreifen.

Vorteile:
– Viele gleichberechtigte Busteilnehmer
– Alle Teilnehmer empfangen gleichzeitig dieselben Daten
– Hochpriore Daten werden übertragen

Nachteile:
– Begrenzte Ausdehnung des Busses
– Bedingt echtzeitfähig
– Bus kann im Fehlerfall durch hoch priore Daten überlastet werden (babbling idiot), so dass nieder priore Daten nicht mehr übertragen werden

### 6.3.1.6 Übertragungsmedien

Die Teilnehmer eines Bussystems werden über ein Übertragungsmedium miteinander verbunden, um Daten auszutauschen. Als Übertragungsmedium stehen viele unterschiedliche Möglichkeiten wie Ein- oder Zweidrahtleitungen, Funk oder Lichtwellenleiter zur Verfügung. Welches Medium für ein Bussystem spezifiziert bzw. verwendet wird, hängt von technischen und nicht-technischen Faktoren ab:

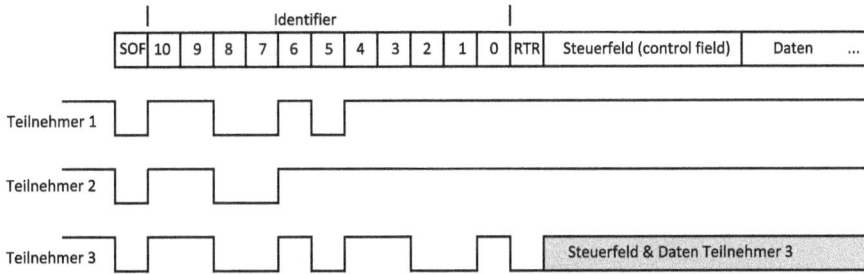

**Abb. 6.21.** Arbitrierungsprozess beim CSMA/CR Verfahren am Beispiel eines CAN Busses

- Datenübertragungsrate
- Entfernungen der Busteilnehmer
- Topologie
- Kosten
- Sicherheit der Datenübertragung
- Störanfälligkeit
- Aufwand/Verlegbarkeit
- Robustheit

Wichtige Übertragungsmedien sind:

- Eindrahtleitung:
  Bei der kostengünstigen Eindrahtleitung (als Kabel oder z.B. als Leiterbahn auf PCBs) wird eine gemeinsame Masse als Signalrückführung genutzt. Die Übertragungsraten sind gering, die Leitungslängen kurz und die Verbindung ist anfällig für elektromagnetische Störungen, sowohl Ein- als auch Abstrahlung (EMV, elektromagnetische Verträglichkeit). Eindrahtleitungen werden in der Regel als bidirektionale Halb-Duplex Verbindung eingesetzt, selten als unidirektionale Halb-Duplex Verbindung.
- Zweidrahtleitung (verdrillt und unverdrillt)
  Bei Zweidrahtleitungen wird die Spannung als Differenzsignal zwischen den Leitungen zur Signalübertragung verwendet. Dadurch weist diese Verbindung weniger EMV-Probleme auf. Zusätzlich können die beiden Adern der Zweidrahtleitung noch verdrillt werden (twisted pair, TP) und das Adernpaar noch von einem Abschirmmantel umgeben werden (shielded twisted pair, STP). Die Übertragungsrate ist wesentlich höher als bei der Eindrahtleitung (bis zu $Gbits^{-1}$), Leitungslängen bis zu einigen 100 m sind möglich und die Übertragung geschieht meist im Halb-Duplex-Mode.
- Koaxial-Kabel
  Koaxial-Kabel sind zweipolige Kabel . Der Innenleiter ist konzentrisch von einem Dielektrikum umgeben, das wiederum konzentrisch von dem Außenleiter umgeben ist. Das Signal wird im Dielektrikum zwischen Innen- und Außenleiter über-

tragen. Koaxialkabel sind aufwendig im Aufbau, aber wenig empfindlich gegen Störeinflüsse. Übertragungsraten > 10 Mbits$^{-1}$ sind möglich, die Reichweite kann bis zu einigen km betragen.

– Lichtwellenleiter
In Lichtwellenleitern werden die Daten unidirektional optisch übertragen, in dem sich Licht in Fasern aus Quarzglas oder Kunststoff ausbreitet. Die Fasern bestehen aus einem Kern, der von einem Mantel mit niedrigerem Brechungsindex umgeben ist. Dadurch kommt es zwischen den Schichten zur Totalreflexion des Lichts, so dass dadurch und durch die Geometrie als Kabel (Glasfaserkabel) das Licht geführt wird. Vorteil der Lichtwellenleiter liegen in der Potentialtrennung zwischen Sender und Empfänger, der Unempfindlichkeit gegen elektromagnetische Störeinflüsse sowie dem geringen Gewicht. Es können sehr hohe Übertragungsraten (> 10 Gbits$^{-1}$) und sehr große Reichweiten (mehrere km) erreicht werden.

– Elektromagnetische Wellen (Funk, IR)
Der Vorteil bei der Verwendung von elektromagnetischen Wellen liegt darin, dass die Übertragung leiterungebunden stattfindet. Dadurch können die Teilnehmer räumlich flexibel angeordnet werden. Dafür ist die Übertragung anfällig für Störungen. Je nach verwendeter Frequenz können sehr hohe Datenraten erreicht werden.

### 6.3.1.7 Codierung

Unabhängig vom Datenformat oder dem Übertragungsmedium müssen die digitalen Zustände der Daten codiert werden, um übertragen werden zu können . Für die Codierung gibt es zahlreiche Möglichkeiten und kann z.B. über die Amplitude oder die Flanke geschehen. Für Bussysteme wichtige Codierungen sind die NRZ, RZ und Manchester Codierung.

### Non Return to Zero Codierung (NRZ)

Die digitalen Zustände ‚0‘ und ‚1‘ werden durch unterschiedliche Amplituden, z.B. Spannungspegel, dargestellt . Während der Bitdauer $t_{Bit}$ ändert sich die Amplitude nicht. In Abbildung 6.23 ist oben die NRZ-Codierung der Daten ‚001011100001110‘ dargestellt. Die ‚0‘ wird durch einen niedrigen Spannungspegel (low-Potential, z.B. Masse) und die ‚1‘ durch einen positiven Spannungspegel (high-Potential, z.B. Versorgungsspannung) dargestellt. Folgen mehrere Bits gleicher Polarität aufeinander, so ist zu erkennen, dass keine Taktinformationen mehr in dem Datensignal enthalten sind. Es ist in diesem Fall also sicherzustellen, dass Sender und Empfänger so synchron mit gleicher Taktfrequenz laufen, dass auch längeren Folgen gleicher Bits wieder bitkorrekt dekodiert werden können. Kann dies nicht sichergestellt werden, so muss entweder das Taktsignal über eine separate Taktleitung übertragen werden oder es wird ein

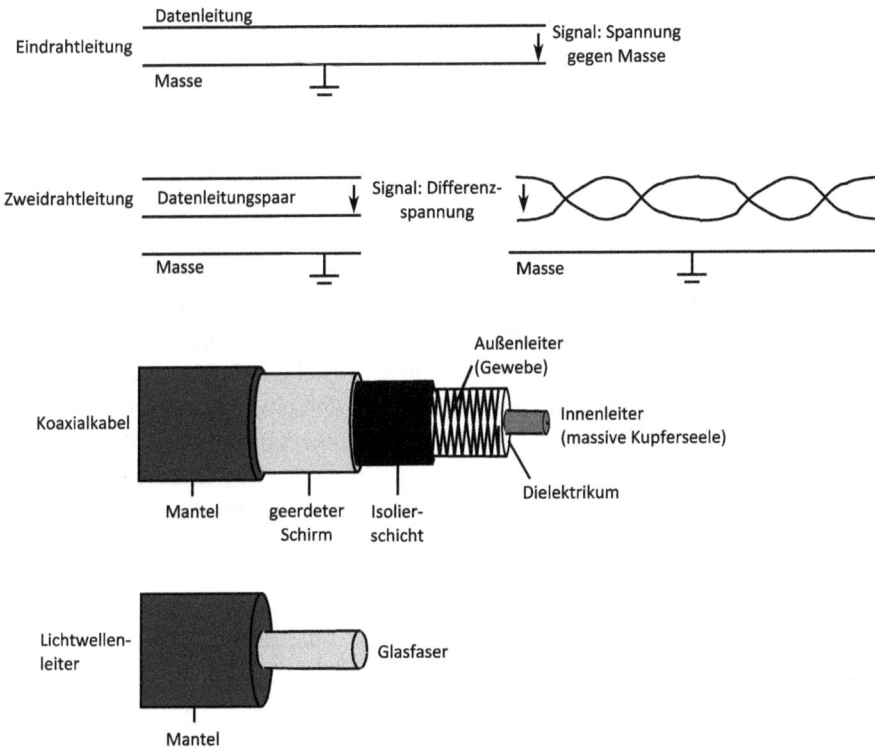

**Abb. 6.22.** Schematische Darstellung von Übertragungsmedien (von oben nach unten): Eindrahtleitung; Zweidrahtleitung, unverdrillt (links) und verdrillt (rechts); Koaxialkabel; Lichtwellenleiter

zusätzlicher Signalwechsel in den Datenstrom eingefügt, um eine Synchronisation zu ermöglichen. Bei diesem sogenannten Bitstuffing-Verfahren wird nach einer definierten Anzahl gleicher Bitwerte (z.B. 5 mal eine logische ‚1') ein komplementäres Bit (hier: eine ‚0') in den Datenstrom eingefügt. Somit enthält der Datenstrom spätestens nach 5 Bit wieder einen Polaritätswechsel, der zur Synchronisation verwendet werden kann. Der Empfänger kann dieses Stuffbit problemlos entfernen, da ihm die Stuffweite, also die maximale Anzahl gleicher Bits, bekannt ist. Aufgrund der verwendeten Signalpegel ist die NRZ-Codierung nicht gleichanteilsfrei.

**Return to Zero Codierung (RZ)**
Die RZ-Codierung (genauer: die unipolare RZ-Codierung) unterscheidet sich von der NRZ-Codierung dahingehend, dass die Codierung der ‚1' während der Bitzeit wieder in den Ausgangszustand ‚0' zurückkehrt (s. RZ-Codierung in Abbildung 6.23 in der Mitte). Die ‚0' wird mit konstantem Pegel während der Bitzeit codiert. Somit findet häufiger ein Polaritätswechsel statt als beim NRZ-Verfahren, was eine Synchronisierung

erleichtert. Um auch bei längeren Folgen von ‚0' eine Synchronisation zu erreichen, kann wiederum das Bitstuffing-Verfahren eingesetzt werden. Wie die NRZ-Codierung ist auch die RZ-Codierung nicht gleichanteilsfrei.

### Manchester-Codierung

Das Problem der fehlenden Taktinformation im Datenstrom (wie beim NRZ- und RZ-Verfahren) kann durch die Machester-Codierung umgangen werden, indem die binären Informationen ‚0' und ‚1' in die Flanken des Signals codiert werden . Diese Flanken treten jeweils in der Taktmitte auf. Je nach Zuordnung von Flanke (steigende oder fallende) zu binärer Darstellung (‚0' oder ‚1') gibt es zwei gleichwertige Definitionen. So ist nach IEEE 802.3 einer fallenden Flanke die ‚0' und einer steigenden Flanke die ‚1' zugeordnet. Es gibt in jedem Fall pro Bit eine Flanke, aus der das Taktsignal abgeleitet werden kann, so dass die Manchester-Codierung selbstsynchronisierend ist. Wird ein bipolares Signal verwendet, so ist es auf jeden Fall frei von Gleichanteilen. Nachteilig ist, dass die benötigte Bandbreite doppelt so hoch ist im Vergleich zur NRZ- oder RZ-Codierung.

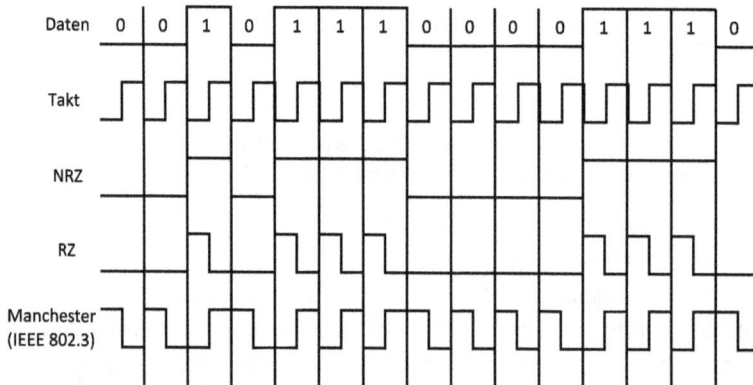

**Abb. 6.23.** Codierungs-Verfahren: NRZ (oben), RZ (Mitte), Manchester nach IEEE 802.3 (unten)

### 6.3.2 SPI

SPI – Serial Peripheral Interface – bezeichnet einen synchronen, seriellen Bus, der von Motorola entwickelt wurde. Er wurde jedoch nicht in einen Standard überführt oder genormt, lediglich die Funktionalität der Hardware wurde beschrieben (Schichten 1 und 2 im ISO-OSI-Referenzmodell). Daher gibt es heute zahlreiche unterschiedliche Implementierungen dieses Busses. Zudem wurde SPI nicht patentiert, so dass er lizenzfrei ist. Dies, zusammen mit der einfachen Implementierung und relativ hohen Datenraten bis in den MHz-Bereich, hat für die weite Verbreitung des SPI Busses geführt, insbesondere zur Anbindung von Peripherie-Komponenten wie Sensoren an Mikrocontroller oder zur Vernetzung von Mikrocontrollern. Peripherie-Komponenten sind z.B. externe Speicher, ADC/DAC oder Sensoren. Wenn hohe Datenraten realisiert werden sollen dürfen die Leitungen nicht zu lange werden. Dabei befinden sich die Bauteile in der Regel auf der gleichen Platine. Die Übertragungsrate kann bis zu mehrere Mbits$^{-1}$ betragen.

SPI ist ein Master-Slave Bus, bei dem ein Master die Kommunikation zu einem oder mehreren Slaves steuert. In der Grundstruktur, als reine Punkt-zu-Punkt Verbindung zwischen einem Master und einem Slave, benötigt der SPI Bus drei Leitungen und damit jeweils drei Anschlüsse an den Teilnehmern: eine Steuerleitung für die Übertragung eines Taktsignals (SCK) vom Master zum Slave und jeweils eine Datenleitung vom Master zum Slave (MOSI) und umgekehrt (MISO). Jeder dieser Leitung stellt eine Eindrahtleitung dar.

Sollen mehrere Slaves an einen Master angeschlossen werden, so wird für jeden Slave eine separate Chip-Select Leitung (CS; auch SS: Slave-Select) benötigt, mit der der Master den jeweiligen Slave selektieren kann. Das CS-Signal ist meist low-active, d.h. mit einer logischen ‚0' auf der CS-Leitung wird der Slave ausgewählt. Ein Slave darf nur auf seinen Ausgang (MISO) aktiv treiben, wenn er durch CS = 0 zur Kommunikation selektiert wurde. Ansonsten muss er die Datenleitung im hochohmigen Zustand belassen, um keine Kollisionen mit anderen Slaves, die eventuell an der gleichen MISO Verbindung angeschlossen sind (s. Stern-Topologie), hervorzurufen. Der MISO-Ausgang eines Slaves muss also Tristate-fähig sein.

Mit diesen Definitionen von Ein- und Ausgängen können zwei Topologien realisiert werden:
- Stern-Topologie:
  Der Master bildet den Mittelpunkt des Sterns. Die drei Steuer- und Datenleitungen SCK, MOSI und MISO sind vom Master an alle $N$ angeschlossenen Slaves geführt. Die Adressierung eines Slaves geschieht über eine separate Steuerleitung CS vom Master zum jeweiligen Slave. In Summe werden $3 + N$ Leitungen benötigt.
- Ring-Topologie:
  Bei der Ring-Topologie werden die Slaves mit dem Master kaskadiert. Diesmal sind der Takt (SCK) sowie das CS-Signal (ein einziges) parallel vom Master zu allen Slaves verbunden. Die Datenverbindung geschieht ringförmig: Der Datenausgang des Masters (MOSI_M) ist mit dem Dateneingang des ersten Slaves (MOSI_1) verbunden. Dessen Datenausgang (MISO_1) wird an den Dateneingang des folgenden Slaves, MOSI_2) verbunden. Somit werden die Daten bei einem Kommunikationszugriff immer von einem Slave zum nächsten weitergeschoben. Der Datenausgang des letzten Slaves (MISO_N) schließt den Ring, in dem er mit dem Dateneingang des Masters (MISO_M) verbunden ist. Diese Topologie wird auch als Daisy-Chain-Konfiguration bezeichnet.

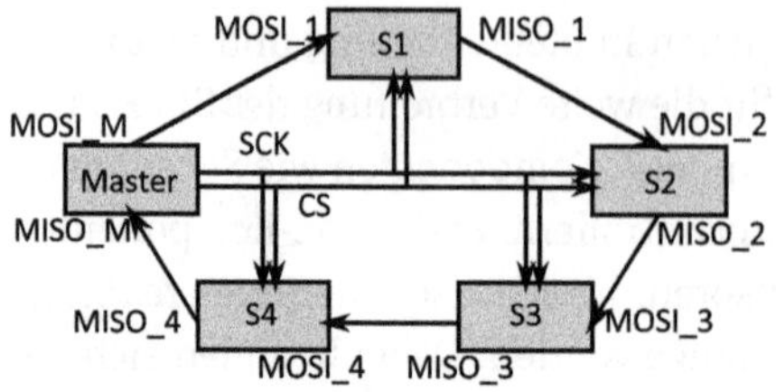

**Abb. 6.24.** Daisy-Chain-Konfiguration eines SPI-Busses

Die Daten werden bei der Kommunikation im NRZ-Verfahren codiert. Die Grundstruktur des Ablaufs der Kommunikation ist für beide Topologien (und die Punkt-zu-Punkt Verbindung als einfachsten Fall) gleich (s. Abbildung 6.25):

–   Der Master aktiviert ein CS-Signal, um einen Slave (oder mehrere Slaves bei der Ring-Topologie) auszuwählen. Dadurch wird dem Slave signalisiert, dass ein Datentransfer bevorsteht. Bei der Punkt-zu-Punkt Verbindung kann der CS-Eingang des Slaves auch fest auf ‚0' gelegt werden.
–   Der Master erzeugt das SCK Signal. Dieses synchronisiert den Datentransfer und geht an alle Slaves
–   Parallel zu SCK werden die Daten an den jeweiligen Datenleitungen (MOSI, MISO) seriell ausgegeben, mit jedem Takt ein Bit. Wann die Daten jeweils auf die Leitung gesendet bzw. empfangen werden, kann eingestellt werden. So werden z.B. bei einer fallenden Flanke von CLK die Daten vom jeweiligen Sender auf die entsprechende Busleitung gelegt, bei einer steigenden Flanke werden die anliegenden Daten dann vom Empfänger übernommen.
–   Die Ausgabe erfolgt über Schieberegister, in der Regel MSB-first, d.h. dass das höchstwertige Bit (Most Significant Bit) zuerst ausgegeben wird und die niederwertigen folgen. Abhängig vom Bauteil kann die Reihenfolge auch umgekehrt erfolgen (LSB-first, Least Significant Bit). Das muss dann aber von allen Busteilnehmern unterstützt werden.
–   Die empfangenen Daten werden im selben Schieberegister abgelegt, in dem auch die Sendedaten abgespeichert waren (s. Abbildung 6.26)
–   Es wird immer ein Byte übertragen, dann das CS-Signal gegebenenfalls deaktiviert. Anschließend kann eine neue Übertragung starten.

Durch die Verwendung von zwei Datenleitungen ist der SPI-Bus vollduplexfähig, d.h. Daten werden gleichzeitig in beide Richtungen übertragen.

Aufgrund der fehlenden Standardisierung des SPI-Busses bieten sich viele Einstellmöglichkeiten für den Bus. Dies betrifft z.B. die Taktfrequenz, die Taktflanke, mit der Daten ausgegeben oder eingelesen werden, die Polarität des CLK Signals oder die Übertragungsreihenfolge der Daten (MSB- oder LSB-first). Somit ergibt sich eine hohe Flexibilität, um einen SPI-Bus zu konfigurieren.

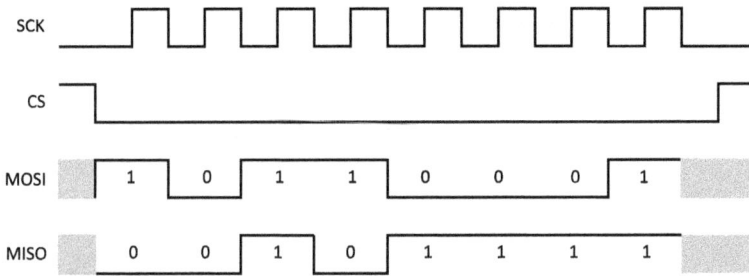

**Abb. 6.25.** Kommunikationszyklus einer SPI-Verbindung

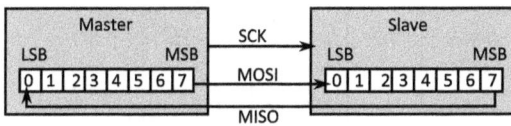

**Abb. 6.26.** Datentransfer zwischen den Schieberegistern, MSB first

Vorteile des SPI-Busses liegen in dem einfachen Aufbau einer Kommunikation im Voll-Duplex-Modus, der relativ hohen Übertragungsrate, der Flexibilität und der weiten Verbreitung. Nachteilig sind die fehlende Standarisierung, die kurzen Übertragungs-längens sowie die am Master benötigte Anzahl an Pins für den Anschluss von vielen Slaves in Stern-Konfiguration.

### 6.3.3 I2C

I2C ist ein serieller, synchroner Multi-Master-Multi-Slave Bus, der 1982 von Philips spezifiziert wurde. Die aktuelle Version der Spezifikation ist die Rev. 6 vom April 2014 und spezifiziert die Schichten 1 und 2 des ISO-OSI-Referenzmodells [27]. Der Name, Inter-Integrated-Circuit-Bus (I2C), beschreibt schon das Haupteinsatzgebiet des Busses: der Bus dient der Kommunikation zwischen integrierten Schaltkreisen, also digitalen oder analogen Logikbauteilen wie Mikrocontrollern und Sensoren. Daher wird der I2C Bus nur für kurze Entfernungen überwiegend auf einer Leiterplatte oder zwischen zwei Leiterplatten eingesetzt.

Ein I2C-Bus besteht aus mindestens einem Master (Multi-Master ist möglich) und beliebig vielen Slaves. Für die physikalische Verbindung werden nur zwei Eindrahtleitungen als bidirektionale open-drain Leitungen benötigt: eine Taktleitung (serial clock, SCL) zur Synchronisation und eine Datenleitung (serial data, SDA). Somit kann eine Bustopologie aufgebaut werden, indem die Busteilnehmer an die beiden Leitungen angeschlossen werden (Abbildung 6.27). Sowohl die Master als auch die Slaves können Daten senden (Transmitter) und empfangen (Receiver) und so als Transceiver agieren. Der Buszugriff wird dabei über das Master-Slave Verfahren geregelt, so dass die Slaves nur auf Aufforderung eines Masters auf den Bus zugreifen dürfen. Sind mehrere Master an den Bus angeschlossen, so wird der Zugriff durch einen spezifizierten Arbitrierungsprozess geregelt. Durch die Verwendung von einer bidirektionalen Datenleitung für die Kommunikation findet die Übertragung im Halb-Duplex Mode statt

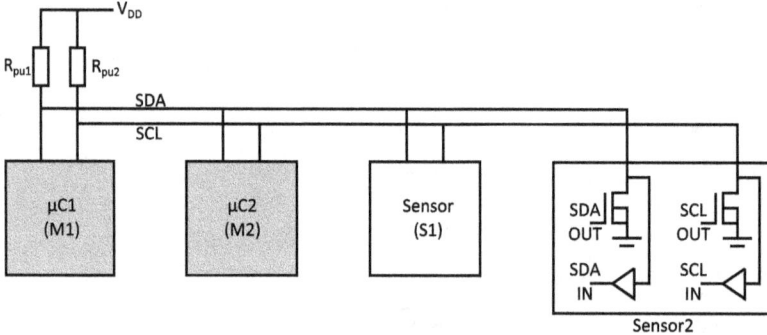

**Abb. 6.27.** Aufbau eines I2C Busses mit 2 Mastern und 2 Slaves; beim 2. Slave ist zusätzlich die interne open-drain-Schaltung und der Eingangstreiber dargestellt

Wie in Abbildung 6.27 zu erkennen ist, sind die Busteilnehmer mit einem open-drain (oder open-collector) Ausgang an den Bus angeschlossen. Somit können die Teilnehmer die jeweilige Busleitung nur aktiv auf einen low-Pegel (dominanter Zustand, logisch ‚0‘) treiben. Externe pull-up Widerstände sorgen dafür, dass die Busleitungen auf einen high-Pegel gezogen werden (inaktiver, rezessiver Zustand, logisch ‚1‘), wenn kein Teilnehmer aktiv auf den Bus treibt. Der low-Pegel sollte höchstens $0.3 \cdot \text{VDD}$ und der high-Pegel mindestens $0.7 \cdot \text{VDD}$ betragen.

Die Adressierung der Busteilnehmer erfolgt teilnehmerorientiert. Jeder integrierte Schaltkreis, der eine I2C Schnittstelle aufweist, bekommt vom Hersteller eine festgelegte Adresse, die 7 bzw. 10 Bit lang ist. Somit können maximal 112 (7-Bit Adresse, 16 reservierte Adressen) bzw. 1024 Teilnehmer (10-Bit Adresse) angeschlossen werden, allerdings ist die Anzahl an Teilnehmern in der Regel wesentlich kleiner.

Die Daten werden, wie beim SPI Bus, im NRZ-Verfahren codiert und pro Takt der SCL-Leitung wird ein Bit übertragen. Dabei muss der Daten-Pegel an SDA während der high-Phase der SCL-Leitung stabil sein, um das Bit korrekt zu übertragen. Die Kommunikation findet dann byteweise statt, d.h. es werden immer 8 Bit seriell übertragen.

Die generelle Kommunikation funktioniert derart, dass ein Master einen Buszugriff mit einer Startsignalisierung beginnt und dann die Zieladresse sowie die Indikation, ob Daten übertragen oder empfangen werden sollen, überträgt. Der durch die Adresse angesprochene Slave quittiert den Empfang der Adresse und anschließend werden die Daten byteweise in der gewünschten Richtung übertragen und jeweils quittiert.

Im Ruhezustand des Busses (keine Kommunikation) sind beide Busleitungen im in-aktiven Zustand (high-Pegel). Will ein Master eine Kommunikation starten, so prüft er zunächst, ob beide Busleitungen einen High-Pegel aufweisen. Zum Starten der Kom-munikation treibt er den Pegel der SDA-Leitung auf low und belässt die SCL-Leitung auf high. Mit dieser Signalisierung (high-low Flankenwechsel auf SDA während SCL high ist) werden alle angeschlossenen Busteilnehmer, Master und Slaves, aufgeweckt, so dass sie dann die Busleitungen beobachten.

Nach der Startsignalisierung überträgt der Master die 7-Bit Zieladresse sowie als 8. Bit des ersten Bytes die Indikation der Zugriffsrichtung: eine ‚0‘ bedeutet, dass der Master Daten zum Slaves schreiben möchte ($\overline{W}$), eine ‚1‘, dass der Master Daten vom Slaves lesen möchte (R). Den korrekten Empfang der Adresse und der Zugriffsrich-tung quittiert der angesprochene Slave mit einem sogenannten Acknowledge-Bit der-art, dass der Slave im 9. Takt von SCL die SDA-Leitung auf den low-Pegel treibt. Dies prüft der sendende Master und kann so erkennen, ob die Übertragung erfolgreich war. Treibt der angesprochene Slave die SDA-Leitung nicht auf low-Pegel (z.B. da die Adres-se falsch ist oder der Slave nicht vorhanden ist), dann erkennt der Master die fehlerhaf-te Übertragung und kann eine Fehlerbehandlung einleiten. Diese Art der Empfangs-quittierung mittels Acknowledeg-Bit findet nach der Übertragung jedes Bytes statt.

War die Adressübertragung erfolgreich, so können in den folgenden byteweisen Zyklen die Daten in der gewünschten Richtung übertragen werden. Dabei wird das SCL-Signal immer vom Master generiert.

Beim Schreiben vom Master zum Slave überträgt der Master, analog zur Übertra-gung der Adresse, die Daten byteweise mit MSB-first, die jeweils durch ein Acknow-ledge vom Slave im 9. Takt quittiert werden. Die Übertragung dauert so lange, bis der Empfang eines Bytes vom Slave nicht quittiert wird oder bis der Master die Übertra-gung durch das Senden der Stoppbedingung beendet. Die Stoppbedingung besteht aus einer low-high Flanke auf der SDA-Leitung während die SCL-Leitung high ist. Nach der Beendigung eines Zugriffs durch die Stoppbedingung ist der Bus im inaktiven Zu-stand und ein neuer Zugriff kann gestartet werden.

Das Lesen von Daten vom Slave durch den Master erfolgt so wie das Schreiben, nur dass diesmal der Slave die Daten auf die SDA-Leitung treibt und der Master den Empfang im 9. Takt durch ein Acknowledge quittiert. Beendet wird der Zugriff, wenn der Master die Quittierung verweigert oder die Stoppbedingung signalisiert.

Befinden sich mehrere Master an einem I2C-Bus, so können diese bei inaktivem Bus unabhängig voneinander einen Buszugriff starten. Um Kollisionen aufzulösen gibt es die Möglichkeit der Synchronisierung der Taktsignale (SCL) sowie eine Arbi-trierung. Wollen zwei Master gleichzeitig auf den Bus zugreifen, so synchronisieren sich die Taktsignale der beiden Master (die generell mit unterschiedlichen Frequenzen laufen können) durch die wired-AND Verbindung der SCL-Leitung. Die low-Phase des synchronisierten Takts ergibt sich so durch die low-Phase des Masters mit der längsten low-Phase, die high-Phase des synchronisierten Takts durch die kürzeste high-Phase der beteiligten Master.

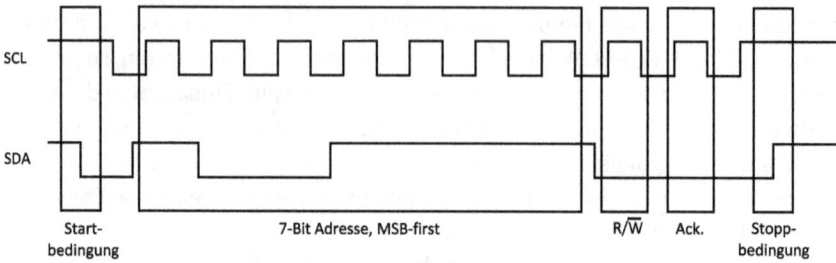

**Abb. 6.28.** I2C-Bus: Übertragung der Adresse mit Start- und Stoppbedingung und R/$\overline{W}$-Bit

Schreibzugriff: Datenübertragung vom Master zum Slave

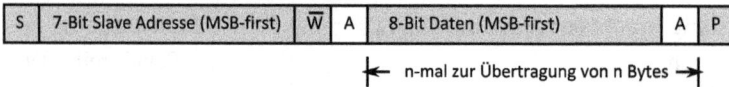

Lesezugriff: Datenübertragung vom Slave zum Master

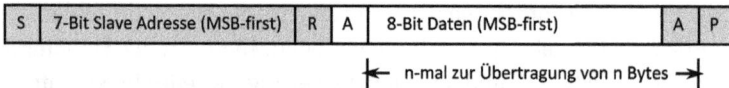

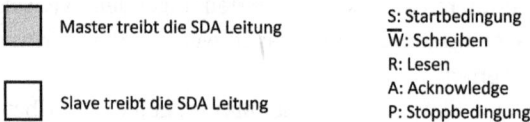

Master treibt die SDA Leitung

Slave treibt die SDA Leitung

S: Startbedingung
$\overline{W}$: Schreiben
R: Lesen
A: Acknowledge
P: Stoppbedingung

**Abb. 6.29.** Schematische Darstellung eines Schreib- und Lesezugriffs (nur SDA)

Die Arbitrierung findet nach dem CSMA/CD Verfahren statt. Das Taktsignal ist synchronisiert, beide Master treiben gleichzeitig Daten bitweise auf den Bus und prüfen dabei die SDA-Leitung, ob deren Zustand mit ihren gesendeten Daten übereinstimmt. Sobald ein Master eine rezessive ‚1' senden will aber eine dominanten ‚0' empfängt, erkennt er, dass ein anderer Master gleichzeitig sendet und beendet seinen Zugriff. Der andere Master setzt seine Übertragung fort. Nachdem dieser Master seine Übertragung beendet hat und den Bus wieder frei gibt, kann der Master, der die Arbitrierung verloren hat, seinen Zugriff neu starten.

In der I2C-Spezifikation werden mehrere Übertragungsraten spezifiziert: bis 100 kbits$^{-1}$ im Standard-Mode, bis 400 kbits$^{-1}$ im Fast-Mode, bis 1 Mbits$^{-1}$ im Fast-Mode Plus und bis 3.4 Mbits$^{-1}$ im High-Speed Mode. In der Regel wird der I2C-Bus in Standard oder Fast-Mode betrieben. Bei kleineren Übertragungsraten im kbits$^{-1}$-Bereich sind auch größere Entfernungen bis zu einigen Metern möglich. Ein Ultra-Fast-Mode mit bis zu 5 Mbits$^{-1}$ ist auch spezifiziert, wofür dann spezielle Bauteile benötigt werden.

Vorteile des I2C-Busses liegen in der einfachen Ansteuerung, der weiten Verbreitung für die Verbindung von ICs, der Verwendung von nur zwei einfachen Leitungen

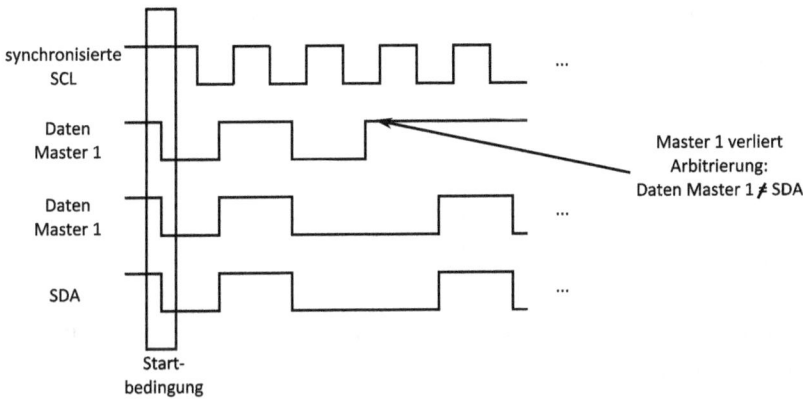

**Abb. 6.30.** Arbitrierung beim gleichzeitigen Buszugriff von zwei I2C-Mastern

und der Flexibilität im Hinblick auf die Geschwindigkeit der Teilnehmer. Zudem können Teilnehmer, Slaves und Master, während des Betriebs hinzugefügt oder entfernt werden.

Nachteilig ist die hohe Störanfälligkeit aufgrund seines einfachen Eindrahtleitungsaufbaus. Da in der Spezifikation kein Timeout vorgesehen ist (maximale Zeit, bis ein Fehler erkannt wird) kann ein fehlerhafter Busteilnehmer den kompletten Bus blockieren, was zum Komplettausfall der Kommunikation führt.

### 6.3.4 CAN

CAN (Controller Area Network) ist ein asynchrones, serielles Feldbussystem zur Datenübertragung im Halb-Duplex Mode. Es wurde ab 1983 von der Firma Bosch für die Vernetzung von Steuergeräten im Automobil entwickelt. 1993 wurde CAN als ISO 11898 standardisiert [20]. Heute ist der CAN Bus weit verbreitet in den Bereichen Automobil, Transport-, Medizin- und Automatisierungstechnik.

In ISO 11898 werden die Schichten 1 und 2 des ISO-OSI Referenzmodells spezifiziert. Darüber liegende Schichten werden nicht spezifiziert. Um CAN einfach in Systeme einbinden zu können, gibt es Kommunikationsprotokolle, die die Anwendungsschicht 7 definieren und auf den spezifizierten CAN Schichten 1 und 2 basieren. Beispiele aus der Automatisierungstechnik sind CANopen, CAL oder DeviceNet.

Aus der Herkunft des CAN Busses, der Vernetzung von Steuergeräten im Automobil, kann man erkennen, dass es sich bei CAN um ein dezentrales Bussystem handelt, da es kein zentrales, ausgezeichnetes Steuergerät in der Fahrzeugvernetzung gibt. Dementsprechend gibt es beim CAN keinen ausgezeichneten Teilnehmer, sondern alle Teilnehmer sind gleichberechtigt. Es handelt sich um einen Multi-Master Bus.

CAN Netzwerke werden typischerweise in Bus-Topologie aufgebaut, Stern oder Ring sind möglich, aber seltener. Der schematische Aufbau eines CAN Busses in Bus-

**Tab. 6.1.** Wichtige CAN-Standards [20]

| Standard | Beschreibung |
|---|---|
| ISO11898-1 | Sicherungsschicht (ISO-OSI-Schicht 2) |
| ISO11898-2, 5, 6 | Bitübertragungsschicht (ISO-OSI-Schicht 1) für high-speed CAN |
| ISO11898-3 | Bitübertragungsschicht für low-speed CAN |
| ISO11898-4 | Sicherungsschicht für zeitgesteuerte Kommunikation (Time-Triggered CAN, TTCAN) |

Topologie ist in Abbildung 6.31 dargestellt. Die verdrillte Zweidrahtleitung, die das gemeinsame Übertragungsmedium darstellt, ist an beiden Enden mit einem Widerstand von 120 Ω abgeschlossen, dem Wellenwiderstand der verdrillten Zweidrahtleitung. Diese Widerstände sind für die Signalintegrität zwingend vorgeschrieben.

Die Busteilnehmer sind hochohmig über kurze Stichleitungen an das gemeinsame Übertragungsmedium angeschlossen.

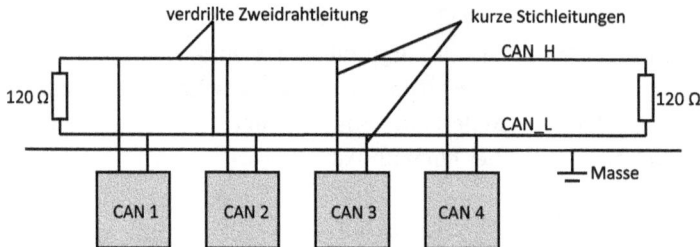

**Abb. 6.31.** Bus-Topologie von CAN, die Zweidrahtleitung, hier nicht verdrillt dargestellt, wird mit 120 Ω Widerständen abgeschlossen; CAN x bezeichnet schematisch die Busteilnehmer

In den ISO Standards sind für die physikalische Schicht des CAN Busses zwei unterschiedliche Realisierungen spezifiziert, der high-speed CAN (ISO 11898-2) mit einer Übertragungsrate von bis zu 1 Mbits$^{-1}$ und der low-speed CAN (ISO 11898-3) mit einer Übertragungsrate von bis zu 125 kBits$^{-1}$. Abgesehen von der Übertragungsrate unterscheiden sich die beiden Realisierungen auch in anderen Eigenschaften wie der elektrischen Spezifikation, so dass beide Realisierungen nicht kompatibel zueinander sind.

Das Übertragungsmedium ist in beiden Fällen eine verdrillte Zweidrahtleitung (Twisted Pair, TP) mit einem Wellenwiderstand von 120 Ω. Die beiden Leitungen werden als CAN_H bzw. CAN_L bezeichnet. Durch die differentielle Signalübertragung über die verdrillte Zweidrahtleitung wird die elektrische Störsicherheit erhöht. In die Leitung eingestreute Störungen wirken auf beide Leitungen in der gleichen Richtung, so dass die Differenz der Pegel auch bei Störungen gleich bleibt (Gleichtaktunterdrückung).

Aufgrund der Ausbreitungsgeschwindigkeit der Signale in Verbindung mit dem Buszugriffsverfahren (CSMA/CR) ergeben sich, in Abhängigkeit von der Übertragungsrate, unterschiedliche maximale Leitungslängen für den Bus, die folgendermaßen abgeschätzt werden können:

$$\text{Buslänge} \leq 40m \cdot \frac{1 Mbits^{-1}}{\text{Übertragungsrate}} \qquad (6.5)$$

Die maximale Anzahl an Busteilnehmern ist theoretisch unbegrenzt, hängt aber in der Realität von den verwendeten CAN-Treiberbauteilen (CAN Transceivern) ab, mit denen bis zu 32, 64 oder 128 Teilnehmern angeschlossen werden können.

Die Buspegel auf CAN_H und CAN_L und damit das Differenzspannungssignal unterscheiden sich für die beiden CAN Varianten (low-speed und high-speed), s. Abbildungen 6.32 und 6.33. In beiden Fällen wird die logische ‚1' durch den rezessiven Buspegel bzw. die rezessive Differenzspannung und die logische ‚0' durch den dominanten Buspegel (dominante Differenzspannung) dargestellt.

Beim high-speed CAN beträgt der rezessive Buspegel für CAN_H und CAN_L 2.5 V, die Differenzspannung $U_{DIFF} = U_{CANH} - U_{CANL}$ beträgt damit 0 V für die logische ‚1'. Die dominante Differenzspannung (logische ‚0' beträgt 2 V und wird derart realisiert, dass an CAN_H 3.5 V und an CAN_L 1.5 V anliegen. Generell werden Differenzspannungen kleiner als 0.5 V als rezessiv und Differenzspannungen größer als 0.9V als dominant erkannt. Zwischen 0.5 V und 0.9 V ist der undefinierte Bereich der Differenzspannung.

Dagegen sind die Buspegel beim low-speed CAN für beide Zustände unterschiedlich. Der rezessive Zustand wird durch eine Spannung von 0 V an CAN_H und 5 V an CAN_L dargestellt, so dass die Differenzspannung -5 V beträgt. Im dominanten Zustand weist CAN_H eine Spannung von 3.6 V auf, CAN_L eine Spannung von 1.4 V. Die Differenzspannung beträgt somit 2.2 V.

Die physikalischen Schicht (ISO-OSI-Schicht 1) des CAN Busses, d.h. die elektrische Bustreiber- und Busauswerteelektronik, wird in sogenannten CAN Bustransceivern realisiert. Diese stellen die Schnittstelle zwischen dem CAN Protokoll (ISO-OSI Schicht 2), das in der Regel in einem $\mu$C oder einem dedizierten IC realisiert wird, und dem Übertragungsmedium dar. Dazu zeigt Abbildung 6.34 zwei über ein Gateway verbundene CAN Busse mit der technischen Partitionierung der ISO-OSI-Schichten. Das Gateway dient dazu, Daten zwischen den beiden Bussen (generell zwischen zwei unterschiedlichen Bussystemen) zu transferieren.

Die CAN Daten werden zwischen dem CAN Transceiver und dem $\mu$C bzw. CAN-IC über zwei digitale Datenleitungen, RX und TX, ausgetauscht.

Die Sicherungsschicht des ISO-OSI-Referenzmodells wird in der Regel direkt als Hardware-Modul in einem Mikrocontroller realisiert (CAN Controller). CAN verwendet ein nachrichtenorientiertes, prioritäts- und ereignisgesteuertes und bitstromorientiertes Protokoll mit CSMA/CR Zugriffsverfahren. Die Nutzdaten, die versendet werden sollen, werden durch die Protokoll-Schicht in sogenannte Datenframes ver-

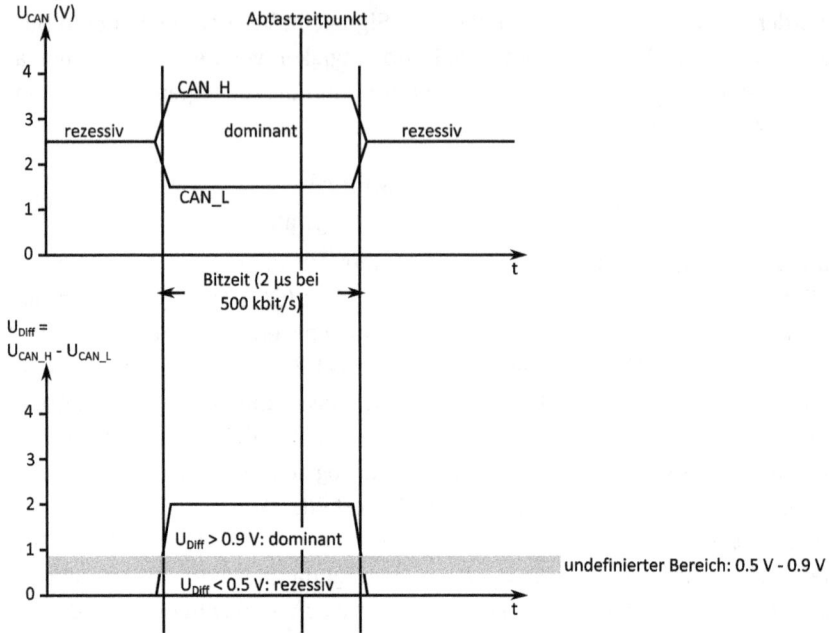

**Abb. 6.32.** Buspegel und Differenzsignal beim high-speed CAN

packt, die sowohl die Nutzdaten als auch Steuer- und Kontrollinformationen beinhalten. Neben den Datenframes gibt es beim CAN noch Remoteframes (Anfordern von Daten von anderen CAN Knoten), Errorframes (Signalisierung einer Fehlererkennung) und Overloadframes (Mitteilung von Verzögerungen).

Da CAN ein Broadcast-Bussystem ist, bei dem die Daten von einem Sender an alle Busteilnehmer gesendet werden, muss der Inhalt entsprechend gekennzeichnet werden. Durch die nachrichtenorientierte Adressierung durch einen sogenannten Message Identifier (ID), der den Inhalt der Daten beschreibt, empfangen alle Teilnehmer alle Daten und entscheiden anhand der ID, ob die Daten jeweils relevant sind oder nicht berücksichtigt werden. Die Länge der ID beträgt 11 Bit, im extended frame Format beträgt die Länge 29 Bit. Die Message-Identifier eines CAN-Bussystems, einschließlich der möglichen Sender und Empfänger für eine ID, werden in einer sogenannten Kommunikations- oder CAN-Matrix zusammengefasst.

Beim CAN wird der Message Identifier, neben der Identifizierung des Dateninhalts, auch für die Arbitrierung genutzt. Der generelle Vorgang der bitweisen Arbitrierung wurde bereits in Kapitel 6.3.1.5 beschrieben. Wie man in Abbildung 6.35 erkennen kann, wird die ID mit MSB-first direkt nach einer allgemeinen Startsignalisierung gesendet. Demnach wird die Priorisierung der Daten bei der Arbitrierung durch die ID derart festgelegt, dass sich Daten mit einer kleinen ID durchsetzen: je kleiner die ID, desto höher die Priorität.

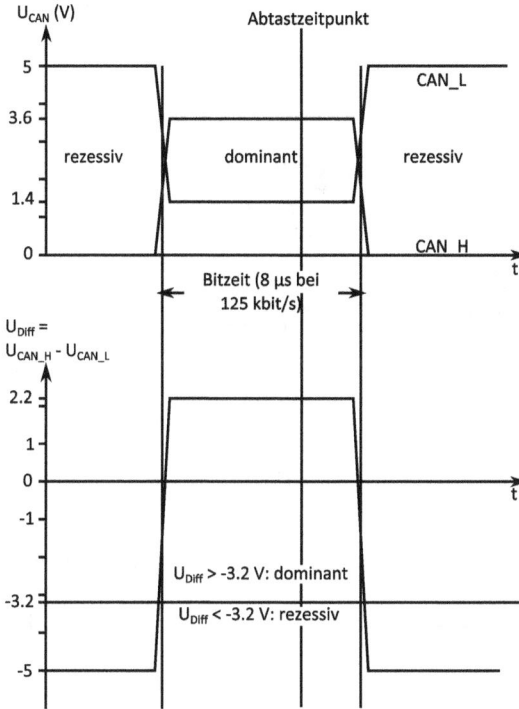

**Abb. 6.33.** Buspegel und Differenzsignal beim low-speed CAN

Generell arbeitet der CAN Bus ereignisgesteuert, so dass Daten im Idealfall sofort versendet werden, sobald sie vorliegen und gesendet werden sollen. Somit beträgt die Latenzzeit, bei Vernachlässigung von Signallaufzeiten auf der Leitung und in den Transceivern, im besten Fall die Übertragungszeit der Botschaft. Ist der Bus jedoch belegt oder stehen Daten mit höherer Priorität zum Versenden an, so kann sich das Versenden solange verzögern, bis der Bus wieder frei ist. Dies kann, abhängig von der Anzahl von höher-prioren Daten, die Latenzzeit erheblich erhöhen, so dass der CAN Bus nicht-deterministisch und damit nicht (hart) echtzeitfähig ist. Im Fehlerfall kann ein Busteilnehmer durch die kontinuierliche Versendung von hoch-prioren Daten den Bus komplett blockieren (Babling Idiot). Diese Blockade kann nur durch zusätzliche Hardware-Komponenten, sogenannte Bus-Guardians, aufgelöst werden.

Den Aufbau eines CAN Frames zeigt Abbildung 6.35, dessen wichtigste Felder im Folgenden kurz beschrieben werden:

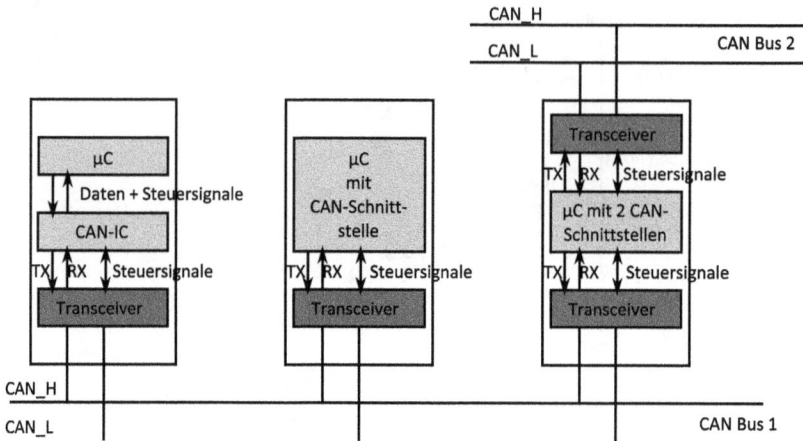

**Abb. 6.34.** Zwei CAN Busse mit drei CAN Knoten in unterschiedlichen Realisierungen, einer der Knoten dient als Gateway zwischen den Bussen

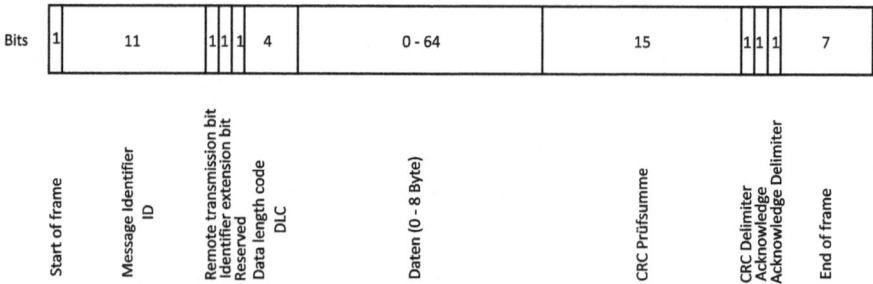

**Abb. 6.35.** Aufbau eines CAN Frames mit 11-Bit ID

– Start of frame (Startbit):
  Die Übertragung einer CAN Nachricht beginnt immer mit dem Senden eines dominanten Startbits. Dient der Synchronisation aller CAN Knoten
– Message Identifier (ID):
  Enthält die ID (11 Bit oder 29 Bit), kennzeichnet den Inhalt der Nachricht und dient zur Priorisierung bei der Arbitrierung (zusammen mit dem remote transmission bit)
– Data length code
  Gibt die Anzahl der folgenden Datenbits an
– Daten
– CRC Prüfsumme Dient der Erkennung von fehlerhaft übertragenen Bits. Der CRC (Cyclic Redundancy Check) wird vom Sender über die kompletten Nutzdaten gebildet (ID bis Ende der Daten) und erreicht eine Hamming Distanz von $d = 6$, d.h. es werden 5 Fehler erkannt. Das 16-Bit Generatorpolynom lautet gemäß Standard:

$$X^{15} + X^{14} + X^{10}X^8 + X^7 + X^4 + X^3 + 1 = 1100010110011001 \qquad (6.6)$$

Der Empfänger bildete ebenfalls die CRC Prüfsumme und vergleicht diese mit dem empfangenen CRC Feld.

- Acknowledge (Quittierungsfeld)
  Das Acknowledge Bit wird vom Sender rezessiv übertragen. War die Übertragung fehlerfrei (CRC), so bestätigt der (oder die) Empfänger dies durch Senden eines dominaten Bits und signalisiert so dem Sender den korrekten Empfang der Daten.
- End of frame
  Das Ende eines CAN Frames wird durch das Senden von sieben rezessiven Bits angezeigt. Dabei wird bewusst auf das Bit-Stuffing verzichtet.
- Inter frame space (Rahmenpause) Nach dem End of frame werden drei weitere rezessive Bits übertragen.

Zusätzlich zu den dargestellten Bit eines CAN Frames können durch den Sender Stuff-Bits eingefügt werden (s. Abbildung 6.36. Bei CAN wird nach fünf aufeinanderfolgenden Bit gleicher Polarität (high oder low) ein invertiertes Bit eingefügt. Dadurch kann sich die Anzahl der Bits, die pro Frame übertragen werden, erhöhen. Der Empfänger filtert diese Stuff-Bits wieder aus und rekonstruiert so die ursprünglichen Daten. Das Bit-Stuffing ermöglicht zum einen die Synchronisierung zwischen den Busteilnehmern, zum anderen können so Fehler wie Leitungsstörungen erkannt werden.

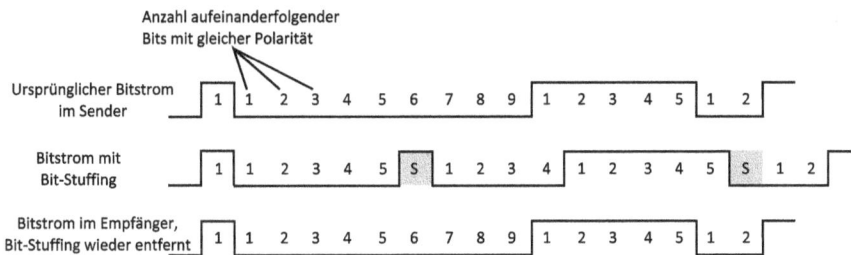

**Abb. 6.36.** Bit-Stuffing bei CAN

Wie oben bereits dargestellt ist der CAN Bus nach ISO11898 standardisiert. Dies ist insbesondere wichtig, wenn CAN Bussysteme mit Komponenten und Busteilnehmern von unterschiedlichen Herstellern aufgebaut werden. Hierbei darf es zwischen den Busteilnehmern nicht zu Inkompatibilitäten bezüglich der CAN Implementierung kommen. Um die Übereinstimmung der verwendeten Komponenten mit der CAN Spezifikation nachzuweisen und so die Kompatibilität der Komponenten zu gewährleisten werden sogenannte CAN conformance tests von unabhängigen Testhäusern durchgeführt. Komponenten, die diese Tests erfolgreich bestehen, verhalten sich gemäß dem Standard und können für CAN Busse verwendet werden.

### 6.3.5 Ethernet

Ethernet ist das mit Abstand am weitesten verbreitete Bussystem, um Daten- und Rechnernetze in LANs (Local Area Network, kurze Entfernungen für lokale Netze), MANs (Metropolitan Area Network, Entfernungen bis ca. 100 km) oder WANs (Wide Area Network, unbegrenzte Ausdehnung) aufzubauen. Dabei sind im Ethernet Standard IEEE 802.3 nur die Schichten 1 und 2 des OSI-ISO-Referenzmodells spezifiziert. Aber durch die Definition von höheren Schichten wie TCP/IP und HTTP und die darauf aufbauenden Anwendungen wie E-Mail oder Internet-Browser, für die Ethernet die Basis bildet, hat sich Ethernet als de facto Standard für die Netzwerkkommunikation etabliert. Ethernet ist in der IEEE-Norm 802.3 standardisiert, wobei unter dieser Norm zahlreiche Standards (z.B. 802.3a für 10BASE2, 802.3u für Fast Ethernet, 802.3z für Gigabit Ethernet über Glasfaser) entwickelt wurden [13]. Der Erfolg von Ethernet ist dabei auch darauf zurückzuführen, dass die Schichte 1 und 2 in dem Standard strikt getrennt sind. Schicht 2, insbesondere die MAC Schicht, wird quasi nicht mehr verändert, wohingegen die Bitübertragungsschicht laufend weiterentwickelt wird, um höhere Übertragungsraten zu erreichen (s. Abbildung 6.37).

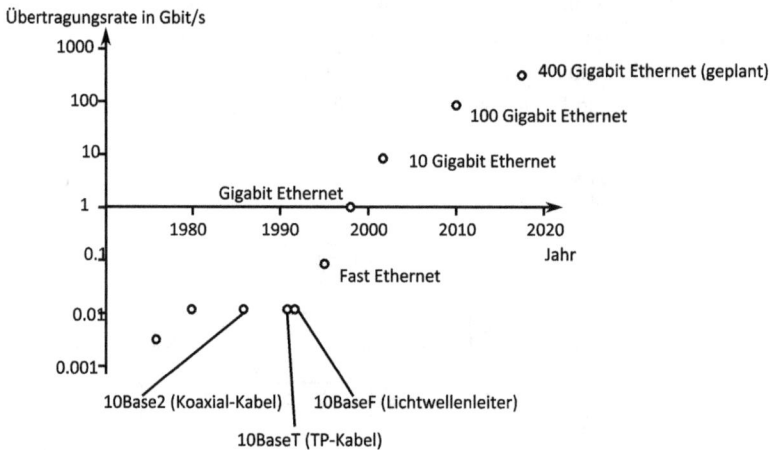

**Abb. 6.37.** Entwicklung der Übertragungsraten von Ethernet

Aufgrund der Vielzahl an Sub-Standards für Ethernet sollen hier nur grundlegende Eigenschaften von Ethernet anhand einiger Beispiele dargestellt werden.

Die IEEE-Norm 802.3 spezifiziert die Sicherungs- und Bitübertragungsschicht von Ethernet (Schicht 1 und 2). Ethernet verwendet ein teilnehmerorientiertes, ereignisgesteuertes und bitstrom-orientiertes Protokoll mit CSMA/CD Zugriffsverfahren. Unterschiedliche Übertragungsmedien sind für den Einsatz in Ethernet-Bussen spezifiziert: Koaxialkabel und Twisted-Pair-Kabel als elektrische Leiter, Lichtwellenleiter als optische Leiter und Funk als Übertragungsweg ohne ein Medium.

Die unterschiedlichen Ethernet-Varianten unterscheiden sich in der Übertragungsrate (s. Abbildung 6.37), der verwendeten Übertragungsmedien und der Leitungscodierung. So wird beim 10Mbit Ethernet, unabhängig vom Übertragungsmedium, Koaxial-Kabel, TP oder LWL, die Manchester-Codierung verwendet, die gleichstromfrei ist und die Taktinformationen enthält. Dahingegen nutzt Fast Ethernet (100 Mbits$^{-1}$) ein 4B5B-Codierung, bei der vier Nutzdatenbits eindeutig umkehrbar auf fünf Codebits abgebildet werden. Durch eine geeignete Abbildung der Nutzdatenbits auf die Codebits werden lange Abfolgen von gleichen Zuständen (‚0' oder ‚1') vermieden, so dass eine Taktrückgewinnung und Synchronisation möglich ist. Wichtige Parameter und Kenndaten für drei Ethernet-Varianten zeigt Tabelle 6.2.

In seiner ursprünglichen Form hatte Ethernet als Multi-Master Bus eine Bus-Topologie mit CSMA/CD Zugriffsverfahren und Half-Duplex Betrieb. Andere Zugriffsverfahren wie Token-Bus (802.4) oder Token-Ring (802.5) konnten sich nicht durchsetzen. Damit beim CSMA/CD Verfahren eine Kollision zwischen den Zugriffsanforderungen von weit entfernten Stationen sicher erkannt werden kann, müssen die CAN Frames eine bestimmte Mindestdauer und damit, abhängig von der Übertragungsrate, eine Mindestlänge aufweisen. So beträgt die Mindestlänge bei einer Übertragungsrate von 10Mbits$^{-1}$ und einer Maximalentfernung von 2500 m zwischen den Stationen 64 Byte. Kleinere Datenframes werden bis auf 64 Byte aufgefüllt, um die Mindestlänge zu erreichen.

Beim CSMA/CD Verfahren wird nach einer Kollisionserkennung der Buszugriff gestoppt und nach einer zufälligen Zeit ein neuer Zugriff gestartet. Für die Bestimmung der Wartezeit wird beim Ethernet das exponential Backoff Verfahren eingesetzt, um eine erneute Kollision der beiden Teilnehmer möglichst zu vermeiden und die Datenrate möglichst maximal auszunutzen. Dazu wird eine Basiszeiteinheit, 26.2 ms beim 10 Mbit Ethernet, mit einer Zufallszahl $Z$ multipliziert, um die teilnehmerindividuelle Wartezeit zu ermitteln:

$$\text{Wartezeit} = \text{Basiszeiteinheit} \cdot Z \qquad (6.7)$$

Die Zufallszahl $Z$ liegt dabei in einem definierten Intervall:

$$0 \le Z \le 2^k \qquad (6.8)$$

Dabei gibt $k$ an, wie oft bereits versucht worden ist, den Frame zu versenden. So wird die Wartezeit, bei hoher Buslast, bei jedem neuen Sendeversuch stetig erhöht. Nach maximal 16 Sendeversuchen wird der Frame verworfen und eine Fehlermeldung an höhere Schichten signalisiert.

Bei Systemen mit CSMA/CD Zugriffsverfahren steigt allerdings die Latenzzeit, trotz des exponential Backoff Verfahrens, bei hoher Busbelastung sehr stark an (durch die nicht-deterministischen Zugriffe und Arbitrierung) und die tatsächlich genutzte Übertragungsrate nimmt rapide ab. Daher werden moderne Ethernet-Netze in Stern-Topologie aufgebaut, wobei ein sogenannter Switch im Sternpunkt die Kommunikation zwischen den Busteilnehmern seines Sterns und zu anderen Sternpunkten managt (s. Abbildung 6.38): der Switch leitet ankommende Nachrichten an genau einen der angeschlossenen Teilnehmer weiter. Diese sind über ein Paar von Zweidrahtleitungen als Punkt-zu-Punkt-Verbindung an den Switch angeschlossen, so dass zwischen dem Teilnehmer und dem Switch eine Voll-Duplex Verbindung besteht. Somit arbeitet diese Konfiguration kollisionsfrei, wobei die CSMA/CD Möglichkeit auch dann bestehen bleibt.

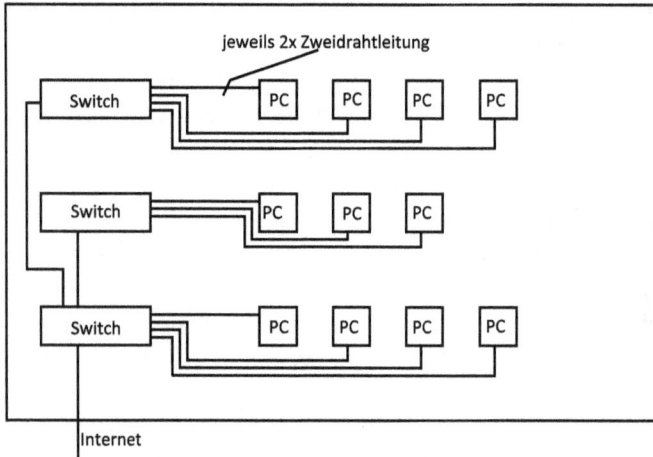

**Abb. 6.38.** Strukturierte Verkabelung in Stern-Topologie am Beispiel eines LANs in einem Gebäude

**Tab. 6.2.** Wichtige Kenndaten von 3 Ethernet-Varianten

| Kenngröße | Ethernet | Fast Ethernet | Gigabit Ethernet |
|---|---|---|---|
| Übertragungsrate | 10 MBits$^{-1}$ | 100 MBits$^{-1}$ | 1 GBits$^{-1}$ |
| Bitzeit | 0.1 $\mu$s | 0.01 $\mu$s | 0.001 $\mu$s |
| Übertragungs-medium | Koaxial-Kabel 2 × TP Glasfaser | 2 × TP 2 Paar UTP Glasfaser | 4 ×UTP Glasfaser |
| Codierung | Manchester | 4B5B | 8B10B |
| Topologie | Bus/Stern | Stern | Stern |
| Standard | IEEE 802.3 | IEEE 802.3u | IEEE 802.2z |
| Zugriffsverfahren | CSMA/CD | CSMA/CD | CSMA/CD |
| Minimale Framegröße | 64 Byte | 64 Byte | 512 Byte |
| Maximale Entfernung zwischen Teilnehmern | 2500 m | 250 m | 25 m |

Das CSMA/CD Verfahren stellt gleichsam die Schnittstelle zwischen der eigentlichen physikalischen Schicht und der Schicht 2 des ISO-OSI-Referenzmodells dar. Diese Sicherungsschicht kann wiederum in 2 Subschichten aufgeteilt werden: den Logical Link Control (LLC, spezifiziert in IEEE 802.2) und die Media Access Control Schicht (MAC). Die LLC Schicht stellt die Schnittstelle vom eigentlichen Ethernet zu höheren Schichten dar. Die MAC Schicht ist für das Protokoll und die Adressierung zuständig.

Da Ethernet eine teilnehmerorientierte Adressierung verwendet, muss jedem Busteilnehmer eine individuelle, unverwechselbare physikalische Adresse zugewiesen werden, die MAC-Adresse. Diese MAC-Adressen werden von einer Unterorganisation vom IEEE vergeben und, gemeinsam mit den Herstellerfirmen, verwaltet, so dass jede hergestellte und verkaufte Ethernet-fähige Komponente eine weltweit eindeutige MAC-Adresse aufweist. Es besteht aber auch die Möglichkeit, für eigene lokale Netze individuelle MAC-Adressen zuzuweisen, dies wird dann in der Adresse über ein spezielles Feld (U/L) in der MAC-Adresse signalisiert. Diese eigene MAC-Adresse ist dann nur in dem eigenen Netzwerk eindeutig. Zusätzlich gibt es sogenannte Broadcast- oder Multicast-Adressen, um mehrere Teilnehmer gleichzeitig adressieren zu können.

Die MAC-Adresse ist 48 Bit (6 Byte) lang und hat ein Format wie in Abbildung 6.39 dargestellt. Das Feld I/G spezifiziert, ob es sich um eine individuelle (0) oder eine Multi-/Broadcast-Adresse (1) handelt. Über das Feld U/L wird signalisiert, ob die Adresse weltweit eindeutig und unveränderbar (0) ist oder ob es eine lokale (1) Adresse ist. Die restlichen 46 Bit der MAC-Adresse bilden die eigentliche Adresse. MAC-Adressen werden in der Regel in Form von sechs zweistelligen Hexadezimalzahlen dargestellt, die jeweils durch Doppelpunkte getrennt werden: „08:2A:05:AB:DE:21 ".

| I/G | U/L | Herstellerkennung | Gerätenummer |
|-----|-----|-------------------|--------------|
| 1 Bit | 1 Bit | 22 Bit | 24 Bit |

**Abb. 6.39.** Aufbau der MAC-Adresse

Der Aufbau eines Ethernet-Frames ist in Abbildung 6.40 dargestellt. Jeder Frame beginnt mit einer 7-Byte Präambel und einem 1-Byte Start-Frame Delimiter (SFD). Als teilnehmerorientierte Verbindung folgen dann die 6-Byte Empfänger-MAC-Adresse (DA, Destination Address) sowie die 6-Byte Sender-MAC-Adresse (SA, Source Address). Optional gibt es dann, nach IEEE 802.1Q, ein 4-Byte VLAN Tag Feld (VTF), das zum Aufbau von virtuellen LAN-Subnetzen verwendet werden kann. Das folgende 2-Byte Typfeld kennzeichnet den Inhalt des direkt anschließenden Nutzdatenfelds und signalisiert zum Beispiel mit der hexadezimalen Kennung 0800, dass die Nutzdaten eine IPv4-Botschaft enthält (Internet Protokoll Version 4). Das Nutzdatenfeld ist maximal 1500 Byte groß. Um die Mindestframegröße von 64 Byte (ohne Präambel und SFD) zu erreichen, werden kleinere Datenpakete mit Leerdaten (Padding) auf 46 Byte aufgefüllt. Der Ethernet-Frame endet mit einer 4-Byte CRC-Prüfsumme mit einer Hamming-Distanz von drei:

$$X^{32} + X^{26} + X^{23} + X^{22} + X^{16} + X^{12} + X^{11} + X^{10} + X^8 + X^7 + X^5 + X^4 + X^2 + X + 1 \quad (6.9)$$

Die Bytes werden beim Ethernet seriell als LSB-first übertragen. Die Bytes von Feldern, die aus mehreren Bytes bestehen, werden in der Reihenfolge der Wertigkeit übertragen, d.h. mit dem Byte der höchsten Wertigkeit zuerst.

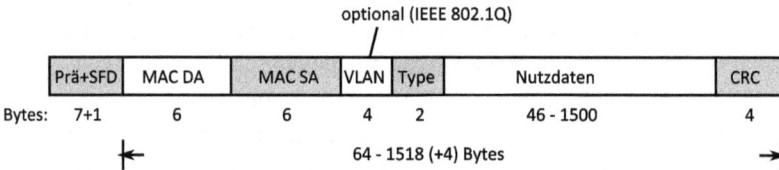

**Abb. 6.40.** Aufbau eines Ethernet-Frames

Die logische Trennung in die Schichten 1 und 2 findet sich, ähnlich wie beim CAN, auch in der Hardwareimplementierung wieder, in dem die Bitübertragungsschicht als sogenannte PHY-Komponente und die MAC-Schicht als MAC-Komponente realisiert wird. Erstere enthält die komplette Logik, die zur Bitübertragung benötigt wird. Wie beim CAN die Schicht 2, so ist die MAC-Schicht auch meist direkt in einen Mikrocontroller integriert. Die Signale zwischen MAC und PHY sind als Media Independent Interface (MII) standardisiert, um Komponenten unterschiedlicher Hersteller kombinieren zu können.

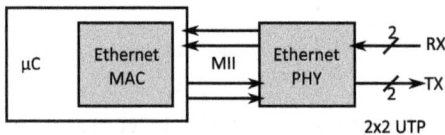

**Abb. 6.41.** Vereinfachter Aufbau einer Ethernet-Schnittstelle

Aufbauend auf dem eigentlichen Ethernet (Schicht 1 und 2) werden die höheren Schichten des ISO-OSI-Referenzmodells definiert (Abbildung 6.42). Die Internet Protocol (IP) Schicht realisiert das Hauptprotokoll der Verbindungsschicht und nutzt dazu Dienste der Ethernet-Schichten: Datenpakete werden paketorientiert ohne Bestätigung (Achnowledge) übertragen und durch anhand von IP-Adressen durch das Netz geroutet, wobei jeder Teilnehmer eine eindeutige logische IP-Adresse besitzt (z.B. 160.54.16.132). Verschiedene Versionen der IP-Schicht sind IPv4 und IPv6.

Die Schicht 4 im TCP/IP-Modell ist die Tranmission Control Protocol Schicht (TCP). Dieses Protokoll ist verbindungsorientiert in der Art, dass vor der Kommunikation zweier Anwendungen (höhere Schichten) eine virtuelle Verbindung aufgebaut wird. Nach der Kommunikation wird die Verbindung wieder abgebaut. Der Datenaustausch findet als Bytestrom statt, ohne Interpretation und Abgrenzung von Datenpaketen.

In den höheren Schichten werden dann die Anwendungen spezifiziert, wie z.B. FTP (File Transfer Protocol), HTTP (Hypertext Trans-fer Protocol) oder SMTP (Simple Mail Transfer Protocol).

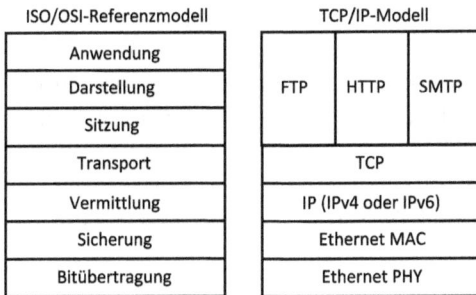

| ISO/OSI-Referenzmodell | TCP/IP-Modell | | |
| --- | --- | --- | --- |
| Anwendung | FTP | HTTP | SMTP |
| Darstellung | | | |
| Sitzung | | | |
| Transport | TCP | | |
| Vermittlung | IP (IPv4 oder IPv6) | | |
| Sicherung | Ethernet MAC | | |
| Bitübertragung | Ethernet PHY | | |

**Abb. 6.42.** TCP/IP-Modell

Zusammenfassend bietet Ethernet sehr viele Vorteile als Bussystem, sowohl technischer als auch nicht-technischer Art:
- Extrem weit verbreitet
- Hohe Übertragungsraten
- Große Dynamik in der Weiterentwicklung
- Standardisiert
- Vielzahl von Komponenten
- Unterschiedliche Übertragungsmedien
- Kostengünstig

Aus diesem Grund wird in vielen Anwendungsbereichen versucht, Ethernet an die jeweiligen Anforderungen anzupassen bzw. auf Ethernet basierende Bussysteme zu entwickeln. Beispiele sind Automotive Ethernet für den Automobilbereich oder PRO-FINET für die industrielle Automatisierung.

### 6.3.6 PROFIBUS

PROFIBUS (Process Field Bus) ist ein offenes, herstellerneutrales Bussystem, das nach DIN 19245, EN 50170 bzw. IEC 61158 standardisiert ist und als Feldbussystem insbesondere für die Automatisierungstechnik entwickelt wurde [12]. Ziel war die Vernetzung von Automatisierungshierarchien, von der unteren Feldebene mit der Sensorik und Aktorik über die Prozesssteuerung bis hin zur Anbindung an die darüberliegende Leitebene. Zur Erfüllung der Anforderungen dieses Anwendungsgebiets muss das Bussystem eine Reihe von Anforderungen erfüllen, z.B. dürfen keine Sensordaten verloren gehen, der Bus muss ein deterministisches Zeitverhalten für die Übertragung aufweisen und das Übertragungsmedium muss den Einsatzbedingungen in der Industrieumgebung genügen.

Von PROFIBUS gibt es drei verschiedene Varianten, die sich durch unterschiedliche Anwendungsbereiche und Spezifikationen unterscheiden, aber auch gemeinsame Schichten des ISO-OSI-Referenzmodels nutzen:

- PROFIBUS DP (dezentrale Peripherie)
  Ansteuerung von Sensoren und Aktoren durch eine zentrale Steuerung und Vernetzung von Steuergeräten wie SPS (Aufbau einer verteilten Intelligenz) in der Fertigungstechnik
- PROFIBUS PA (Prozess-Automation)
  Vernetzung von Sensoren, Aktoren und Prozessleitsystemen bzw. SPS in der Prozess- und Verfahrenstechnik
- PROFIBUS FMS (Fieldbus Message Specification)
  Wurde von PROFIBUS DP abgelöst

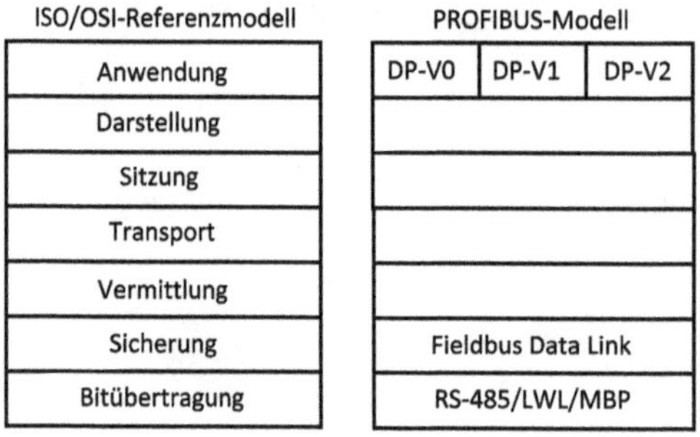

| ISO/OSI-Referenzmodell | PROFIBUS-Modell | | |
|---|---|---|---|
| Anwendung | DP-V0 | DP-V1 | DP-V2 |
| Darstellung | | | |
| Sitzung | | | |
| Transport | | | |
| Vermittlung | | | |
| Sicherung | Fieldbus Data Link | | |
| Bitübertragung | RS-485/LWL/MBP | | |

**Abb. 6.43.** PROFIBUS im ISO-OSI-Referenzmodell

Die Eigenschaften von PROFIBUS werden im Folgenden anhand von PROFIBUS DP dargestellt, PROFIBUS PA unterscheidet sich im Wesentlichen im Hinblick auf Übertragungsmedium und –rate.

Für die physikalische Datenübertragung werden in der Bitübertragungsschicht drei Möglichkeiten, elektrisch und optisch, festgelegt. Für die unterschiedlichen Übertragungsmedien ergeben sich zudem unterschiedliche Topologien und Übertragungsraten. Durch eine Unterteilung des Bussystems in einzelne Segmente kann die maximale Anzahl an Busteilnehmern wesentlich erhöht werden. Die Segmente werden durch Leitungsverstärker (Repeater) miteinander gekoppelt.

### RS-485 (EIA-485)

Eingesetzt bei PROFIBUS DP (und FMS). Bei der elektrischen Übertragung nach RS-485 werden TP-Kabel mit einer Wellenimpedanz von 150 $\Omega$ verwendet. Auf dem Leitungspaar wird das Datensignal als invertierter bzw. nicht-invertierter Spannungspegel in NRZ-Codierung , typicherweise ±5 V übertragen. Das Differenzsignal wird dann beim Empfänger entsprechend wieder in das Datensignal zurück gewandelt.

In einer Bus-Topologie können so im Halb-Duplex Mode Übertragungsraten von bis zu 12 Mbits−1 erreicht werden. Die maximale Übertragungslänge hängt von der Übertragungsrate ab und liegt zwischen 100 m und 1200 m. Je höher die Rate, desto kürzer die Länge. Maximal 32 Busteilnehmer können so in ein Segment angeschlossen werden.

### MBP (Manchester Bus Powered)

Eingesetzt bei PROFIBUS PA. MBP ist eine elektrische Übertragungstechnik , die zu dem Datensignal noch die Energieversorgung der angeschlossenen Busteilnehmer realisiert. Die Daten- und Energieübertragung findet wiederum über TP-Kabel statt. Die Manchester-Codierung bietet hier die Möglichkeit, mittelwertsfrei die Signale mit ±9 mA zu übertragen. Angeschlossene Teilnehmer müssen eine Mindestbetriebsspannung von 9 V DC aufweisen und eine minimale Stromaufnahme von 10 mA haben. Als Topologien werden Bus- und Baumtopologien von maximal 1900 m Gesamtlänge eingesetzt, bei denen bis zu 32 Busteilnehmer über kurze Stichleitungen angeschlossen werden. Die feste Übertragungsrate beträgt 31.25 kHz.

### Lichtwellenleiter

Eingesetzt bei PROFIBUS DP, insbesondere in stark störbehafteter Umgebung (EMV) oder bei Überbrückung großer Entfernungen bis ca. 3 km. Mit Lichtwellenleitern können bis zu 126 Teilnehmer in Stern-, Bus- oder Ringtopologien verbunden werden, dabei werden in NRZ-Codierung Übertragungsraten bis zu 12 Mbits−1 erreicht.

In der Sicherungsschicht werden das Protokoll und das Zugriffsverfahren definiert. Bei PROFIBUS handelt es sich um einen Multi-Master-Multi-Slave Bus. Dabei stellen die Steuerungen (SPS, PC) oder die Prozessleitsysteme die Master dar, wohingegen Sensoren und Aktoren als Slaves fungieren. Generell muss jeder Master mit jedem Slave kommunizieren können. Zudem muss der Anforderung an ein deterministisches Zugriffsprotokoll Rechnung getragen werden. Daher wird als Zugriffsverfahren das Token-Passing Verfahren verwendet. Die Master sind in einem logischen Ring zusammengeschlossen und reichen in definierter Reihenfolge und zu festen Zeiten den Token und damit die Zugriffsberechtigung weiter. Der zugriffsberechtigte Master kann dann nach dem Master-Slave Verfahren zyklisch oder azyklisch lesend oder schreibend auf die Slaves zugreifen.

PROFIBUS nutzt eine teilnehmerorientierte Adressierung, wobei die Adressen der Teilnehmer entweder als feste Adresse über Adress-Schalter oder während der Parametrierung des Busses konfiguriert werden. Die Daten werden in Form von Telegrammen versendet, dabei gibt es fünf verschiedene Telegrammtypen, die durch den Start Delimiter (SD) unterschieden werden. Das Feld LE gibt die Länge der Nutzdaten an, zur Erhöhung der Datensicherheit bei der Übertragung wird die Länge in LEr nochmals wiederholt. Mit DA und SA werden die Ziel- bzw. die Sendeadresse angegeben. FCS ist das Feld der Frame Check Sequence zur Datensicherung bei der Übertragung (Hamming-Distanz 4). FCS wird durch einfaches Aufsummieren spezifizierter Bytes, SA, DA, FC und Daten, berechnet. Erkennt der Empfänger einen Fehler, so wird keine Quittierung gesendet. Die maximale Länge eines PROFIBUS Telegramms beträgt 255 Bytes.

In Abbildung 6.44 ist zu erkennen, dass der Token als eigenes Telegramm definiert ist. Jeder Master kennt die Adressen seines Vorgängers und Nachfolgers, die auch dynamisch aktualisiert werden können. Durch die Angabe von Sender- und Empfängeradresse lässt sich die Weitergabe es Tokens verfolgen.

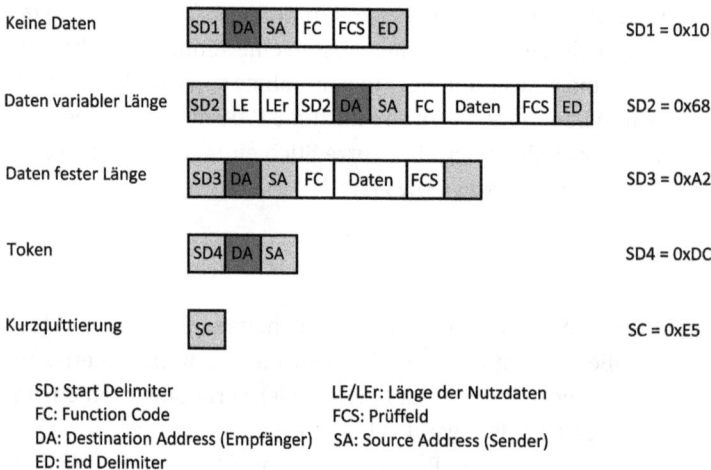

**Abb. 6.44.** PROFIBUS Telegrammtypen

Durch die Topologie und die teilnehmerorientierte Adressierung können Teilnehmer auch im laufenden Betrieb hinzugefügt bzw. entfernt werden.

Der Nachrichtenaustausch findet in der Regel in Zyklen statt. Ein Zyklus besteht aus einem Aufruftelegramm eines aktiven Busteilnehmers, das an einen anderen Master oder ein Slave adressiert ist. Daher müssen alle Busteilnehmer stetig die Busaktivität mithören, um sich als Adressat identifizieren zu können. Der angesprochene Teilnehmer antwortet mit der Kurzquittierung oder mit einem Antworttelegramm mit Daten.

Zu beachten ist dabei, dass die Bytes beim PROFIBUS als sogenannte UART-Zeichen übertragen werden (UART: Universal Asynchronous Receiver Transmitter) . Der Aufbau der UART-Zeichen ist in DIN 66022/66203 beschrieben (s. Abbildung 6.45). Vor die 8 Bits, die in LSB-first übertragen werden, wird ein Startbit (logische ‚0') gesetzt, nach dem Datenbyte folgt ein Paritätsbit (zur Sicherung, gerade Parität) und zum Schluss das Stoppbit (logische ‚1'). Um ein Datenbyte zu übertragen werden demnach 11 Bit gesendet.

| SB | Bit0 | Bit1 | Bit2 | Bit3 | Bit4 | Bit5 | Bit6 | Bit7 | Par | Stop |
|---|---|---|---|---|---|---|---|---|---|---|
| 0 | LSB | | | | | | | MSB | 0/1 | 1 |

**Abb. 6.45.** Aufbau eines UART-Zeichens

Für die Anwendungsschicht gibt es drei unterschiedliche Ausprägungen, die unterschiedliche Funktionalitäten definieren:
- DP-V0
  Zyklischer Austausch von Daten
- DP-V1
  Azyklischer Datenaustausch und Alarmbehandlung, dies umfasst auch PROFI-NET PA
- DP-V2
  Isochroner Datenaustausch für erhöhte Echtzeitanorderungen

Die Anwendungsschicht stellt so die Nutzdaten (z.B. die Sensorsignale) in Form eines zyklischen Datenabbilds dar.

### 6.3.7 SENT

SENT (Single Edge Nibble Transmission) ist kein Bussystem im eigentlichen Sinne, sondern eine unidirektionale, asynchrone, digitale Punkt-zu-Punkt-Schnittstelle für die Kommunikation von intelligenten Sensoren mit einem Steuergerät, insbesondere im Automobil. Ziel bei der Entwicklung von SENT war es, eine einfache, robuste, digitale und kostengünstige Alternative zu analogen und PWM-Schnittstellen bereitzustellen, die aber Daten mit einer hohen Auflösung von 12 Bit übertragen kann. Spezifiziert ist SENT in SAE J2716 als freier Standard [30]. Wie der Name schon impliziert, arbeitet SENT mit nur einer Flanke (single edge, hier die fallende Flanke des Signals) und die Übertragung findet nibble-weise statt (1 Nibble = 4 Bit, Dezimalwerte 0 – 15).

Für SENT werden drei Leitungen für die Spannungsversorgung des Sensors und die Datenübertragung benötigt, neben der Versorgungsspannung von 5 V und der Masse noch eine Signalleitung. Dabei können einfache, ungeschirmte Leitungen verwendet werden. Die Signalpegel betragen < 0.5 V für den low-Pegel und > 4.1 V für den high-Pegel, wobei die Informationen nicht in den Pegeln sondern in den Abständen zwischen fallenden Flanken codiert werden.

Daten werden bei SENT nur in eine Richtung, vom Sensor zur Logikeinheit gesendet. Es gibt keine Möglichkeit für die Logikeinheit, seinerseits Daten anzufordern. Der schematische Aufbau einer SENT-Schnittstelle ist in Abbildung 6.46 dargestellt. Der Sensor überträgt die Daten in einer Pulsfolge an den Receiver, z.B. einen Mikrocontroller. Da die Informationen in den Abständen zwischen fallenden Flanken codiert ist, kann im Mikrocontroller ein Timer Modul verwendet werden, um diese zeitlichen Informationen zu messen und so die Daten zu erhalten. Mit der fallenden Flanke startet ein Zähler, der auf einem Takt des Timer Moduls läuft. Mit der nächsten fallenden Flanke wird der Wert des Zählers ausgelesen, woraus sich mit dem bekannten Takt des Timer Moduls die Zeit berechnen lässt. Diese neue Flanke startet dann den Zähler neu und misst wiederum die Zeit bis zur nächsten Flanke.

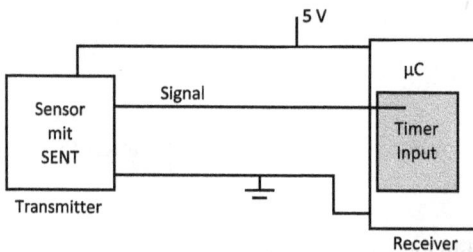

**Abb. 6.46.** Aufbau einer SENT-Schnittstelle zwischen Sensor und Mikrocontroller

SENT arbeitet auf einer Zeitbasis (TickTimes, TT) von 3 $\mu$s, wobei diese Größe gemäß der Spezifikation um einen Betrag von 25 % abweichen kann. Der Vorteil dieser großen Bandbreite der Zeitbasis liegt darin, dass der SENT-Sensor keinen Quarz zur präzisen Takterzeugung benötigt, sondern es reicht ein einfacher RC-Oszillator. Der Empfänger muss demnach mit diesen möglichen Abweichungen arbeiten können und die richtigen Daten extrahieren.

Die Zeit des low-Pegels liegt bei allen Pulsen auch bei ca. 9 $\mu$s, die Zeit des high-Pegels hängt von den übertragenen Daten ab. Da in der steigenden Flanke keine Informationen codiert sind, muss diese keine besonderen Anforderungen an die Flankensteilheit erfüllen, was die EMV der SENT Schnittstelle wesentlich verbessert. Zudem kann der Ausgang des Sensors so als open-drain Ausgang realisiert werden: durch diesen Ausgang kann das Signal schnell (Größenordnung einige $\mu$s) auf low-Pegel gezogen werden, was für die Bestimmung der Flanke entscheidend ist. Für die steigende Flanke wird dann ein externer pull-up Widerstand verwendet, mit dem die Flankensteilheit eingestellt werden kann.

Um die tatsächliche Zeitbasis für jede Übertragung zu bestimmen, beginnt jede SENT-Botschaft mit einem Synchronisierungspuls von 56 TickTimes, was nominell 168 $\mu$s Länge entspricht (s. Abbildung 6.47). Nach dem Synchronisierungspuls folgt ein Status Nibble, das zur Fehlersignalisierung oder zur Übertragung von herstellerspezifischen Informationen genutzt werden kann. Anschließend werden 6 Datennibble übertragen. Der Wert des Nibbles wird dabei als Dezimalzahl ($n$) in die Zeit zwischen zwei fallenden Flanken codiert (mit der nominalen Zeitbasis von TT = 3 $\mu$s):

$$T_{nibble} = 36\mu s + n \cdot 3\mu s \tag{6.10}$$

Somit variiert die Übertragungszeit eines Nibbles mit dem Wert des Nibbles und beträgt für den Minimalwert $n = 0$ $T_{nibble} = 36$ $\mu$s und für den Maximalwert $n = 15$ $T_{nibble}$ = 81 $\mu$s.

Die übertragenen Daten und das Status-Nibble werden mit einem CRC Feld im letzten Nibble geschützt, so dass der Mikrocontroller eine fehlerhafte Übertragung erkennen kann. Das Generatorpolynom lautet:

$$X^4 + X^3 + X^2 + 1 \tag{6.11}$$

Die maximale Übertragungszeit einer kompletten Botschaft beträgt dann $T_{Botschaft,max}$ = 816 $\mu$s, die Minimale $T_{Botschaft,max}$ = 456 $\mu$s, so dass sich eine minimale Datenrate (= maximale Übertragungszeit) von 29.4 kbits$^{-1}$ ergibt.

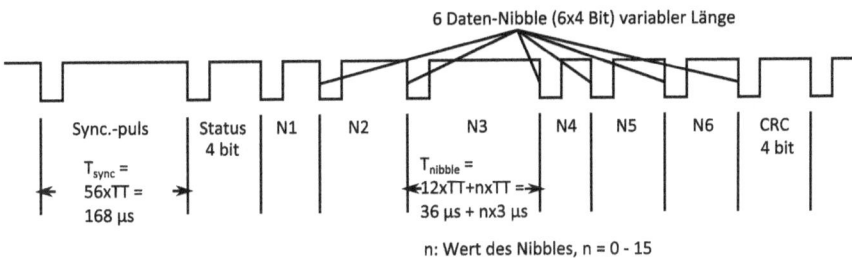

**Abb. 6.47.** Aufbau einer SENT-Botschaft

Welche Daten in den 24 Datenbits (6 Nibble) codiert wird, ist abhängig vom Sensor. So können je 3 Nibble für zwei Messkanäle verwendet werden (z.B. Druck und Temperatur), so dass jeder Messwert mit 12 Bit Auflösung übertragen wird. Wahlweise können die Daten auch anders auf die Nibble aufgeteilt werden, um für einen Messwert eine höhere Auflösung erreichen zu können. Dabei wird jeweils das höchstwertige Nibble der Daten zuerst übertragen.

## 6.3.8 PSI5

Ebenso wie SENT wurde PSI5 (Peripheral Sensor Interface) als digitale Schnittstelle für intelligente Sensoren im Automobilbereich, insbesondere für Airbag-Anwendungen, entwickelt. Die Spezifikation von PSI5 als offener Standard wurde von einem Firmenkonsortium, der PSI5 Organisation, entwickelt, der u.a. Bosch, Continental und Infineon Technologies angehören und umfasst die Schichten 1 und 2 des ISO-OSI-Referenzmodells [29].

PSI5 beruht auf dem Prinzip der Stromschnittstelle, bei der die Datenübertragung über die Modulation des Sendestroms geschieht. Dadurch werden nur zwei ungeschirmte Leitungen (Versorgungsspannung, Masse) benötigt. Zunächst war PSI5 als unidirektionale Punkt-zu-Punkt Verbindung vom Sensor zur ECU ausgelegt. Inzwischen ist eine eingeschränkte bidirektionale Verbindung möglich. Auch der Aufbau einer Bus- oder Daisy-Chain-Topologie ist möglich. Den grundsätzlichen Systemaufbau zeigt Abbildung 6.48.

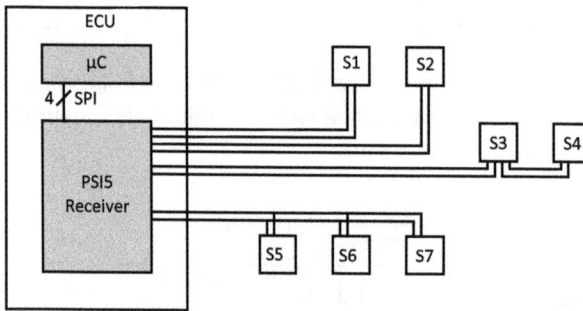

**Abb. 6.48.** Aufbau eines Sensorsystems mit PSI5-Schnittstelle: Punkt-zu-Punkt Verbindung (Sensoren S1 und S2), Daisy-Chain (S3 und S4) sowie Bustopologie (S5, S6, S7)

Als Übertragungsmedium wird eine verdrillte Zweidrahtleitung (UTP) verwendet. Der PSI5 Receiver der ECU stellt die Versorgungsspannung für den angeschlossenen Sensor (bzw. für alle angeschlossenen Sensoren) zur Verfügung. Dabei überwacht er den Strom auf der Versorgungsleitung, auf die der Sensor dann die Strommodulation aufprägt. So wird ein low-Pegel durch die normale Stromaufnahme des Sensors dargestellt ($I_{S,low}$). Eine high-Pegel wird vom Sensor durch einen zusätzlichen Strom von $\Delta I = 26$ mA signalisiert ($I_{S,high}$).

Die Bits werden bei PSI5 mit einer Übertragungsrate von 125 kbits$^{-1}$ in Manchester-Codierung übertragen, d.h. eine steigende Flanke in der Mitte der Bitzeit stellt eine logische ‚0' dar, eine fallende Flanke eine logische ‚1'. Aus Kompatibilitätsgründen zu einem älteren Protokoll kann auch eine Übertragungsrate von 189 kbits$^{-1}$ konfiguriert werden.

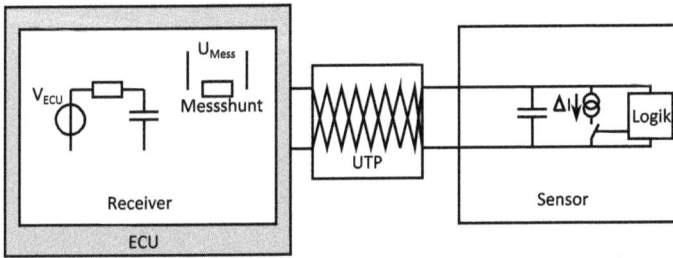

**Abb. 6.49.** Vereinfachte Darstellung der Schaltungen zur Strommodulation

Für PSI5 gibt es zahlreiche Betriebszustände, die sich bezüglich der Topologie, des Kommunikationsmodus, der Fehlererkennung oder Parameter wie die Übertragungsrate, Datenlänge oder die Zykluszeit unterscheiden.

Der einfachste Modus ist der asynchrone Betrieb eines Sensors in einer Punkt-zu-Punkt Verbindung, wie in der ursprünglichen Spezifikation vorgesehen. Nach dem Einschalten der Spannungsversorgung beginnt der Sensor periodisch seine Daten an die ECU zu übertragen. Dabei werden das Timing und die Zykluszeit vom Sensor vorgegeben. Es ist keine Kommunikation von der ECU zum Sensor möglich.

Im alternativen synchronen Betrieb initiiert die ECU den Datentransfer des Sensors. Das Synchronisierungssignal besteht darin, dass die Versorgungsspannung durch die ECU um mindestens 2.5 V für 30 $\mu s$ angehoben wird. Diese Variation der Versorgungsspannung wird vom Sensor detektiert und die Daten werden übertragen. So kann die ECU Sensordaten anfordern sobald diese benötigt werden.

Der synchrone Betrieb wird auch verwendet, wenn mehrere Sensoren als Bus mit der ECU vernetzt werden. Die Sensordaten werden dann nach dem TDMA Verfahren übertragen: nach dem Empfang eines Synchronisierungspulses übertragen die Sensoren in jeweils einem vordefinierten Zeitschlitz (Slot, $T_{slot}$) ihre Daten hintereinander. Die Reihenfolge der Sensoren kann ebenso wie die Anzahl und Dauer der Slots und die Zykluszeit $T_{sync}$ kann individuell für eine Anwendung konfiguriert werden. Der Receiver der ECU kann dann aus der zeitlichen Lage der Slots die Daten den angeschlossenen Sensoren zuordnen.

Die Daten werden in Form von Frames vom Sensor an die ECU gesendet. Ein Frame besteht aus zwei Startbits (2 mal logische ‚0‘), einem Datenfeld mit 10 bis 28 Bit sowie einem Paritätsbit oder einem 3-Bit CRC Feld (s. Abbildung 6.52). Die Daten im Datenfeld werden LSB-first gesendet. Die Parität (gerade Parität) bzw. der CRC (Hamming Distanz 2) wird über die gesamte Daten gebildet. Das Generatorpolynom lautet:

$$X^3 + X + 1 \tag{6.12}$$

Das 10 − 28 Bit breiten Datenfeld enthält mindestens einen Sensorwert (10 -− 24 Bit), optional einen zweiten Sensorwert (0 -− 12 Bit) sowie diverse Status- und Steuerbits. Dabei darf die Maximallänge von 28 Bit für das Datenfeld nicht überschritten werden.

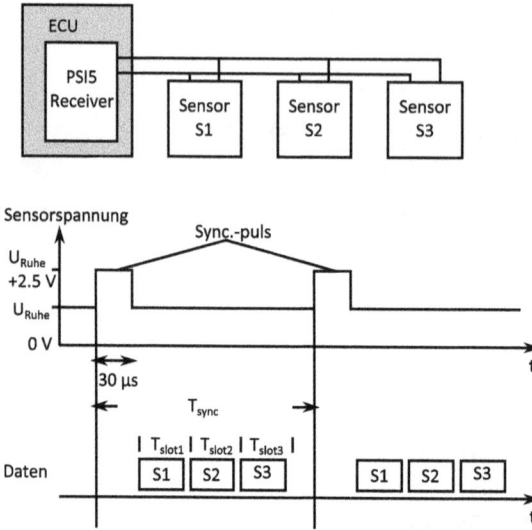

**Abb. 6.50.** Bustopologie (oben) und synchrone Datenübertragung gemäß dem TDMA Verfahren

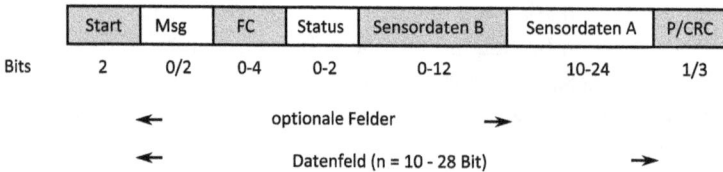

| Start | Msg | FC | Status | Sensordaten B | Sensordaten A | P/CRC |
|-------|-----|-----|--------|---------------|---------------|-------|

| Bits | 2 | 0/2 | 0-4 | 0-2 | 0-12 | 10-24 | 1/3 |

← optionale Felder →

← Datenfeld (n = 10 - 28 Bit) →

**Abb. 6.51.** Aufbau eines PSI5 Frames

Zusätzlich zu der strommodulierten, schnellen Kommunikation vom Sensor zur ECU besteht auch die Möglichkeit zu einer spannungsmodulierten, langsamen Datenübertragung von der ECU zum Sensor. Für diese Kommunikation wird die Modulation des Synchronisierungspulses bzw. hintereinander folgender Pulse genutzt.

Für die normale Synchronisierung wird die Versorgungsspannung von der ECU für 30 $\mu$s um 2.5 V angehoben. Die Zykluszeit zwischen zwei Pulsen beträgt $T_{sync}$. Ist diese Zykluszeit genau bekannt und konstant, so kann die Modulation derart geschehen, dass Pulse ausgelassen werden, wenn Sie eigentlich kommen sollten. Bei diesem sogenannten Tooth Gap Verfahren wird eine logische ,1 ' durch das normale Senden des Synchronisierungspulses dargestellt, wohingegen das Ausbleiben (nicht Senden) des Pulses eine ,0 ' darstellt (Abbildung 6.53). Die Bitzeit dieser Kommunikation beträgt demnach $T_{sync}$ und ist, abhängig von der Zyklusdauer, entsprechend langsam. Wird zum Beispiel vom Sensor zur ECU jeweils nur ein Frame mit 28 Bit und einer Übertragungsrate von 125 kbits$^{-1}$ übertragen, so dauert diese Übertragung 232 $\mu$s. Das bedeutet, dass die Zykluszeit mindestens 270 $\mu$s beträgt und somit nur alle 270 $\mu$s ein

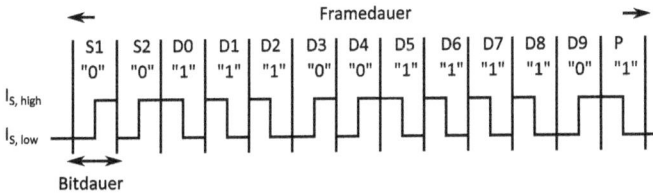

**Abb. 6.52.** Manchester-Codierung eines PSI5 Frames mit 10 Bit Daten 0x1E7 und Paritätsbit

Bit von der ECU zum Sensor übertragen werden kann. Das entspricht einer Übertragungsrate von 3.7 kbits$^{-1}$.

Eine andere Methode der Datenübertragung zum Sensor besteht in einer Pulsweitenmodulation des Synchronisierungspulses (Abbildung 6.53). Ein Puls von 30 $\mu$s Standarddauer überträgt dabei eine logische ‚0 ‘, ein langer Puls von 60 $\mu$s Dauer eine logische ‚1 ‘. Durch die PWM kann die Kommunikation auch bei nicht konstanten Zykluszeiten dargestellt werden, da es keinen ausbleibenden Synchronisierungspuls gibt.

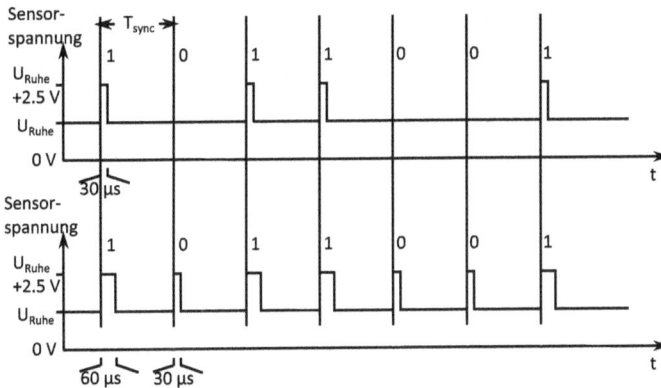

**Abb. 6.53.** Datenübertragung der Bitfolge ‚1011001‘ von der ECU zum Sensor: Spannungsmodulation des Synchronisierungspulses (Tooth Gap, oben); PWM (unten)

Die Kommunikation von der ECU zum Sensor findet wiederum auf Frame-Basis statt, wobei 4 unterschiedliche Frames spezifiziert sind. Dabei ist zu beachten, dass es, insbesondere bei der Tooth Gap Methode nicht zu einem Verlust der Synchronisierung kommen darf. Daher wird in die ECU-Botschaft nach jedem dritten Bit eine logische ‚1 ‘ als Stuffing-Bit eingefügt. Beispielhaft besteht ein ECU-Frame aus drei Startbits (‚010‘), einem Adress- und Befehlsfeld (jeweils 3 Bit), einem Datenfeld variabler Länge (4 oder 8 Bit) sowie einem 3 Bit CRC. Eine Quittierung des Empfangs durch den Sensor muss nicht generiert werden, kann aber applikationsspezifisch gesendet werden.

Damit Sensoren den Beginn einer ECU-Botschaft eindeutig erkennen können, sendet die ECU vor den drei eigentlichen Startbits entweder mindestens fünf Synchronisierungspulse mit einer logischen ‚0' oder 31 Pulse mit einer logischen ‚1'.

### 6.3.9 IO-Link

Bei IO-Link handelt es sich um ein relativ neue Sensor- und Aktorschnittstelle, die insbesondere für die Automatisierungstechnik entwickelt und spezifiziert wurde. Ziel des Standards ist die Anbindung von intelligenten Sensoren und Aktoren an Automatisierungssysteme bzw. Feldbusse (Abbildung 6.54). Dadurch soll ein bidirektionaler, direkter und digitaler Durchgriff vom Leitsystem eines Automatisierungssystems auf Sensoren und Aktoren in der Feldebene möglich sein. So können einerseits Daten, sowohl Prozess- als auch Parameterdaten, vom Sensor oder Aktor gelesen werden, und andererseits können Daten zum Feldgerät übermittelt werden, um diese z.B. zu parametrisieren. Getrieben wird die Einführung der IO-Link Schnittstelle durch ein Zusammenschluss von Firmen aus allen Bereichen der Automatisierungstechnik, dem IO-Link Konsortium, dem unter anderem Bosch Rexroth, Balluf, Festo, Phoenix Contact, Siemens oder Halbleiterhersteller wie Renesas Electronics angehören. Die IEC 61131-9 Norm definiert sowohl die elektrische Spezifikation als auch das digitale Kommunikationsprotokoll [18].

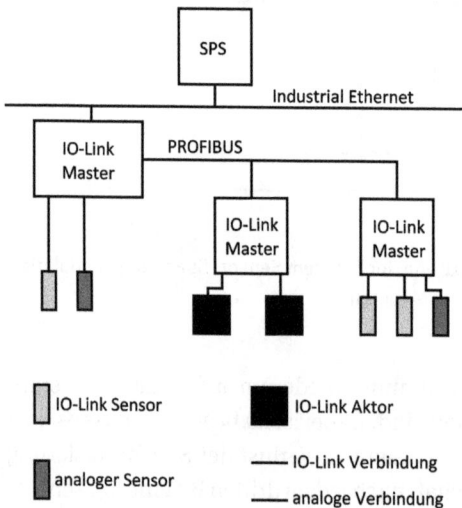

**Abb. 6.54.** Einbindung von Sensoren in ein Feldbus-System der Automatisierungstechnik mittels IO-Link

Ein typisches Automatisierungssystem mit Sensoren in der Feldebene ist in Abbildung 6.54 dargestellt. Ein Leitrechner oder eine SPS kommuniziert über ein Bussystem, z.B. Industrial Ethernet, mit Elementen der Feldebene, die als IO-Link Master fungieren. Die IO-Link Master kommunizieren untereinander über einen Feldbus wie PROFIBUS. An die IO-Link Anschlüsse werden dann in Punkt-zu-Punkt Verbindungen Sensoren angeschlossen, die mit dem Master kommunizieren können. Dabei kann es sich bei den Sensoren um intelligente Sensoren handeln, bei denen IO-Link implementiert ist. Es können aber auch Sensoren mit analoger Dreidrahtschnittstelle ohne IO-Link Implementierung angeschlossen werden. In diesem Fall wird der Sensor als Standard-Sensor mit analoger Schnittstelle behandelt und die Funktionalitäten von IO-Link stehen dann nicht zur Verfügung.

Ziel der IO-Link Entwicklung war, zahlreiche Vorteile gegenüber der standardmäßigen analogen oder binären Sensor- und Aktorschnittstelle zu realisieren:
– Digitale Schnittstelle
– Direkter Zugriff von höheren Hierarchieebenen des Automatisierungssystems auf die Feldebene mit Sensoren und Aktoren
– Standardisierung
– Bidirektionaler Datenaustausch
– Diagnosefähigkeit
– Identifikation der Slaves
– Flexibilität und einfache Installation („plug & play ")

Demgegenüber steht der Aufwand für die Verwendung eines neuen und zusätzlichen Kommunikationssystems, zusätzliche Komponenten und erhöhte Komplexität, insbesondere auch was die Anwendungssoftware betrifft.

IO-Link wird nur als Punkt-zu-Punkt Verbindung zwischen einem IO-Link Master und einem IO-Link Slave aufgebaut, daher handelt es sich nicht um ein Bussystem. Entsprechend den beiden Teilnehmern einer IO-Link Verbindung handelt es sich um ein Master-Slave System, bei dem im Halb-Duplex Mode Daten in beide Richtungen übertragen werden können. Somit bietet IO-Link ein deterministisches Zeitverhalten und ist damit echtzeitfähig.

Als Übertragungsmedium nutzt IO-Link entweder eine Zwei- oder Dreidrahtschnittstelle, wobei Letztere wesentlich verbreiteter ist, da es einer Standard Sensor-Aktor-Leitung entspricht. Es werden ungeschirmte Standardsensorleitungen verwendet. Neben der 24 V Spannungsversorgung und dem Massesignal weist die Schnittstelle noch die mit C/Q bezeichnete Signalleitung auf, über die die Daten mit Pegeln von 0 V und 24 V übertragen werden. Die beiden Übertragungsmedien spiegeln sich auch in den zwei verschiedenen Hardwaremodi wieder, in denen IO-Link betrieben werden kann. Die Maximale Stromaufnahme pro Sensor/Aktor beträgt 200 mA.

Der Modus PHY2 setzt auf die Dreidrahtschnittstelle auf und bietet vier unterschiedlichen Übertragungsmöglichkeiten. Im Standard I/O Modus (SIO) wird nur eine binäre Schaltinformation übertragen. In den drei anderen Übertragungsmodi wird eine serielle Kommunikation mit 4.8 kbits$^{-1}$ (COM1), 38.4 kBits$^{-1}$ (COM2) bzw. 230.4 kbits$^{-1}$ (COM3) verwendet. Durch die serielle Kommunikation können Prozessdaten (Sensordaten) zyklisch bzw. Geräteparameterdaten azyklisch übertragen werden.

Der Modus PHY1 nutzt die Zweidrahtschnittstelle, bei der Energieversorgung und Datenübertragung auf einer Leitung gemultiplext werden, um Daten mit einer Übertragungsrate von 230,4 kbits$^{-1}$ (COM3) zu übertragen.

Ein IO-Link Master kann mehrere IO-Link Schnittstellen aufweisen, an die jeweils ein IO-Link Slave angeschlossen werden kann. Dabei können alle Schnittstellen, je nach verwendetem Slave, in unterschiedlichen Übertragungsmodi betrieben werden. Jeder Slave unterstützt immer nur eine serielle Übertragungsart, COM1, COM2 oder COM3. Ein IO-Link Master unterstützt alle Datenübertragungsraten. Während des Starts einer IO-Link Verbindung muss sich der IO-Link Master an die Übertragungsart des Slaves anpassen. Dazu versucht der Master zunächst, eine Verbindung mit COM3 aufzubauen. Erfolgt keine Antwort vom Slave, so wiederholt der Master den Verbindungsversuch mit COM2, im Nichterfolgsfall dann mit COM1. In Abbildung 6.55 sind 4 unterschiedliche IO-Link Slaves an einen Master angeschlossen. Zweimal findet die Kommunikation über SIO statt, einmal seriell mit COM2 und einmal seriell mit COM3.

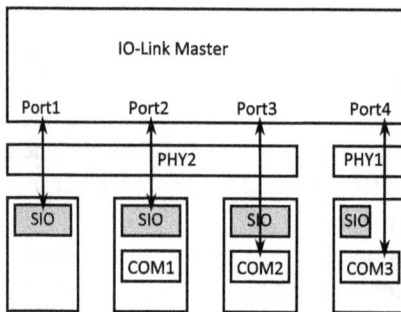

**Abb. 6.55.** Kommunikationsmöglichkeiten zwischen IO-Link Master und IO-Link Slave

Die Master-Slave Topologie spiegelt sich auch im Zugriffsverfahren wieder, bei dem die Transfers durch den Master initiiert werden. Wird während des Betriebs ein Slave entfernt, so detektiert der Master diese Verbindungsunterbrechung. Im Folgenden versucht er zyklisch, eine neue Kommunikation wie oben beschrieben aufzu-bauen. Bei erfolgreichem Versuch kann der zyklische Datenaustausch weitergehen.

Die Codierung der Daten findet als NRZ statt. Jedes Byte wird als UART Zeichen mit 11 Bit übertragen. Die IO-Link Spezifikation definiert die Schichten 1, 2 und 7 des ISO-OSI-Referenzmodells (s. Abbildung 6.56.

IO-Link spezifiziert verschiedene Telegramm-Typen, die sich durch die Datenlänge und den Inhalt, zyklische Prozessdaten (PD) oder azyklische Geräte- und Servicedaten (SD), unterscheiden. Ein Telegramm, mit dem der Master Daten vom Sla-

| ISO/OSI-Referenzmodell | IO-Link Master | | | IO-Link Slave |
|---|---|---|---|---|
| Anwendung | Application | Application | Application | Application |
| Darstellung | | | | |
| Sitzung | | | | |
| Transport | | | | |
| Vermittlung | | | | |
| Sicherung | Data Link Layer | Data Link Layer | Data Link Layer | Data Link Layer |
| Bitübertragung | 2-/3-Draht | 2-/3-Draht | 2-/3-Draht | 2-/3-Draht |

Medium

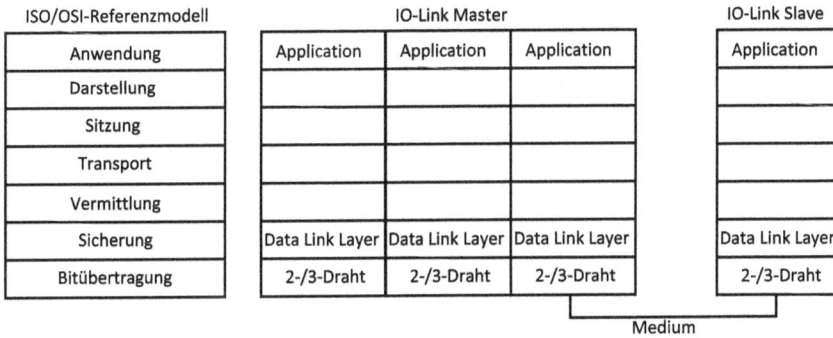

**Abb. 6.56.** ISO-OSI-Repräsentation von IO-Link

ve anfordert, zeigt Abbildung 6.57. Im CMD-Byte werden die Übertragungsrichtung (read/write), die Datenart sowie die Registeradresse übermittelt. Das CHK/TYPE-Byte beinhaltet die Datenart sowie eine Prüfsumme. Das Antworttelegramm des Slave besteht aus je einem Byte Service- und Prozessdaten sowie ein CKK/STAT-Byte, mit dem der Slave Events signalisieren sowie eine Prüfsumme übertragen kann.

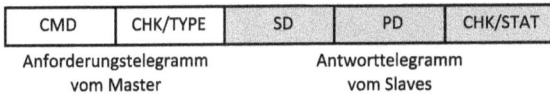

| CMD | CHK/TYPE | SD | PD | CHK/STAT |
|---|---|---|---|---|

Anforderungstelegramm vom Master    Antworttelegramm vom Slaves

**Abb. 6.57.** Genereller Aufbau eines IO-Link Telegramms

### 6.3.10 Zusammenfassung der Bus-Charakteristika

Zum Abschluss des Kapitels werden wichtige Parameter und Eigenschaften der vorgestellten Busse und Schnittstellen nochmals in Tabellenform zusammengefasst (MS: Master-Slave; P2P: Punkt-zu-Punkt).

**Tab. 6.3.** Bus-Charakteristika - Teil 1

| Bussystem | SPI | I2C | CAN | Ethernet |
|---|---|---|---|---|
| Standard | - | UM10204 Rev.6 2014 | ISO11898 | IEEE 802.3 |
| ISO-OSI-Schicht | 1, 2 | 1, 2 | 1, 2 | 1, 2 |
| Hierarchie | MS | Multi-Master/ MS | Multi-Master | Multi-Master |
| Buszugriff | MS | MS & CSMA/CD | CDMA/CR | CSMA/CD |
| Topologie | Bus | Bus | Bus, Stern | Bus, Stern, Baum |
| Anzahl Busteilnehmer | Nahezu unbegrenzt | 112 | 32 | Nahezu unbegrenzt |
| Maximale Netzausdehnung | Platine | Platine | 40 m – 1000 m (abh. von Übertragungsrate | 2500 m bei 10 MBits$^{-1}$ |
| Übertragungsrate | > MBits$^{-1}$ | Bis 3.4 MBits$^{-1}$ | 125 kBits$^{-1}$ 1 MBits$^{-1}$ | 100 GBits$^{-1}$ |
| Übertragungs- medium | 3/4 Eindraht- leitungen | 2 Eindrahtleitungen | TP | TP, LWL, Funk, Koaxialkabel |
| Duplex | Voll | Halb | Halb | Halb |
| Adressierung | CS | Teilnehmer | Nachrichten | Teilnehmer |
| Codierung | NRZ | NRZ | NRZ | Manchester |

**Tab. 6.4.** Bus-Charakteristika - Teil 2

| Bussystem | PROFIBUS | SENT | PSI5 | IO-Link |
|---|---|---|---|---|
| Standard | IEC61158 | SAE J2716 | PSI5-Spec_v2d1 | IEC 61131-9 |
| ISO-OSI-Schicht | 1, 2, 7 | 1, 2 | 1, 2 | 1, 2, 7 |
| Hierarchie | Multi-Master/ MS | (MS) | MS | MS |
| Buszugriff | Token-Passing & MS | (MS) | TDMA | MS |
| Topologie | Bus | P2P | P2P/Bus | P2P |
| Anzahl Busteilnehmer | 32, 126 (LWL) | 2 | ≥ 2 | 2 |
| Maximale Netzausdehnung | 100 m (12 MBits$^{-1}$), 3 km (LWL) | Meter | Meter | Meter |
| Übertragungsrate | Bis 12 MBits$^{-1}$ | > 29.4 kBit$^{-1}$ | 125 kBit$^{-1}$ | ≤ 230.4 kBit$^{-1}$ |
| Übertragungs- medium | TP, LWL | 3 Eindraht- leitungen | TP | 2/3 Eindraht- leitungen |
| Duplex | Halb | Unidirektional | Voll | Halb |
| Adressierung | Teilnehmer | - | Teilnehmer | - |
| Codierung | NRZ/MBP | Flanke | Manchester | NRZ |

# 7 Übungen und Lösungen

## 7.1 Übungen

### 7.1.1 Grundlagen der Sensorik

#### Übung 1
Der Druck eines Systems soll im Bereich von 0 -- 10 bar gemessen werden. Das Messgerät liefert als Ergebnis der Messung einen dem Druck proportionalen 11-Bit Wert, so dass $2^{11}$ Werte dargestellt werden können. Welche Auflösung kann so erreicht werden?

#### Übung 2
Die Temperaturabhängigkeit eines Messwiderstands ist gegeben durch folgende Formel:

$$R(T) = R_0 \cdot \left(1 + \alpha \cdot (T - T_0) + \beta \cdot (T - T_0)^2\right) \tag{7.1}$$

Wie groß ist die Empfindlichkeit?

#### Übung 3
Der Bremsdruck einer elektropneumatischen Bremse soll im Bereich von 0 – 10 bar gemessen werden. Der zur Verfügung stehende Drucksensor hat einen Eingangsbereich von 0 – 20 bar und erzeugt ein lineares Ausgangssignal von 0 – 1 V. Das Messsignal wird durch einen 3-Bit ADC mit einer Eingangsspannung von 0 – 5 V alle 5 ms gewandelt. Skizzieren Sie die benötigten Elemente der Messsignalaufbereitung mit den für diese Anwendung mindestens erforderlichen Kenndaten und jeweils nach jedem Element den Graphen des Signals (s. Abbildung 7.1).

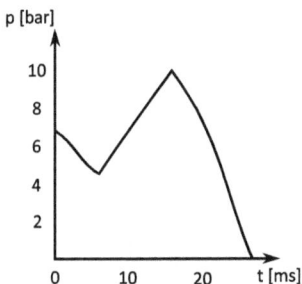

**Abb. 7.1.** Übung 3: Bremsdruck der elektropneumatischen Bremse

## Übung 4

Beantworten Sie anhand des Datenblatts des Winkelsensors TLE5012B von Infineon folgende Fragen [16]:

a   Welchen Winkelbereich kann der Sensor erfassen?
b   Wie groß ist der maximale Fehler der Winkelmessung über die Lebensdauer?
c   Welche Schnittstellen weist er auf?
d   Welchen Integrationsgrad hat der Sensor?
e   In welchem Temperaturbereich kann er eingesetzt werden?
f   Wie groß ist der Spannungsbereich für die Betriebsspannung?
g   Welche minimalen und maximalen Spannungen dürfen an die Spannungsversorgung angelegt werden?
h   Ist der Sensor ESD fest?
i   In welcher Bauform bzw. Gehäuse liegt der Sensor vor?
j   Wie viele Pins hat das Bauteil?
k   Welche Abmessungen hat das Bauteil?
l   Ist das Bauteil für den Einsatz im Automobil geeignet?
m   Welcher physikalische Effekt wird zur Winkelmessung genutzt?

### 7.1.2 Physikalische Messprinzipien

## Übung 5

Die Abstandsänderung zweier Bauteile soll kapazitiv gemessen werden. Skizzieren Sie einen geeigneten Meßaufbau, wenn ein linearer Zusammenhang zwischen Weg und Kapazität bestehen soll.

## Übung 6

Eine flache Spule mit Windungszahl $N = 500$ und einer Querschnittsfläche von $A = 40$ cm$^2$ rotiert in einem konstanten und homogenen Magnetfeld. Die Rotationsfrequenz beträgt $f = 16$ Hz. Der Scheitelwert der induzierten Spannung beträgt $\hat{u} = 0.34$ V. Wie groß ist die magnetische Flussdichte $B$?

## Übung 7

Ein Hall-Element mit den Abmessungen $b = 10$ mm, $l = 25$ mm, $d = 5$ mm befindet sich in einem Magnetfeld mit Flussdichte $B = 0.2$ T. Das Magnetfeld ist senkrecht angeordnet. Welche Hallspannung liegt an den Elektroden an, wenn durch das Element ein konstanter Strom $I = 10$ mA fließt? Der Hall Koeffizient beträgt $A_H = 0.48$ m$^3$C$^{-1}$.

## Übung 8

Durch Verdrehen des Hall-Sensors aus der vorigen Übung sinkt die Hall-Spannung um 10 %. Um wie viel Grad wurde der Sensor gedreht?

## Übung 9

Die Temperatur einer Schaltung wird mittels Spannungsmessung an einem Pt100 Widerstand gemessen. Dazu wird ein Strom von $I = 2$ mA eingeprägt, die über dem Pt100 abfallende Spannung um den Faktor 10 verstärkt und mittels eines ADCs gemessen. Der Pt100 Widerstand hat einen Widerstand von 100 $\Omega$ bei 0°C und einen linearen Temperaturkoeffizienten $\alpha = 4 \cdot 10^{-3}$ T$^{-1}$. Der ADC gibt für 2 Temperaturmessungen 2 V und 2.8 V aus. Welchen Temperaturen entspricht das?

## Übung 10

In einem Stromkreis mit einem Gesamtwiderstand von 300 m$\Omega$ soll der Strom mittels eines zusätzlich eingefügten Messshunts ermittelt werden. Dazu wird ein Platin-Shunt mit 1 m$\Omega$ verwendet. Die Betriebsspannung beträgt 10 V. Wie groß ist die Messspannung?

## Übung 11

Welche Energie hat gelbes Licht mit einer Wellenlänge von 570 nm?

## Übung 12

SiC ist ein sogenannter wide-bandgap Halbleiter mit einer Bandlücke von 2.4 eV. Für Licht welcher Wellenlänge ist SiC transparent? Welchem Teil des elektromagnetischen Spektrums entspricht das?

## Übung 13

Welche Widerstandsänderung ergibt sich bei einer Poissonzahl von 0.3 für ein nicht-piezoresistives Material, wenn die relative Längenänderung 0.001 beträgt?

## Übung 14

Auf einen n-dotierten Siliziumkristall wirkt eine mechanische Spannung von $\sigma = 105$ Pa in x-Richtung. Berechnen Sie die relativen Änderungen des spezifischen Widerstands aufgrund des piezoresistiven Effekts.

**Übung 15**

Berechnen Sie die Laufzeit eines Ultraschallpulses bei 20°C, der nach dem Aussenden von einem 10 m entfernten Auto reflektiert wird. Wie ändert sich die Laufzeit bei einer Temperatur von 50°C?

**Übung 16**

Ein Ultraschallsender sendet kontinuierlich Ultraschallwellen mit einer Frequenz von 100 kHz aus. Dabei bewegt er sich auf einen Empfänger mit einer Geschwindigkeit von 50 kmh$^{-1}$ zu. Welche Frequenz empfängt der Empfänger? Wie ändert sich die Frequenz, wenn sich statt des Senders der Empfänger mit 50 kmh$^{-1}$ auf den Sender zubewegt? Und wie, wenn sich beide mit jeweils 50 kmh$^{-1}$ aufeinander zubewegen?

**Übung 17**

Für die Materialkombination Ni/Cu messen Sie eine Thermospannung von 5 mV. Welcher Temperaturdifferenz entspricht das?

### 7.1.3 Sensoren

**Übung 18**

Ein 77 GHz Radar-Signal eines ACC-Systems (Adaptive Cruise Control, Abstandsregeltempomat) wird mit ±100 MHz frequenzmoduliert, die Modulationsgeschwindigkeit beträgt 100 MHz$\mu$s$^{-1}$. Zum Zeitpunkt $t_1$ wird eine Frequenz von 77050.5 MHz ausgesendet und eine Frequenz von 77000.51 MHz empfangen. Zum Zeitpunkt $t_2$ wird mit 76950 MHz gesendet und 77000.01 MHz empfangen. Wie weit ist das vorausfahrende Fahrzeug entfernt und wie groß ist die Relativgeschwindigkeit?

**Übung 19**

Ein NTC mit der in Tabelle 7.1 dargestellten Charakteristik soll im 12 V-Bordnetz verwendet werden, um eine Temperatur auf 2°C genau zu messen:

**Tab. 7.1.** Übung 19: Charakteristik eines NTC

| Temperatur (°C) | -40 | -20 | 0 | 20 | 40 | 60 | 80 | 100 | 120 |
|---|---|---|---|---|---|---|---|---|---|
| R (Ω) | | 40k | 20k | 5k | 3k | 1k | 600 | 400 | 200 | 100 |

Welche Auflösung muss der auswertende ADC mindestens haben?

## Übung 20

Ein Coriolis-Drehratensensor misst die auftretende Coriolis-Kraft mittels eines Beschleunigungssensors. Die Auflösung dieser Beschleunigungsmessung beträgt 1 mg ($g = 9.81$ ms$^{-2}$). Die seismische Masse beträgt $10^{-6}$ kg. Berechnen Sie die notwendige Geschwindigkeit der Primärschwingung wenn die Drehrate mit einer Auflösung von s$^{-1}$ ermittelt werden soll.

## Übung 21

Ein Hall-Sensor wird als inkrementeller Drehzahlsensor eingesetzt. Dazu tastet er ein magnetisches Multipolrad mit je 100 Nord- und Südpolen ab. In 8 Sekunden zählt der Sensor 84 Pulse. Wie groß ist die Drehzahl in rpm bzw. die Winkelgeschwindigkeit?

## Übung 22

Ein 3D-MEMS-Beschleunigungssensor wird als Neigungssensor eingesetzt. In horizontaler Position betragen die Ausgangsspannungen $U_x = U_y = 0$ V und $U_z = 5$ V. Nach einer Verkippung betragen die Ausgangsspannungen $U_x = 0$ V, $U_y = 2.5$ V und $U_z = 4.33$ V. Um welche Achse wurde der Sensor gekippt und um welchen Winkel? Nach einer weiteren Verkippung betragen die Ausgangsspannungen Ux = 4.7 V, Uy = 0 V und Uz = 1.7 V. Wie groß sind anschließend die Neigungswinkel?

## Übung 23

Mittels eines US-Sensors soll die Relativgeschwindigkeit zwischen zwei Fahrzeugen gemessen werden. Dazu sendet ein Fahrzeug in regelmäßigen Intervallen US-Pulse aus und misst die Laufzeit $\Delta t$ der vom zweiten Fahrzeug reflektierten Pulse, s. Tabelle 7.2. Wie groß sind jeweils die Entfernungen und die Relativgeschwindigkeiten?

**Tab. 7.2.** Übung 23: Laufzeiten von US-Pulsen

| t (s) | 0 | 0.5 | 1.0 | 1.5 | 2.0 | 2.5 |
|---|---|---|---|---|---|---|
| $\Delta t$ (ms) | 29 | 26 | 23 | 20 | 19 | 19 |

## Übung 24

Eine 21 W Lampe wird an 12 V betrieben. Um den Strom zu überwachen wird ein zusätzlicher Strommessshunt von 30 m$\Omega$ eingefügt. Welcher Strom wird gemessen und welche Leistung fällt am Messshunt ab?

### Übung 25

Ein Ultraschallsensor soll als Näherungsschalter eingesetzt werden, der die Annäherung eines Objekts auf 30 cm detektiert und dann einen Alarm auslöst. Welche zeitliche Auflösung muss der Ultraschallsensor haben?

### Übung 26

Die Hall-Spannung eines Winkelsensors ändert sich von 100 % des Maximalwerts auf 70 %. Welchem Winkel entspricht das?

## 7.1.4 Sensorschnittstellen

### Übung 27

Ein ADC kann alle 10 $\mu$s eine neue Wandlung starten. Welche Maximalfrequenz darf das analoge Eingangssignal aufweisen?

### Übung 28

Wie unterscheidet sich die Übertragungszeit von der Latenzzeit?

### Übung 29

Um welche Anzahl können Sie die Verbindungen zwischen 5 Rechnern reduzieren, wenn Sie von einer Punkt-zu-Punkt Topologie auf eine Linientopologie wechseln?

### Übung 30

Was versteht man unter TDMA und CSMA?

### Übung 31

Beschreiben Sie die Manchester-Codierung.

### Übung 32

Wie geschieht die Adressierung beim CAN-Bus? Warum ist der CAN-Bus nicht echtzeitfähig?

## Übung 33
Zwei Teilnehmer in einem Ethernet-Netzwerk greifen gleichzeitig auf den Bus zu, so dass es zu einer Kollision kommt. Auch der zweite und dritte Versuch kollidieren. Wie groß ist die Wahrscheinlichkeit, dass der vierte Versuch zu keiner Kollision führt?

## Übung 34
Die Timereinheit eines Mikrocontrollers misst folgende Zeiten zwischen zwei Flanken bei einer SENT-Übertragung: 63 µs, 48 µs, 78 µs. Welche Nibble wurden übertragen?

## 7.2 Lösungen

### 7.2.1 Grundlagen der Sensorik

#### Übung 1
Der Druckbereich von 0 – 10 bar wird auf den Wertebereich 0 bis $2^{11} = 2048$ abgebildet. Somit führt eine Druckänderung $\Delta p$ zu einer Änderung des Ausgangswerts:

$$\Delta p = \frac{10 bar}{2^{11}} \approx 4.88 mbar \tag{7.2}$$

Die Auflösung beträgt 4.88 mbar.

#### Übung 2
Die Empfindlichkeit berechnet sich aus der Steigung der Temperaturabhängigkeit des Messwiderstands:

$$E(T) = \frac{dR(T)}{dT\text{fk}} = R_0 \cdot (\alpha + 2 \cdot \beta \cdot (T - T_0)) \tag{7.3}$$

#### Übung 3
S. Abbildung 7.2

#### Übung 4
a  Winkelbreich: $0° - 360°$
b  Maximaler Fehler über Lebensdauer: $1°$
c  Digitale (SSC, Inkremental, SPC basierend auf SENT) und analoge (PWM) Schnittstellen
d  Es handelt sich um einen intelligenten Sensor
e  Temperaturbereich: $-40°C - 150°C$

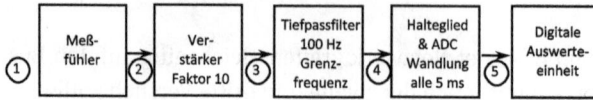

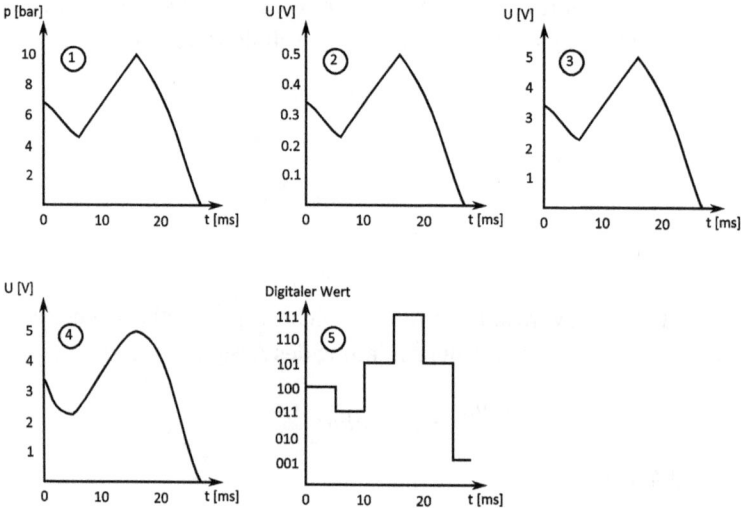

**Abb. 7.2.** Übung 3: Elemente der Messsignalaufbereitung (oben); Signalverläufe nach den Elementen (unten)

f    Betriebsspannung: 3 – 5.5 V

g    Extreme Spannungen an der Spannungsversorgung: -0.5 V – 6.5 V

h    Ja, gemäß HBM (Human Body Model) > 4 kV

i    SMD-Gehäuse PG-DSO-8 (SMD: Surface Mounted Device)

j    Das Gehäuse hat 8 Pins

k    Abmessungen: 5 mm x 6 mm, 1.75 mm hoch

l    Ja, qualifiziert für den Einsatz im Automobil nach AEC-Q100-002 Qualifikationsstandard

m    Der riesige magnetoresistive Effekt (GMR)

### 7.2.2 Physikalische Messprinzipien

#### Übung 5

Eine lineare Abhängigkeit kann entweder dadurch realisiert werden, dass die Kondensatorplatten gegeneinander verschoben werden und so die aktive Fläche geändert wird, oder indem ein Dielektrikum eingebracht und verschoben wird.

#### Übung 6

Gemäß der Formel der induzierten Spannung ergibt sich für den Scheitelwert $\hat{u}$:

$$\hat{u} = N \cdot B \cdot A \cdot 2\pi f \tag{7.4}$$

$$\Rightarrow B = \frac{\hat{u}}{N \cdot A \cdot 2\pi f} = 1.7\,mT \tag{7.5}$$

#### Übung 7

Die Hall-Spannung beträgt:

$$U_H = A_H \cdot \frac{B_z}{d} \cdot I_x = 0.19\,V \tag{7.6}$$

#### Übung 8

Eine um 10 % reduzierte Hall-Spannung bedeutet, dass der Winkel zwischen Stromvektor und B-Feld nur noch

$$\alpha = \arcsin(0.9) = 64° \tag{7.7}$$

beträgt. Der Sensor wurde demnach um $90° - 64° = 26°$ gedreht.

#### Übung 9

Die beiden Spannungen des ADC entsprechen, vor der Verstärkung, Messspannungen von 0.2 V bzw. 0.28 V. Bei einem Messstrom von 2 mA entspricht das gemessenen Widerstandswerten von 100 $\Omega$ bzw. 140 $\Omega$. Gemäß der Temperaturabhängigkeit des Pt100 Widerstands entspricht das den Temperaturen 0°C und 100°C.

#### Übung 10

Mit Messshunt fließt ein Strom von 33.2 A, so dass die Messspannung über dem 1 m$\Omega$ Widerstand 33.2 mV beträgt.

## Übung 11

Gelbes Licht von 570 nm hat eine Energie von 2.18 eV.

## Übung 12

SiC ist transparent, wenn die Photonenenergie kleiner als die Bandlücke ist. Demnach ist SiC transparent für Wellenlängen $\lambda > 517$ nm, was grünem Licht entspricht.

## Übung 13

i) Für ein nicht-piezoresistives Material gilt für die relative Widerstandsänderung ($\pi = 0$):

$$\frac{\Delta R}{R} = (1 + 2\nu) \cdot \epsilon \tag{7.8}$$

Somit ergibt sich bei einer relativen Längenänderung von $\epsilon = 0.001$:

$$\frac{\Delta R}{R} = 1.6 \cdot 0.001 = 0.0016 \tag{7.9}$$

## Übung 14

Longitudinaler Effekt:

$$\frac{\Delta \varrho_i}{\varrho_0} = \pi_{11} \cdot \sigma_i = -0.000102 \tag{7.10}$$

Transversaler Effekt:

$$\frac{\Delta \varrho_i}{\varrho_0} = \pi_{12} \cdot \sigma_j = 0.000053 \tag{7.11}$$

Schereffekt:

$$\frac{\Delta \varrho_i}{\varrho_0} = \pi_{44} \cdot \sigma_i = -0.000014 \tag{7.12}$$

## Übung 15

Durch die Reflektion des Pulses beträgt die Laufstrecke $d = 2 \cdot 10$ m. Bei Schallgeschwindigkeiten in Luft von $c_{Luft,20°} = 343$ ms$^{-1}$ bzw. $c_{Luft,50°} = 361$ ms$^{-1}$ ergeben sich so Laufzeiten von

$$t = \frac{d}{c_{Luft}} \tag{7.13}$$

Somit betragen die Laufzeiten $t_{20°} = 58$ ms bzw. $t_{50°} = 55$ ms.

## Übung 16
Die Geschwindigkeit beträgt 50 kmh$^{-1}$ = 13.9 ms$^{-1}$. Sender bewegt sich auf Empfänger zu:

$$f_E = f_S \cdot \frac{1}{1 - \frac{v_S}{c}} = 104 kHz \tag{7.14}$$

Empfänger bewegt sich auf Sender zu:

$$f_E = f_S \cdot \left(1 + \frac{v_E}{c}\right) = 104 kHz \tag{7.15}$$

Beide bewegen sich aufeinander zu:

$$f_E = f_S \cdot \frac{c + v_E}{c - v_S} = 108.5 kHz \tag{7.16}$$

## Übung 17
Die Seebeck-Koeffizienten betragen $S_B = 6.5\,\mu VK^{-1}$ (Cu) bzw. SA = -15 $\mu VK^{-1}$ (Ni). Damit ergibt sich eine Temperaturdifferenz von

$$(T_2 - T_1) = \frac{U_{A,B}}{S_B - S_A} = 233K \tag{7.17}$$

### 7.2.3 Sensoren

## Übung 18
Die Frequenzdifferenzen in der steigenden und fallenden Flanke betragen:

$$\Delta f_1 = 77050.5 MHz - 77000.51 MHz = 49.99 MHz \tag{7.18}$$

$$\Delta f_2 = 77000.01 MHz - 76950 MHz = 50.01 MHz \tag{7.19}$$

Damit ergeben sich für den Abstand $d$ und die Relativgeschwindigkeit $v$:

$$v = \frac{c_0 \cdot |\Delta f_1 - \Delta f_2|}{4 \cdot f_S} = 19 ms^{-1} \tag{7.20}$$

$$d = \frac{c_0 \cdot (\Delta f_1 + \Delta f_2)}{4 \cdot \frac{df_{mod}}{dt}} = 75 m \tag{7.21}$$

## Übung 19
Die Empfindlichkeit des NTC ist bei hohen Temperaturen am Kleinsten, so dass für die Berechnung der Auflösung des ADC dieser Bereich betrachtet werden muss. Durch eine Linearisierung zwischen 100 °C und 200 °C ergibt sich eine Widerstandsänderung

von $5\,\Omega°C^{-1}$. Um auf $2\,°C$ genau messen zu können, muss demnach eine Widerstandsänderung von $10\,\Omega$ detektiert werden können. Da der Widerstand maximal $40\,k\Omega$ beträgt, entspricht das einer Messauflösung von $1/4000 = 0.00025$. Der ADC muss daher
mindestens 12 Bit Auflösung aufweisen ($2^{12} = 4096$ digitale Werte).

## Übung 20
Durch die Coriolis-Kraft wird die seismische Masse beschleunigt gemäß:

$$\vec{F}_C = -2m \cdot (\vec{\omega} \times \vec{v}) = m \cdot \vec{a} \tag{7.22}$$

Damit ergibt sich, wenn die Drehachse senkrecht auf der Bewegung steht, die Geschwindigkeit $v$ betragsmäßig zu:

$$v = \frac{a}{\omega} \tag{7.23}$$

Damit eine Drehrate mit $s^{-1}$ aufgelöst werden kann ($\Delta\omega$), wenn die Beschleunigung
mit eine Auflösung $\Delta a$ von $1\,mg = 9.81 \cdot 10^{-3}\,ms^{-2}$ gemessen werden kann, muss die
Geschwindigkeit mindestens betragen:

$$v > \frac{\Delta a}{\Delta\omega} = 9.81 mms^{-1} \tag{7.24}$$

## Übung 21
In 8 Sekunden dreht sich das Rad um $84/100 \cdot 360\,° = 302\,° = 5.28$ rad weiter. D.h., die
Winkelgeschwindigkeit beträgt $\omega = 0.66\,rads^{-1}$. Die Drehzahl beträgt 6.3 rpm.

## Übung 22
Der Sensor wurde um die Längsachse (x-Achse) gekippt. Bezeichnet $\alpha$ den Kippwinkel
um die Längsachse, so gilt für die Ausgangsspannungen ($u_{ymax} = u_{zmax} = u_{xmax} = 5V$):

$$u_y(\alpha) = u_{ymax} \cdot \sin(\alpha) \tag{7.25}$$

$$u_z(\alpha) = u_{zmax} \cdot \cos(\alpha) \tag{7.26}$$

Für die Neigung ergibt sich so ein Neigungswinkel von $\alpha = 30°$. Für die zweite Neigung
wurde der Sensor um die Längsachse wieder zurück gekippt und anschließend um $\beta$
$= 70°$ um die Querachse gekippt.

## Übung 23
S. Tabelle 7.3.

**Tab. 7.3.** Übung 23: Laufzeiten von US-Pulsen: Entfernungen $d$ und Relativgeschwindigkeiten $v$

| t (s) | 0 | 0.5 | 1.0 | 1.5 | 2.0 | 2.5 |
|---|---|---|---|---|---|---|
| $\Delta t$ (ms) | 29 | 26 | 23 | 20 | 19 | 19 |
| d (m) | 5 | 4.5 | 4 | 3.5 | 3.3 | 3.3 |
| v (ms$^{-1}$) | - | 1 | 1 | 1 | 0.4 | 0 |

## Übung 24

Ohne den Messshunt fließt ein Strom von 1.75 A und die Lampe hat einen Widerstand von 6.86 $\Omega$. Durch das Einfügen des Widerstands erhöht sich der Gesamtwiderstand minimal auf 6,89 $\Omega$. Dadurch reduziert sich der Strom auf 1.74 A. Die am Messshunt gemessene Spannung beträgt demnach 52.2 mV und am Shunt fällt eine Leistung von 90 mW ab.

## Übung 25

Die zeitliche Auflösung des US-Sensors muss sicher kleiner sein, als die kürzeste Entfernung, die detektiert werden soll. Demnach muss die zeitliche Auflösung besser sein als:

$$\Delta t < \frac{2d}{c_{Luft}} = 1.7\,ms \tag{7.27}$$

## Übung 26

Es gilt:

$$U_H = \frac{A_H}{d} \cdot I_x \cdot |\vec{B}| \cdot \sin(\alpha) \tag{7.28}$$

Bei einem Winkel $\alpha = 90°$ liegt die maximale Hall-Spannung an. Eine Reduktion der Hall-Spannung auf 70 % entspricht damit einem Winkel von 44°.

### 7.2.4 Sensorschnittstellen

## Übung 27

Die 10 $\mu$s entsprechen einer Abtastfrequenz von 100 kHz. Gemäß dem Shannon-Nyquist-Kriterium muss die höchste Signalfrequenz kleiner als 50 kHz sein.

## Übung 28

Die Übertragungszeit betrachtet nur die tatsächliche Zeit, die für die Übertragung bei einer Übertragungsrate benötigt wird. Die Latenzzeit ist die gesamte Verzögerungszeit, zusätzlich auch noch die eventuellen Wartezeiten, bis die Daten versendet werden sowie die Abarbeitung der Schichten des ISO-OSI-Referenzmodells.

## Übung 29

Bei der Punkt-zu-Punkt Topologie werden 10 Verbindungen für die 5 Teilnehmer benötigt, bei der Linientopologie nur 4.

## Übung 30

TDMA und CSMA sind Buszugriffsverfahren für Multi-Masterbusse. TDMA ist ein zeitbestimmtes, deterministisches und echtzeitfähiges Zugriffsverfahren, bei dem jeder Busteilnehmer einen definierten Zeitschlitz für den Buszugriff und die Datenübertragung hat. CSMA ist ein bedarfsgesteuertes Zugriffsverfahren. Jeder Busteilnehmer beobachtet den Bus und darf bei freiem Bus auf diesen zugreifen. Kollisionen sind dabei unvermeidbar und müssen aufgelöst werden. Daher ist der Bus nicht deterministisch und nicht (hart) echtzeitfähig.

## Übung 31

Bei der Manchester-Codierung wird die logische Information (‚0‘, ‚1‘) in die Flanken des Signals codiert. Eine steigende Flanke repräsentiert dann eine logische ‚1‘, eine fallende Flanke eine logische ‚0‘. Somit ist sichergestellt, dass es mit jedem Bit einen Flankenwechsel gibt, der zur Synchronisierung genutzt werden kann.

## Übung 32

Der CAN Bus ist nachrichtenorientiert. Eine Nachricht wird von einem Sender an alle Teilnehmer im Netz gesendet (Broadcast), die wiederum anhand des Identifiers entscheiden, ob die Nachricht für sie relevant ist. Der Identifier wird auch für die Arbitrierug verwendet. Daher kann für nieder-priore Daten keine Übertragungszeit garantiert werden, da höher-priore Nachrichten Vorrang haben. Daher ist das Zeitverhalten nicht deterministisch und echtzeitfähig.

## Übung 33

Die Zufallszahl, aus der die Wartezeit berechnet wird, liegt im Intervall $0 -- 2^k$, wobei k angibt, wie oft ein Senden bereits versucht wurde. Beim vierten Versuch beträgt $k = 3$ und damit ist die Wahrscheinlichkeit, dass beide Teilnehmer die gleiche Wartezeit ermitteln, 1:8.

**Übung 34**

$$T_{nibble} = 36\mu s + n \cdot 3\mu s \qquad (7.29)$$

Damit ergeben sich folgende Nibble-Werte:

63 $\mu s$: $n = 9$

48 $\mu s$: $n = 4$

78 $\mu s$: $n = 14$

# Datenblätter und Spezifikationen

[1] Analog Devices Inc. *ADA4571.pdf*, 2014. Rev.0.

[2] austriamicrosystems. *AS5040_Datasheet_v2_01.pdf*. Revision 2.10.

[3] Balluff. *BML-S1B MANUAL.pdf*, 05 2012.

[4] B+B Thermo-Technik. *502667-da-01-de-RADAR_BEWEGUNGSMELDER_RAD_MOD.pdf*.

[5] Bosch. *0261210104.pdf*.

[6] Bosch. *0265005642.pdf*.

[7] Bosch. *0280130026.pdf*.

[8] Bosch. *Bosch HFM 5 sensors_airmass.pdf*.

[9] Bosch. *smp480_productinfo_1110.pdf*, 09 2012.

[10] Bosch Engineering GmbH. *Lambda_sensor_LSU_49_Datasheet_51_en_2779147659pdf-q.pdf*, 07 2015. V3.

[11] Endevco. *2312.pdf*. Rev B.

[12] IEC. *IEC61158*.

[13] IEEE. *IEEE 802.3*.

[14] Infineon Technologies. *TLE4997_Data_Sheet_v2.08-1.pdf*, 09 2008. V 2.08.

[15] Infineon Technologies. *Infineon-TLE4966_3K-DS-v01_00-en.pdf*, 09 2010. Rev.1.0.

[16] Infineon Technologies. *Infineon-TLE5012B_Exxxx-DS-v02_00-en.pdf*, 02 2014. Rev. 2.0.

[17] InvenSense. *PS-MPU-6000A-00v3.4.pdf*, 08 2013. Rev 3.4.

[18] IO-Link Organisation. *IOL-Comm-Spec_10002_V10_090118.pdf*, 01 2009. Rev. 1.0.

[19] Isabellenhütte Heusler. *IVT-B_Brief_Datasheet.pdf*, 06 2013. Version 2.1.

[20] ISO. *ISO 11898-1:2003, ISO 11898-2:2003, ISO 11898-3:2006, ISO 11898-4:2004, ISO 11898-5:2007*.

[21] measurement SPECIALITIES™. *DPL_DPN-Series.pdf*, 05 2011. Rev 5.

[22] measurement SPECIALITIES™. *705_Accelerometer.pdf*, 02 2014. Rev B.

[23] measurement SPECIALITIES™. *HTU20D.pdf*, 04 2014.

[24] MEGATRON Elektronik AG. *DB_Serie_KMB52_01.pdf*, 02 2012.

[25] MELTEC Systementwicklung. *US300_TS1_Datenblatt.pdf*, 01 2007. Rev. 20070115.

[26] Messtechnik Schaffhausen. *42_Pt100_DE.pdf*.

[27] NXP. *UM10204.pdf*, 04 2014. Rev. v.6.

[28] pmdtechnologies gmbh. *PMD_RD_Brief_CB_pico_71.19k_V0103.pdf*. 2014.

[29] PSI5 organization. *psi5_spec_v2d1_base-1.pdf*, 10 2012. Rev. V2.1.

[30] SAE International. *SAE J2716*.

[31] Sensitec. *Sensitec_AA747_DSE_04.pdf*, 10 2009.

[32] SICK AG. *dataSheet_LMS153-10100_1065550_de-1.pdf*. 2015-08-31.

[33] Stereolabs. *ZED_Datasheet_Rev1.pdf*. Rev1.

[34] TECHNISCHE ALTERNATIVE GmbH. *Manual_FTS-DL_V3.02.pdf*, 2013. Vers. 3.02.

[35] Texas Instruments. *tc281.pdf*, 03 2003.

[36] Texas Instruments. *tmp006.pdf*, 05 2011.

[37] Vishay Semiconductors. *bpw21r.pdf*, 11 2011. Rev. 1.7.

# Literatur

[Ber14]   Herbert Bernstein. *Messelektronik und Sensoren*. Springer, 1 edition, 2014.

[HS12]    Ekbert Hering and Gert Schönfelder. *Sensoren in Wissenschaft und Technik*. Vieweg+Teubner, 1. edition, 2012.

[Mü12]    Thomas Mühl. *Einführung in die Elektrische Messtechnik: Grundlagen, Messerfahren, Geräte*. Vieweg+Teubner, 3. edition, 2012.

[Rei12]   Konrad Reif. *Sensoren im Kfz*. Springer, 2 edition, 2012.

[SW06]    Gerhard Schnell and Bernhard Wiedemann. *Bussysteme in der Automatisierungs- und Prozesstechnik*. Vieweg, 6 edition, 2006.

[ZS14]    Werner Zimmermann and Ralf Schmidgall. *Bussysteme in der Fahrzeugtechnik*. Springer, 5. edition, 2014.

# Stichwortverzeichnis

www.ingramcontent.com/pod-product-compliance
Lightning Source LLC
Chambersburg PA
CBHW081101220326
41598CB00038B/7180